陈涌海 著

寻芸记

辟蠹芳草博物志

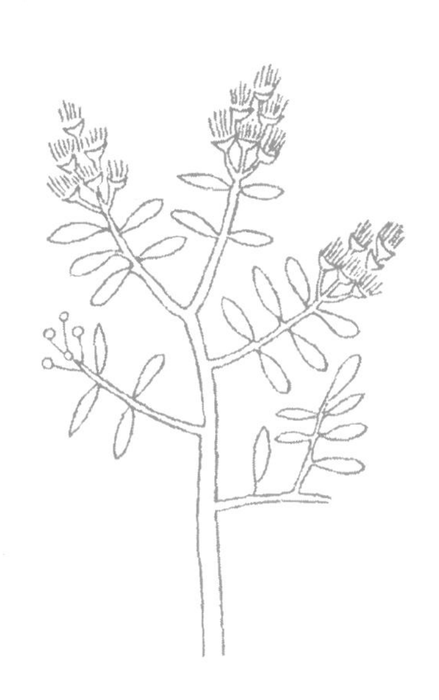

创于1897 商務印書館 The Commercial Press

图书在版编目（CIP）数据

寻芸记：辟蠹芳草博物志 / 陈涌海著. — 北京：
商务印书馆，2024
ISBN 978-7-100-22462-8

Ⅰ. ①寻… Ⅱ. ①陈… Ⅲ. ①植物—普及读物
Ⅳ. ① Q94-49

中国版本图书馆 CIP 数据核字（2023）第 082899 号

寻芸记

辟蠹芳草博物志

陈涌海 著

商 务 印 书 馆 出 版
（北京王府井大街 36 号 邮政编码 100710）
商 务 印 书 馆 发 行
北京新华印刷有限公司印刷
ISBN 978 - 7 - 100 - 22462 - 8

2024 年 1 月第 1 版　　开本 787 × 1092 1/16
2024 年 1 月北京第 1 次印刷　　印张 24¼

定价：128.00 元

But I still haven't found what I'm looking for.

—— U2

序言

因为想写一本有关蠹鱼的书，我到处收集有关蠹书虫的资料。关于蠹书虫本身的文字并不是很多，书籍辟蠹的记载却是蔚为大观。古人喜欢用具有刺激性气味的植物来给书籍辟蠹，其中最知名的是一种名为芸的香草，也叫芸草或芸香。

晋代文人专门描述过这种种植在庭园的香草，三国时有了芸香辟蠹的记录，在唐代芸香辟蠹已经变得非常流行，芸香一词大量地出现在诗文中，诗人们更是创造了数十个与“芸”字相关的词汇，这些词汇也都与书籍相关。尽管唐代的诗人们热衷于谈论芸香之事，但并没有谁以芸香为题颂扬这种香草，甚至没有一句专门描述芸香形态的诗句。相比之下，魏晋之人至少传下了两首半《芸香赋》。即便如此，你也无法从这些《芸香赋》中辨认出芸草的清晰样貌，更不用说唐诗中那些只有符号意义的“芸香”诗句了。在芸芸文士的“芸香”喧嚣之中，芸草的真身反而彻底地消失不见了。没人知道芸草是什么样的植物，有什么样的花叶。

北宋的官员学者似乎重新发现了芸草，名臣文彦博留下了几个与芸草相关的故事，沈括对芸草有一段看似清晰的文字描述，结果反而引起更多的混淆，以至于后世之人误把一种名为“七里香”的木本植物当成了芸香。宋元以降，一直到民国，面目不清的“芸”或“芸香”依旧大量地出现在各种诗文中和市面上，充当书蠹的蒙面杀手。现在的诗文很少出现芸香了，但不少女性的名字当中还有“芸”字，只是我很怀疑，她们自己是否知道芸是一种可以辟蠹的香草。

有一些学者指认过他们心目中的芸香，但往往是择其一点而论，不及其余，最终是大家各说各话，达不成共识；也有严谨的学者，结合田野观察和文献进行长时间的考据，结果却给出了最荒诞的芸草认定；还有人指鹿为马，将其他香草当作芸香，不过是为了追求风雅；而绝大多数舞文弄墨的人根本不关心芸草或芸香是什么植物，在他们那里，“芸”只是一个文字符号，它的符号意义就是它的全部，知道芸是香草，知道芸可以辟蠹，这就足够了。

云，因地而变，因时而化，书里的芸草也像云一样变化多端。先秦时，芸是滋味鲜美的芳菜；魏晋时，芸香成为庭园观赏植物；到了唐代，又成为辟蠹香药。它有时是二月开花，有时又是秋天怒放，从逻辑上说应该开黄花，而沈括的“七里香”却开白花。在不同的时代，在不同的地方，芸似乎有着很不一样的形象。

我像一只蠹鱼在书籍和山野中搜寻芸草的芳踪，沉湎于浩瀚的文字森林，好像被一种远古之瘴气缭绕纠缠，深受其毒而不觉。我随手摘下路边植物的叶子，揉碎了细嗅，心里念着那些香草的名字：泽兰、蕙草、白芷、草木樨、零陵香、丹阳草、胡卢巴、郁草、茴香、藒草、六座大山荆芥、薄荷、罗勒等等。看什么都像芸，嗅什么都有香。

我不知道芸草是什么，但是我知道它一直隐藏在我们的方块文字中，隐藏在这块养育我们的土地上，一直在我们看不到的地方散发幽香。

2019 年 9 月 4 日

目录

叁 疑芸重重·零陵香及其他

肆 芸深不知处·仙草

伍 寻芸记

〇 众说纷芸

芸香简史

《诗经》有一首短诗，描写男子对爱情的忠贞不二：

> 出其东门，有女如云。虽则如云，匪我思存。缟衣綦巾，聊乐我员。出其闉阇，有女如荼。虽则如荼，匪我思且。缟衣茹藘，聊可与娱。

大多数学者认为“如云”就是以云比喻女子众多。然而民国时洛阳出土的东汉熹平石经《鲁诗》有“虽则如芸”残句，因此近代国学大家罗振玉认为“如云”应该依从熹平石经作“如芸”，是以花色形容女子之美色：“‘如芸’犹言如舜华，如桃李，均以花喻美色；且下章言‘如荼’，亦以花取譬也。”

的确，“芸”和“荼”都是植物名，“如芸”看起来在逻辑上比“如云”更合理一些。著名诗人和学者闻一多则认为“如云”和“如荼”都是描绘女子衣服颜色，“芸色黄，如芸则与缟衣不相应”，熹平石经的“如芸”应视作“如云”。

抛开学者间的争论，只来看荼和芸这两种形容女子美色或服色的植物。荼是指开白花的茅草、芦苇之类，那么“色黄”之芸是什么样的植物呢？

女性以“芸”取名很常见，最有名的应该是《浮生六记》中的芸娘，她被林语堂称作“中国文学上一个最可爱的女人”。我认识的人中也有好些个“芸菲”“晓芸”和“芸芸”。大家都知道“芸”字跟植物有关，而且应该是一种美好的植物，但若问芸是什么植物就多半不知道了。

先秦的文献说芸是一种蔬菜。我国现存最早的农事历书《夏小正》就有记载：“正月……采芸。”《传》曰：“为庙采也。”庙采即庙菜，宗庙祭祀用的菜。如此说来，芸应该是一种地位尊贵的菜。《吕氏春秋·本味》篇也说：“菜之美者……阳华之芸。”可见芸是一种可口的蔬菜。东汉高诱认为这是生长在吴越间华阳山的一种有香气的蔬菜。《夏小正》又云：“二月……荣芸。”说明芸菜二月开花（有学者认为《夏小正》的历法为十月太阳历，如此《夏小正》中的二月就相当于农历二三月之间）。

芸为香草是汉代以后的说法。《礼记·月令》曰：“仲冬之月，芸始生，荔挺出。”东汉大学者郑玄（127—200）注云：“芸，香草也。”傅亮（374—426）《冬至》诗“柔荔迎时萋，芳芸应节馥”正可为《月令》和郑玄之言的注脚（仲冬之月有大雪和冬至两个节气）。傅亮先祖傅玄（217—278）写有《芸香赋》，可惜赋文不传，只留下了序文：“《月令》：‘仲春之月，芸始生。’郑玄云：‘香草也。’世人种之中庭，始以微香进入，终于捐弃黄壤，吁可闵也。遂咏而赋之。”由此可知，芸又有芸香之名，因有香气而被世人种在庭院中，“微香”说明香气并不强烈，香气消散之后也就免不了被抛弃。另外，西晋无名氏《洛阳宫殿簿》和《晋宫阁名》都有宫殿前种植芸香的记载，可见魏晋时期芸香的确是一种流行的庭院观赏植物。

作为庙菜的蔬菜也好，作为世人种于中庭的香草也好，除了有芳香之气，芸还有什么外形特征呢？

《诗经·裳裳者华》篇：“裳裳者华，芸其黄矣。”《诗经·苕之华》

篇："苕之华，芸其黄矣。"《毛传》云："芸，黄盛也。"所以《诗经》中的芸字被人用来形容一种明亮的黄色，但是芸本身是什么植物并不明确。

可能受《诗经》这两首诗的影响，魏晋南北朝的诗歌里经常出现"芸黄"一词，如谢朓"葳蕤向春秀，芸黄共秋色"，沈约"寥戾野风急，芸黄秋草腓"，刘铄"朱华先零落，绿草就芸黄"等。其义类同"芸其黄矣"，与蔬菜和香草俱无关系，就像桃红、柳绿形容春色，芸黄成为一个描写秋天黄色之貌的专有词汇。

这些诗文让人很自然地想到芸这种植物应该跟黄色有关。很多名字中带有"芸"字的植物，如牛芸、芸蒿（柴胡）、芸薹等，都开黄花，因此人们普遍猜测，芸无论是芸菜还是芸香，也都应该开黄花。罗振玉和闻一多针对熹平石经"如芸"的不同看法，显然也是基于芸开黄花这一点的。

描述芸草植株特征的最早记录来自许慎（约58—147）的《说文解字》："芸，草也，似目宿。从艸云声。淮南王说：'芸草可以死复生。'"目宿即苜蓿。芸似苜蓿，那么芸和苜蓿的茎叶应该相似。至于这似苜蓿的芸草到底是芸菜还是香草，许慎没有提。"芸草可以死复生"通常解释为芸草为二年生或多年生植物，冬天草木枯死，春天宿根抽芽再生，所谓死复生。然而二年生和多年生草本植物数不胜数，为何淮南王独言芸草可以死复生？此解释并不令人信服，暂且存疑。

芸香既然是种植于庭院之中的观赏植物，自然就有文士吟咏。晋人成公绥（231—273）《芸香赋》赞曰："美芸香之修洁，禀阴阳之淑精。去原野之芜秽，植广厦之前庭。茎类秋竹，叶象春柽。"傅玄之子傅咸（239—294）也有一首《芸香赋》："携昵友以逍遥兮，览伟草之敷英。慕君子之弘覆兮，超托躯于朱庭。俯引泽于丹壤兮，仰汲润乎泰清。繁兹绿蕊，茂此翠茎。叶芰茷以纤折兮，枝婀娜以回萦。象春松之含曜兮，郁蓊蔚以葱青。”两首《芸香赋》用了不少文字对芸香的枝叶特征做了形象的描绘，对其花却仅以“敷英”“绿蕊”二词轻轻带过，对更为重要的花色和香气却是不置一词，这实在是一件奇怪的事情。难道芸香是一种花朵很不起眼的香草？

成公绥以及傅玄傅咸父子都生活在魏晋交接之际，同在晋朝为官，他们的《芸香赋》应该描写的是同一种芸草。综合三人的描写，可以得到这样的芸草印象：芸草生长在原野，因有香气被移植到庭院观赏，其茎枝纤细婀娜，花有绿蕊，香气并不浓郁（傅玄云“微香”，傅咸言“馨香”）。至于芸香的花色和开花季节就不得而知了。

作为香草之芸，它在后世的最大功用不再是供庭园观赏，而是用来辟蠹。芸香辟蠹的说法出自三国鱼豢《典略》：“芸香辟纸鱼蠹，故藏书台称芸台。”北朝庾信（513—581）《预麟趾殿校书和刘仪同诗》云：“芸香上延阁，碑石向鸿都。”麟趾殿为北周秘书监名，延阁为皇家藏书处。芸香去到藏书处，表示才得所用，这也是芸香辟蠹的另一种说法。与庾信同期的南朝梁简文帝萧纲（503—551）《大法颂》也有“兰台且富，广内斯藏。芸香兰馥，绿字摛章”之句。兰台与芸台同义，也是指藏书台。可见南北两朝的皇家藏书台都用芸香辟蠹。

到了唐代，拜“芸香辟蠹”之说所赐，芸香大量地出现在跟书籍有关的诗文中，同时唐代诗人还创造了很多“芸”字相关的词汇：书籍称为芸编、芸鉴、芸帙；书斋和书房称为芸窗；藏书室或秘书省称为芸台、芸署、芸阁；管理书籍的官员称为芸吏、芸香吏、芸阁吏；他们的俸禄则是芸香俸；一同读书的人可称为芸香侣；在外求学之人自称芸香客；等等。下面是一些例子：

李贺《秋凉诗，寄正字十二兄》："披书古芸馥，恨唱华容歇。"

王绩《阅家书》："蘖系防黏蠹，芸香辟纸鱼。"

储光羲《新丰作贻殷四校书》："不见芸香阁，徒思文雅雄。"

孟浩然《寄赵正字》："正字芸香阁，幽人竹素园。"

白居易《西明寺牡丹花时忆元九》："一作芸香吏，三见牡丹开。"

白居易《自城东至以诗代书，戏招李六拾遗、崔二十六先辈》："尚残半月芸香俸，不作归粮作酒赀。"

高适《宴郭校书，因之有别》："芸香名早著，蓬转事仍多。"

崔备《使院忆山中道侣，兼怀李约》："旧秩芸香在，空奁药气余。"

元稹《酬乐天（时乐天摄尉，予为拾遗）》："昔作芸香侣，三载不暂离。"

韦应物《送张侍御秘书江左觐省》："绣衣犹在箧，芸阁已观书。"

许浑《寄袁校书》："劳歌极西望，芸省有知音。"

萧项《赠翁承赞漆林书堂诗》："却对芸窗勤苦处，举头全是锦为衣。"

然而让人难以理解的是，竟然找不到一句描写芸香的茎、叶或花的唐诗，更不用说以"芸香"为题的诗词歌赋了。这不禁让人怀疑唐人是否真正见过芸香这种植物。

对芸香的清晰描述来自宋代百科全书式学者沈括（1031—1095）的《梦溪笔谈》："古人藏书辟蠹用芸。芸，香草也，今人谓之七里香者是也。叶类豌豆，作小丛生，其叶极芬香，秋后叶间微白如粉污。辟蠹殊验，南人采置席下，能去蚤虱。"像成公绥和傅咸一样，沈括也只是描写芸香的叶子。"叶类豌豆"与《说文》"似目宿"说法同。"叶极芬香"说明芸香之香在于叶而非花，这也与两首《芸香赋》浓墨重彩描写芸香茎叶而不形容花相合。与沈括同时代的梅尧臣（1002—1060）亦有诗描写芸香，言其"黄花三四穗”，正如我们前边对芸之花色分析得出的结果。应该指出的是，如果唐人已不知芸香为何物，那么宋人看到的芸香只能说对传说之物的再发现。至于它是不是唐以前所说的芸香，也就仁者见仁、智者见智了。

综合这些传世典籍的说法，我们可以知道，芸或者是一种有香气的蔬菜，夏历一月就可以采食，二月开花；或者是一种叶极芳香的香草，可以辟蠹驱虫。无论是蔬菜还是香草，芸很可能是二年生或多年生草本植物，并且开黄色的花。对于芸香的叶子，古籍描述不太一致，或者“叶象春柽”“叶芰茨以纤折”（晋《芸香赋》），或者叶类苜蓿（《说文》）或豌豆（《梦溪笔谈》）。苜蓿和豌豆都是有羽状复叶的豆科植物，只不过苜蓿有3片小叶，而豌豆有4—6片小叶。

世上有香气的植物数不胜数。芸究竟是哪种植物，古代的学者提出过

图1　（左）苜蓿和（右）豌豆（《植物名实图考》）。

四种说法：芸蒿、邪蒿、香菜和芸薹。我们可以根据这些植物的花期、颜色以及植株特征做一个初步的判断。

芸蒿说源自《急就篇》“芸蒜荠芥茱萸香”这句话的颜师古注：“芸即今芸蒿也。生熟皆可啖。”芸蒿即茈胡。宋吴仁杰《离骚草木疏》亦持此论：“茹，香草名也。本草名茈胡，一名地薰，一名山菜。其叶名芸蒿，辛香可食……七月开黄花。”郑樵《昆虫草本略》：“茈胡曰地薰，曰山菜，曰茹草叶，曰芸蒿。辛香可食。生于银夏者，芬馨之气射于云间，多白鹤青鹤翱翔其上。”一些现代学者也持此论。伞形科柴胡属植物的确多开黄花，然而花期多集中在夏季7—9月，显然不合芸菜的花期。

邪蒿说出自《仓颉解诂》和《杂礼图》。《艺文类聚》引《仓颉解诂》云：“芸蒿似邪蒿，香可食。”《尔雅疏》邢炳疏引《杂礼图》曰：“芸，蒿也。叶似邪蒿，香美可食。”两者大同小异。据学者考证，《本草纲目》和《救荒本草》中的邪蒿实为菊科蒿属中的青蒿，就是屠呦呦等从中提炼出可以治疗疟疾的青蒿素的那种植物。相信《仓颉解诂》和《杂礼图》中的邪蒿亦是青蒿。然而青蒿有苦味，“人鲜食之”（《植物名实图考》）。蒿属植物中的蒌蒿（亦称白蒿）、莪蒿等都可称得上是“叶似邪蒿”，且嫩茎叶香美可食，如陆玑《疏》所云：“莪，蒿也，一名萝蒿也。生泽田渐洳之处，叶似邪蒿而细，科生。三月中，茎可生食，又可蒸，香美，味颇似蒌蒿。”然而这些香美可食的蒿属植物多半是秋天开黄花，也不应是《夏小正》中的芸菜。

香菜说来自明代徐春甫撰《古今医统大全》：“芸草，《本草》名芸薹，书多名芸香，北京甚奇之，名香菜。贵人肴馔杂少许，取其清香。茎叶类醒头香。古人用以收书，不生蠹鱼。今人鲜用之，故书箧中每为蠹鱼之害。”

这是我看到的芸为香菜的唯一文献。香菜学名芫荽，亦称胡荽，多用作凉拌菜佐料。《博物志》说胡荽是张骞从西域带回的，且其花为白色或带淡紫色，所以胡荽也不可能是先秦就有的芸菜。

芸薹说则以芸菜为油菜。油菜古称蕓薹，亦有人写成芸薹或芸臺。明代《本草品汇精要》就认为芸为芸薹，现代植物学家夏纬英在《夏小正经文校释》中更是列出了芸为油菜的三个理由：其一，油菜是一种很好吃的菜，可为庙菜；其二，油菜种子可榨油，秋种而夏收，是一种越年生的植物，正月时根和苗都可以采食，所谓“正月采芸”；其三，油菜在夏历二月之时抽薹开花，其花黄色，即“二月荣芸”。杨竞生《论〈夏小正〉中的粮油植物》一文进一步论证了芸为芸薹。对于油菜的辛辣味，杨氏解释说：“芸薹属植物的多种均含有能为其本身存在的酶所水解、当遇热时生成芥子气样辛辣味的硫代异氰酸酯类的甙，此酯又具有挥发性而刺激鼻、眼黏膜。”杨氏认为吴其濬在《植物名实图考》所言两类油菜之一的油辣菜，就是武昌地区喜种的紫芸薹，亦即吴越之间的“阳华之芸”（《吕氏春秋》及高诱注）。杨氏的这个解释或许也可以用来说明芸不仅是蔬菜，亦可用作烹饪辛香料，如《急就篇》“芸蒜荠芥茱萸香”，《本草纲目》“蒜”条下“练形家以小蒜、大蒜、韭、芸薹、胡荽为五荤，道家以韭、薤、蒜、芸薹、胡荽为五荤”，芸或芸薹与诸多辛香料并置。只不过现在没有人用油菜或者其他芸薹属植物做烹饪香料而已。如此说来，先秦文献中的芸菜很可能就是芸薹了。

以上四种说法主要从菜蔬的角度来考证芸。四种“香可食”的植物中，只有芸薹在开花季节、花色以及种植年代等诸多方面符合《夏小正》的说法，所以也是现代植物学家认可的芸菜。

然而从香草（亦即芸香）的角度来看，虽然这些植物或多或少带有香气，

图2　（左上）柴胡（《救荒本草》）、（右上）邪蒿、（左下）胡荽和（右下）芸薹菜（《植物名实图考》）。

但它们的叶子迥异于苜蓿和豌豆。柴胡叶似柳叶（披针形）；邪蒿叶裂如梳（栉齿状羽状分裂）；芫荽叶如破扇如乱丝（根生叶1或2回羽状全裂，羽片广卵形或扇形半裂，茎生叶3回以至多回羽状分裂，末回裂片狭线形）；芸薹叶宽大或有叶裂（下部茎生叶羽状半裂，上部茎生叶长圆状倒卵形、长圆形或长圆状披针形）。再说这些植物也不具有驱虫辟蠹的功用，所以可以断定这些“香可食”的植物绝非《说文》和《梦溪笔谈》所说的香草之芸。

真正的芸香渺无踪影，于是冒名顶替者堂而皇之地游走于世。

沈括《梦溪笔谈》说芸别称七里香，受此影响，明清一些学者把同样有“七里香”别名的山矾当作芸香。如明代医学大家李时珍《本草纲目》：“山矾，释名芸香、椗花、柘花、玚花、春桂、七里香。时珍曰：芸，盛多也，老子曰‘方物芸芸’是也，此物山野丛生甚多，而花繁香馥，故名。”明代植物学大家王象晋（1561—1653）的《群芳谱》：“芸香，一名山矾，一名椗花，一名柘花，一名玚花，一名春桂，一名七里香。……三月开小白花，……江南极多。大率香花过则已，纵有叶香者，须嗅之方香。此草香闻数十步外，……闰春至秋清香不歇。……簪之可以松发，置席下去蚤虱，置书帙中去蠹，古人有以名阁者。”山矾是开白花的木本植物，其香来自花而非叶，显然不可能是香草之芸。李时珍知道这一点，所以强调说“芸香非一种”，王象晋则是不管不顾地把山矾和芸草混为一谈。明清之时的“芸香”诗，如果提到它的花是白色，那么描写的必定是山矾而不可能是芸草。

明清之时市面上流行一种芸香，实为枫香脂，是金缕梅科植物枫香树的干燥树脂，它另外还有白胶香、白芸香之名。最早记载枫香脂为芸香的是明代李中立《本草原始》，随后李中梓《雷公炮制药性解》、周嘉胄《香乘》

也都明确指出枫香脂有芸香之名。枫香脂使用时通常要研成粉末，然后放在香炉里熏烧。明清的诗文有时会提到焚芸香辟蠹，如清王毓贤《绘事备考》："又天章、龙图、宝文子阁后有图书库，亦藏贮图画书籍，每岁伏日曝晾，焚芸香辟蠹。"又清康熙年间石成金《传家宝》收书不生蠹鱼蛀虫法："辟蠹之法甚多，或用樟脑，或用香蒿，或用花椒，总不若芸香薰之为第一。其法：于伏日晒书之后，堆满柜厨，预留火炉空处，用炭火一炉，烧起芸香，即闭柜门，使香烟熏绕，则虫蠹自不生矣。" 除了辟蠹，枫香脂还可用于居室熏香，是读书人喜闻乐见的雅事。这些焚烧的芸香都是枫香脂，显然也不是我们说的芸草。

另外，满人在萨满祭祀中通常要焚烧 Ayan hiyan 来敬神。Ayan hiyan 是一种绿色粉末状的香，由芳香植物的叶子研磨成粉调制。在满语中，ayan 有贵重、尊贵之义，hiyan 是香、香粉， Ayan hiyan 即贵重的香。在第一部皇帝敕修的满汉合璧辞典《御制增订清文鉴》中，Ayan hiyan 就被译成芸香。之所以这样翻译，我自己猜测，一来 ayan 音与"芸"近，二来反正"芸香"是久已失传的香料名，用它来做译名不会引起误会，正合适。满人制作粉末状芸香所用芳香植物有细叶杜香、宽叶杜香、兴安杜鹃等，这些植物的植株特征与苜蓿和豌豆都相差巨大，自然也不是我们要找的芸香。

禾本科香茅属植物芸香草也很容易被人望文生义地误作芸香。这种草亦名臭草、牛不吃、香茅筋骨草、韭叶芸香草、诸葛草、小香茅草、麝香草等。此草叶片狭长线形，有特异香气，嚼之味辛辣并有麻凉感。传说诸葛亮南征入滇时，曾经让士兵口含此草，以免染上瘴疫之气。然而其花非黄，其叶大异于苜蓿和豌豆，自然也不是芸香。

那么真正的芸香到底是什么植物?

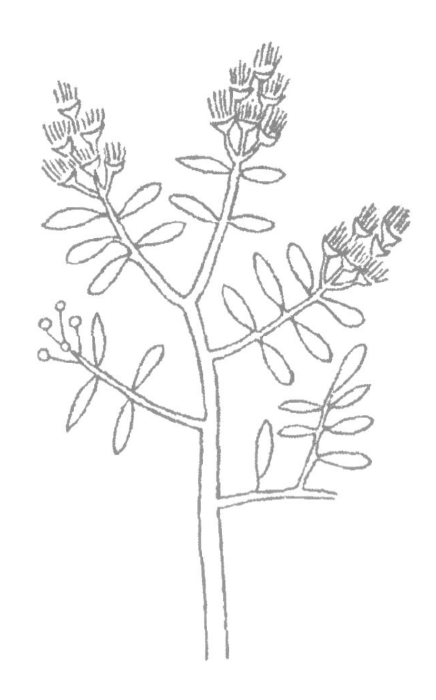

图3　芸（《植物名实图考》）。

清代河南所出的唯一状元吴其濬，先后任湖北、湖南、江西、云南、贵州、福建、山西等省巡抚或总督，有“宦迹半天下”之称。他利用四处为官的便利，细心收集各地植物标本和资料，写成了著名的植物学巨著《植物名实图考》。该书记载植物1714种，所收录的植物遍及中国19个省，所记植物地域范围之广和种类之多，都远远超过历代本草书籍。可是，即使吴氏如此博闻多识，竟也未曾考据出芸草究为何物。《植物名实图考》卷二十五“芳草类”最后一种香草就是“芸”。在这个条目下，向来喜欢评论的吴氏对于芸草竟然不置一词，只是罗列了有关芸或芸香的各种传世文献，包括《尔雅》《说文》《尔雅翼》《唐书局丛莽中得芸香一本》《洛阳宫殿簿》《晋宫阁名》《墨庄漫录》《王氏谈录》《梦溪笔谈》《闻后见录》和《说文解字注》以及相关注疏。但是他画了一幅有花有果的芸草图，有分枝（沈括“作小丛生”），枝上有对生叶（沈括“叶类豌豆”），枝端有花穗和果（梅尧臣“黄花三四穗”），这应该是他心目中芸草的样子。吴氏仿佛想说，芸只是人们想象出来的一种香草？

清末以来，随着现代植物学知识逐步引入中国，近现代学者有了更大、更丰富的参照系来探究久已失传的芸草。这些近现代学者以许慎和沈括的说法为基本出发点，即芸草应当是一种似苜蓿或叶如豌豆的香草，从本土的香草中甄别芸草。他们提出了三个芸草的候选者：芸香科芸香，豆科草木樨，豆科胡卢巴。

民初徐珂编撰的《清稗类钞》有“芸香”条：“芸香为多年生草，茎高一二尺，而其下部则成木质，故古称芸草，亦曰芸香树，实一物也。叶为羽状复叶，夏开黄绿色花，花、叶香气皆强烈，可闻数十步，自夏至秋不歇。置叶于书间、席下，辟蠹、蚤。以其树皮或树脂杂诸香焚之，可薰衣祛湿。”这段话虽然从《梦溪笔谈》等书抄了不少文字，但也增加了很多清晰的描述，如“多年生草，茎高一二尺，而其下部则成木质……叶为羽状复叶，夏开黄绿色花”，因此知道它说的是芸香科芸香（*Ruta graveolens* L.）。《汉语大辞典》的“芸香”条所言与这段话很相似：“芸香，芸香科。多年生草本。茎高一二尺，羽状复叶，有透明腺点，夏季开黄色小花，花、叶、茎有强烈刺激气味，古用以驱虫蠹。”芸香科芸香枝叶婀娜，羽状复叶可谓类苜蓿或豌豆，黄花绿蕊，植株外形大体符合成公绥、傅咸和沈括的描绘。欧洲各国食芸香者多，我国多以作通经、祛风、镇痉、驱虫及兴奋剂，也有人食之。且其“花期3—6月及冬季末期”（《中国植物志》），也符合《夏小正》“二月荣芸”的说法。精通中国科学技术史的英国学者李约瑟也认可此说。

然而《中国植物志》（第43卷第2分册，科学出版社，1997年）明确否认芸香科芸香为古时的辟蠹芸香：

> *Ruta graveolens* L. 原产地中海沿岸地区，何时引进中国，其准确年代难以考证，有文字可查的最早可能是何克谏（1662—1723）的《生草药性备要》，其原文虽甚简略，据理推论，应是本植物无疑，其后，吴其浚（濬）《植物名实图考》、贾祖璋《中国植物图鉴》等之芸香（吴其浚称之为芸）亦属本种。但《植物名实图考》中所引《尔雅》《说文》《梦溪笔谈》等著作里提及的“芸”“芸草”“芸香草”及赵学敏《本草纲目拾遗》中的“芸香草”，则绝非芸香科的本种植物。或可能是菊科或豆科，甚或是禾本科植物。

既然芸香科芸香原产地在地中海地区，对它的最早文字记录又只能回溯到明末，的确很难相信它就是《说文》和《梦溪笔谈》提及的芸草。除非找到这种植物汉代已传入中国的证据。值得指出的是，芸香科芸香的英文名Rue还有悔恨之义，所以在西方芸香是一种带有回忆悔恨意象的香草。英国唯美主义代表人物王尔德写过一首回忆往昔爱情的诗《玫瑰与芸香》（Rose and Rue），题目中的玫瑰象征爱情，芸香则象征哀怜和纪念。

辟汗草即今豆科植物草木樨。吴其濬曾经怀疑辟汗草是芸草，他在《植物名实图考》中说：“辟汗草，处处有之。丛生，高尺余，一枝三叶，如小豆叶，夏开小黄花如水桂花，人多摘置发中辟汗气。按《梦溪笔谈》‘芸香叶类豌豆，秋间叶上微白如粉污’，《说文》‘芸似苜蓿’，或谓即此草。形状极肖，可备一说。”草木樨的植株有清香，夏秋开小黄花，枝叶极似

图4 从左至右依次为芸香科芸香(《中国植物志》)、辟汗草(《植物名实图考》)、葫芦巴(《南海药谱》)、广州葫芦巴(《证类本草》)。

苜蓿，符合《梦溪笔谈》和《说文》对芸香和芸草的描述，所以吴其濬怀疑此即芸香，但不敢断定。近代植物学家郑勉认为辟汗草就是草木樨，由此将芸草与草木樨联系起来。植物学家编撰的皇皇巨著《中国植物志》也赞同此说，其豆科草木樨属“草木樨”条言：“本种在欧洲为野生杂草，在我国古时用以夹于书中辟蠹称芸香。”（注：该植物的中文学名定为“草木犀”，但人们更常用“草木樨”。本书为了避免混乱，除了引用文字中的“草木犀”，其他地方都用“草木樨”。）

豆科胡卢巴（亦写成葫芦巴、胡芦巴）的形态极似苜蓿，并且全草有香气，故而西北民间亦称之为“香苜蓿”。据《中国植物志》介绍，胡卢巴“可作饲料；嫩茎、叶可作蔬菜食用；种子供药用，能补肾壮阳，祛痰除湿；茎、叶或种子晒干磨粉掺入面粉中蒸食作增香剂；干全草可驱除害虫”。

功用与芸香也很相似。然而胡卢巴通常开白色或黄白色的花，指认其为开黄花的芸香略有些勉强。更重要的是，从其名称就可以看出，胡卢巴并非中国土生土长的植物，而是经南方传入中原地区的（学者认为胡卢巴是阿拉伯文hulbah的音译）。胡卢巴最早出现在唐代佚名作者所撰的《南海药谱》，后来又出现在嘉祐二年（1057）出版的《嘉祐本草》中。《南海药谱》和《证类本草》中所绘的葫芦巴，使学者相信胡卢巴在9世纪左右已传入中国。虽然胡卢巴也是一种“似苜蓿”的香草，但应该不是唐以前的芸草。事实上，中国植物学科研究先驱刘慎谔就认为唐以前的芸与唐以后的芸香不是同种植物——唐以前的芸香已经失传，不为世人所知，唐以后的芸香就是这种从西方输入中国的胡卢巴，他怀疑胡卢巴这个名字是其产地Europa（欧罗巴）的译音。或者因为他这个说法，或者因为东北某些地方称胡卢巴为芸香草，所以《中国植物志》亦说胡卢巴有 “芸香”别名。

综合以上说法，草木樨和胡卢巴都有可能是古时的芸草，其中胡卢巴只能是唐以后的芸香。当然，这也只是部分植物学家的看法，并不是所有专家学者投票表决的结果。事实上仍有学者坚持柴胡是芸香的观点，如日本学者森立之认为柴胡苗可茹，为芸蒿，入香药则为芸香。显然这些学者并不认为像苜蓿或“叶类豌豆”是芸香的必备特征。

至于不从事植物学研究的其他学者和普通人，他们往往接触不到这些植物学家的观点。如果他们对芸香感兴趣，会到互联网上搜寻芸香和芸草，找到的往往都是芸香科芸香和禾本科芸香草，结果以为芸、芸香就是这两种植物中的一种。如果他们还是写作者，把他们对芸香的错误理解写进书里，谬误就会进一步放大流传下去。

荣获2019年茅盾文学奖的长篇小说《应物兄》有一个“似乎凝聚着一

代人的情怀”的完美人物芸娘，她从事现象学和语言哲学研究，非常喜欢芸香，想把“芸香”这个名字给女儿留着。她的亲朋好友拜访她时投其所好，经常送她芸香。问题来了，小说作者心目中的芸香会是怎样的形象？

博闻强识的小说作者李洱在第843页的注释中花了很多文字介绍芸香。他先是引了《礼记·月令》和郑玄注、成公绥《芸香赋》、沈括《梦溪笔谈》以及周邦彦词句，然后写道：“芸香为多年生草本植物，但又常被误以为是木本植物，因为其下部为木质，故又称为芸香树。民间又称之为‘臭草’‘牛不吃’。芸香夏季开花，花为黄色，果实为蒴果。花叶皆可入药，性平，凉。味微苦，辛。有驱虫抗菌、平喘止咳、散寒祛湿、行气止痛之效。”

这是李洱把芸香科芸香和禾本科芸香草混在一起了。“下部为木质”“夏季开花，花为黄色，果实为蒴果”“驱虫抗菌”说的是芸香科芸香，而“臭草”“牛不吃”“味苦辛”“平喘止咳、散寒祛湿、行气止痛”说的是禾本科芸香草。可能李洱自己无法判断辟蠹的芸香到底是两者中的哪种，于是干脆把两种差别很大的植物糅合在一起作为芸香。

大概也因为作者无法断定芸香为何种植物，虽然小说中屡屡出现芸香，但李洱并没有对芸香的植株特征进行任何描写，比如他这样写芸娘家里摆放的一束芸香：“桌子上有一束芸香。它散乱地插在一个土黄色的汉代陶罐里，已经枯萎。几片花瓣落在桌面上，就像从木纹里开出的花。”

从这样的描述中，我们好像看到了芸香，然而实际上又什么都没有看到。

天一阁探芸

天一阁芸草源考

程瑶田的芸草研究

兴安杜鹃和乾隆芸香事

北宋芸香丞相

壹

过眼芸烟

天一阁探芸

2018年暮春我在杭州出差，其间专门去了趟宁波，是奔着天一阁芸草去的。

天一阁又称宝书楼，是明代中期兵部右侍郎范钦辞官回乡后修建的，为中国现存最古老的私家藏书楼，已有四百多年的历史。范钦取“天一生水”以水制火之意，建筑书楼，名为天一阁。天一阁有不少珍贵的藏书保存至今，除了严格的藏书管理制度，据传另有藏书诀窍。清代著名诗人袁枚（1716—1798）登阁参观后留诗云：“久闻天一阁藏书，英石芸草辟蠹鱼。”说的

图5　天一阁宝书楼。

就是“英石收湿，芸草辟蠹”这个诀窍。英石是一种能够吸收空气中水分的石头，那么天一阁用的芸草是什么植物呢？

民国二十年（1931）北平图书馆编纂委员赵万里通过当地政府牵线得以登天一阁编制阁内藏书书目，时间长达一周，有机会看到天一阁藏书用的芸草。赵万里在《重整范氏天一阁藏书记略》中记录道：“其实天一阁所谓芸草，乃是白花除虫菊的别名，是一种菊科植物，早已失去了它的除虫的作用。”著名藏书家、目录学家冯贞群（1886—1962）在民国时期曾主持重修天一阁，对天一阁藏书进行过研究整理，有《鄞县范氏天一阁书目内编》10卷，他也看到了赵万里所看到的芸草：“芸草夹书页中，花叶茎根皆全，今存三本，赵万里认为除虫菊，钟观光定为火艾，未审孰是。”如此看来，天一阁的芸草有两说，一是赵万里提出的白花除虫菊，一是钟观光提出的火艾。

除虫菊是菊科多年生草本植物，原产欧洲，花里含有多种杀虫成分，可以麻痹昆虫的神经，使其死亡。除虫菊通常被制成油膏治疥癣，杀灭疥虫；或制成蚊香烟熏驱蚊；或者直接投放于孑孓滋生的水域中；或用其水浸液喷杀蚊蝇等：是一种非常重要的杀虫植物。然而据《中国植物志》介绍，我国20世纪20年代才开始引种栽培白花除虫菊。赵万里1931年看到的天一阁芸草，应该是很早以前就已夹放到书中的，不太可能是20年代才引进的除虫菊。

图6　（左）白花除虫菊（《科勒药用植物》）、（右）野艾蒿（《植物名实图考》）。

赵万里只是藏书家和目录学家，并非植物学家，错认植物也很正常。相比之下，宁波籍钟观光（1868—1940）作为我国近代植物学的开拓者，在我国最先开展植物分类学研究，也最早采集植物标本，他对植物的判断应该比赵万里更为可信。综合以上两点，我相信天一阁的芸草是火艾。

火艾，学名五月艾（《植物名实图谱》名为野艾蒿），为多年生菊科草本植物，有时成半灌木状，全株有香气。茎高80—150厘米，具棱，多分枝；茎、枝、叶上面及总苞片初时被短柔毛，后脱落无毛，叶背面被蛛丝状毛。夏秋季节，乡野之人常点燃艾绳驱蚊，故名“火艾”。五月艾的叶羽状全裂，形如鸡爪或手指，所以也有鸡脚艾（福建）和指叶艾（湖北）等非常形象的别称。火艾的叶子跟除虫菊的有相似之处，普通人混淆这两种植物也算正常。

我国大部分的地区都产五月艾，在江浙一带，它更是一种极常见的植物。也许夹放在书中的干草失色变形，普通人很难认出其本来面目吧。即便参观者看出芸草就是寻常的五月艾，碍于主人面子，大概也不好揭穿。

虽然我倾向于钟观光的火艾之说，但也想亲眼看看天一阁的芸草到底是怎么一回事。据说赵万里和冯贞群等人看到的芸草保存至今。天一阁研究学者骆兆平在《天一阁丛谈》中提到："至今，天一阁还保存着芸草三本，因年代久远，早已失效，放在陈列室里供大家观赏和研究。"芸草三本，与冯贞群的说法完全一样。所以我这次出行完全就是奔着天一阁陈列室里的这几株芸草去的，想亲眼观赏一下芸草的真面目。如果有可能，拍几张细节清晰的照片回来研究，探究它到底是火艾，还是别的什么植物。

我是从临街的西大门进的天一阁园区，迎面是一尊范钦右手持书的铜质坐像，手和膝盖被游人摸得发亮，潦潦草草地逛逛东明草堂和范氏故居，扔下那些古色古香的家具和摆设，拐进作为新藏书楼的北书库。北书库依照天一阁格局而建，却是现代的水泥建筑。踏进北书库，一股浓烈的药香气立即扑鼻而来，还带有一些香甜气息。藏书柜依照旧时模样放置，部分书橱柜门大开，书橱内情形一览无余。我看到叠放的书册间摆着一个个布袋，知道布袋里边装着的就是所谓的辟蠹香草。书库里的香气显然就来自这些香袋。

出北书库，再走过尊经阁，透过假山石可以看到天一阁宝书楼的檐顶，一群游客在假山石前叽叽喳喳拍照。再踱到宝书楼前面，我在网上已多次看过照片，眼前宝书楼的样子已不新鲜，只觉得阁楼前"天一生水"的水池实在太小，乾隆年间《鄞县志》天一阁图中的水池远远比眼前这洼水大。也许是范氏后人在池上叠石修亭，又占去了不少水面。游客不能进天一阁，只能在敞开的阁门口前张望，阁内空荡荡，没有东西可看。也许重要人物

图 7　天一阁北书库的展示书橱（局部）。

可以进去，甚至登上阁楼看看。不过，即便是上到原本藏书的二楼，也是空阁一座，书都挪到别处了。

从宝书楼出来，就进到作为礼品售卖部的凝晖堂，一进门就闻到与北书库里一模一样的浓郁香气。柜台果真有卖芸香草香囊，旁边有介绍文字：“芸草即芸香草，又名灵香草、七里香，可用作药材和香料，古人常在书籍中夹放芸香草以防虫咬蠹蛀。因为书中夹放芸香草，古籍往往附带有芸香草的香味，可谓名副其实的‘书香’。”除了“灵香草”三字，其他都是附会。

现在的天一阁用灵香草辟蠹，这是天一阁研究员骆兆平在《天一阁丛谈》（中华书局，1993 年）中透露的：

> 一九七五年以来，逐步恢复使用香草防虫的传统。“香草之类大率多异名，所谓兰荪，荪即今菖蒲是也；蕙，今零陵香是也；

茝，今白芷是也”。天一阁试用了广西金秀瑶族自治县出产的香草，效果良好。金秀香草正名叫灵香草，亦即黄香草，据说种植在海拔三千至五千米的高山深峪，适宜在阴湿的原始老林地生长，每种一次过后，土地要间歇数年，因而非常贵重。灵香草也是一种中药材，对书籍纸张没有副作用，对人体健康亦无不利影响，不像樟脑丸或用化学药剂配制的防霉纸那样具有强烈的刺激性。灵香草放置多年，仍然香气扑鼻，因此是一种比较理想的药草，对天一阁来说，更有其特殊的意义，所以从一九八二年起便大量应用。不过香草只能驱虫，不能杀虫；还要注意包装，避免草中所带泥土沾污书籍。

可见天一阁的工作人员也不知旧时所用芸草为何物，灵香草是经过试用后确定具有驱虫辟蠹效果才被采用的。

灵香草，别名零陵香，是报春花科的多年生草本植物，全草含类似香豆素的芳香油，可提炼香精，或用作烟草及香脂等的香料。干燥的灵香草植株放在衣柜中能够起到防虫防蛀的作用。灵香草主要产于两广的瑶族山区，瑶族人称之为香草或苓香，其中广西金秀瑶族自治县出产的灵香草最为地道。瑶族人用灵香草的生茎叶来煎水服，据说可以避孕或堕胎，与《本草纲目》所载零陵香医方暗合。

另有学者认为天一阁采用灵香草防虫始自范钦。王国强《中国古代文献的保护》讲述了这个传说：

范钦早期的藏书也曾因虫蛀问题损失惨重，后来他偶然发现惟独有一部《书经新说》第六卷在残损的古籍中完好无损，经仔细观察，发现书中夹有一株小草。范钦记起这小草是他在广西宦游读书时夹进书中作为书签用的。后来他得知这种小草叫“芸香草”，广西人常把它放在衣柜里防止虫蠹衣物。

因为浙江人听广西人发音“芸”“灵”不分，所以范钦才误将广西的灵香草当作了芸香草。不清楚王国强所引传说源自什么书籍。我查阅过范钦留存的诗文，根本就没有提及香草辟蠹之类的事情，更别提什么在广西偶遇辟蠹香草。其实天一阁芸草辟蠹完全是范钦后人杜撰的，至于天一阁采用灵香草辟蠹，正如骆兆平所言，是上世纪七八十年代才开始的。

那么灵香草——也就天一阁对外所说的芸香——到底避蠹效果怎样呢？天一阁的工作人员当然是最清楚的。天一阁文物保管所的李大东曾经比较过不同药物的杀虫效果，“我在五只空罐内各放入五条刚捕捉到的蠹鱼，然后，分别摆进芸草、樟脑丸、樟脑精等药物。实验结果表明，樟脑精的杀虫力最强，且见效快”。倒也没有说芸草（灵香草）不能辟蠹，只是说樟脑精更好。

在凝晖堂售货柜台，我拿起香囊凑近鼻子闻闻，跟空气中的那种浓郁之香略有不同，反而清淡一些了。香囊的价格倒也不贵，只是过于修饰。更何况我知道香囊内的所谓芸香草就是灵香草，而我早就买了灵香草干草，在办公室的书柜里插了一束，打开书柜就有强烈的药香扑鼻而来，宛如书柜里打翻了一瓶止咳糖浆。没看上花哨的香囊，但是买了一件天一阁藏的《神龙本兰亭序》碑帖。随后我从售卖的书籍中抽出骆兆平的《天一阁丛谈》，翻到“芸草三本……放在陈列室里供大家观赏和研究”那一段话，问服务员这个陈列室在哪里。服务员在地图上找来找去，最后指着图上标着“中

图 8　灵香草（《广西大瑶山瑶族社会历史情况调查初稿・经济生活部分》，1958 年）。

国现存藏书楼陈列”字样的一处说，应该就是这个。我明白她对此并不熟悉，也就不追问了，自己慢慢找吧。

最后是在司马第（即范氏余屋，2001年修葺后辟为天一阁发展史陈列室）看到了天一阁历史资料陈列，其中藏书部分有芸草相关的文字和实物展示。宣传栏文字云：

> 天一阁自范钦以来，逐步形成了一套严密的藏书管理制度，代不分书，书不出阁。定期曝书，英石除湿，芸草辟蠹。对违反规定的子孙有严格的惩罚制度。

其下有芸草和英石的照片，照片里几枝干草平摊在红布上，从宽大皱褶的叶片来看，无疑就是灵香草，并不是冯贞群看到的那三本芸草。我在网上见过有游客前些年拍到当时天一阁陈列的芸草实物的照片，那时的芸

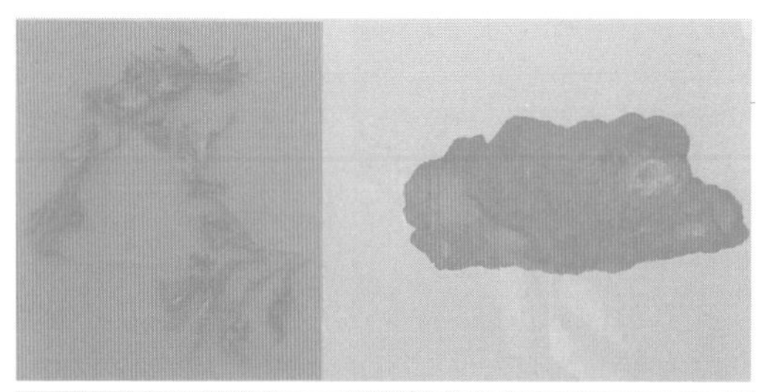

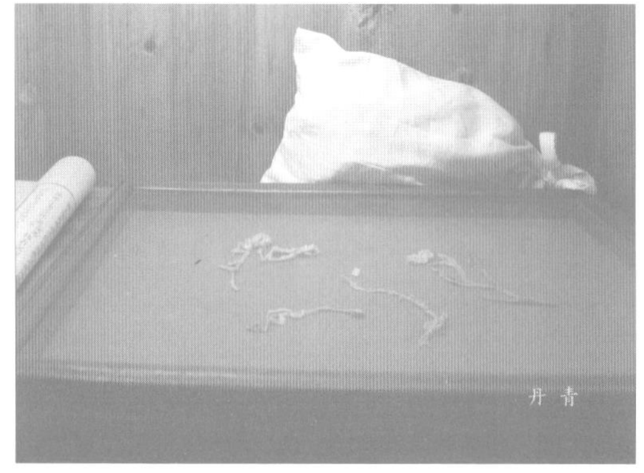

图 9　上图为 2018 年天一阁陈列室（司马第）展出的芸草干草图片和英石图片，芸草实为灵香草。下图为 2011 年天一阁陈列室（宝书楼）的芸草实物（照片来自“丹青的博客”，http://blog.sina.com.cn/zjdanqing，2011 年 5 月 9 日），何种植物不详。

草实物外貌与现在陈列室的芸草照片相差很大。不知道天一阁为何不展示原来的芸草，而是这些灵香草的照片。

除了灵香草和英石的照片，展台上有两个塞得鼓鼓的布袋，之前在北书库的书柜里已经看见过了。布袋旁有一小捆干草，边上牌子写着“天一阁芸草辟蠹的传统”，这一捆干草自然不会是天一阁留存下来的芸草，只能是天一阁现在藏书用的所谓“芸草”，其实就是凝晖堂售卖的灵香草。虽然早有看不到那三本芸草的心理准备，不过真正面对这一大捆“芸草”时，心里还是非常失落的，天一阁之行的目的完全落空了。

自此游览兴致顿失，也就是走马观花而已。

园内到处是墙，将不同的建筑和区域隔开，让游客的视线驻留在各自的一小方天地，专注欣赏。好在院墙之中总是有旁门左道，并无走投无路之感。园内到处可见一种叶片狭长的丛草，或堆在树下阶旁，或拥在山间水畔，墨绿可爱，便知道是书带草。传说郑玄最先开始用这种草作为扎书的带子，所以也叫郑公草。东汉时期的书多为竹简之书，郑玄用这种一尺多长的草叶做书带，也是非常合适的。值得一提的是，天一阁得名的“天一生水”，就出自郑玄对《易经》的注释。

浙东文化名人全祖望（1705—1755）曾经数次登上天一阁，为藏书楼留下了《天一阁藏书记》《天一阁碑目记》等文章。全祖望写宁波城内日、月双湖的《湖语》就有“书带之草，遍阶除也”之语，可见书带草在宁波极其常见。他在《久不登天一阁偶过有感》也提及此草：“为爱墨香长绕屋，只怜带草未开花。”

天一阁藏书楼还悬挂有一副佚名作者的楹联“长意青葱多带草，遥知呵护有卿云”。上联当然是指书带草，下联有呵护书籍之功的“卿云”当然是芸草。只可惜满园只见书带草，而阁内只有讹作芸草的灵香草，真正的芸草却杳无踪迹，这实在对不住这“天一阁”四百多年的盛名啊。

或者可以在天一阁里造个芸香园，专门种植芸草，传播芸草文化。鉴于芸草有很多种说法，到底是什么植物并无定论，那就把所有可能的芸草候选者都种在园子里，配以相关文字介绍和实物展示，由参观者自己判断到底哪种植物是真正的芸草。这样不是挺有趣吗？

不知这样的芸香园会不会吸引游客，我发现天一阁里人气最旺的地方是麻将馆（全名为“麻将起源地陈列馆”），游客们在各种稀奇古怪的麻将前大呼小叫、拍照留念，很是快活。

图 10　天一阁图（乾隆《鄞县志》）。

虽然典籍里一直有芸香辟蠹的说法，然而真正实践芸香辟蠹的藏书楼或藏书家却很少，天一阁就是其中的一例，也最为著名。天一阁是 1566 年建成的，建成后一百多年时间里，由于藏书不对外界开放，天一阁并没有太大的名声。乾隆三十七年（1772），皇帝下诏开始修撰《四库全书》，范钦的八世孙范懋柱（1721—1780）进献所藏之书 638 种。因为天一阁藏书得法，乾隆皇帝敕命测绘天一阁的房屋、书橱的款式，兴造了著名的“南北七阁”，用来收藏所修撰的七套《四库全书》；又因献书有功而赐天一阁《古今图书集成》一部。天一阁自此才闻名全国。

天一阁藏书之所以可以数百年保存良好，据说一个主要原因在于使用了“英石芸草”。清代著名诗人和散文家袁枚在八十岁高龄时曾经参观过天一阁，为此还赋诗一首：“久闻天一阁藏书，英石芸草辟蠹鱼。今日椟存珠已去，我来翻撷但唏嘘。”袁枚自注云：“橱内所有宋版秘钞俱已散失，书中夹芸草，橱下放英石，云收阴湿物也。”感叹天一阁珍贵的宋版书籍都已散去，只留下芸草英石这些保护书籍的物件。“云收阴湿物”者应是领他登阁观书的范氏后人。这个人会是谁呢？

袁枚还写过一首挽诗《挽范莪亭孝廉》，详细回忆了他观天一阁藏书的过程。该诗明确说出“橱内所存宋版秘钞俱已散失”的原因，原来是官府迟迟不发还范懋柱进献的藏书，范家人又不敢向官府索要以致宋版书全部散失。这首诗也提到了芸草：“蠹鱼见我来，蠕蠕尽逃匿。芸草知我来，余香未消灭。”总之，从这首诗可以看出是范莪亭接待袁枚登阁观书，大概因为袁枚没有看到心心念念的宋版秘钞，他就给袁枚看了他收藏的千余家明清两代尺牍（其中就有袁枚本人的），也借机请袁枚为自己的诗集写序（范莪亭有诗集《倡和诗》，不知道是否流传下来）。

范莪亭即范永琪（1727—1795），是范钦后裔。范莪亭工汉唐篆隶，尤精摹印，好收藏明代及清初名人尺牍。所居瓮天室修成后，展出集兰亭字为七律二篇，东南名士和者数十，一时传为佳话。当朝大文士袁枚来宁波，范莪亭当然要尽地主之谊，在天一阁招待他。不过，袁枚的这两首诗并没有完全写出他的心里话，毕竟这两首诗是要公开给人看的。真心话出现在他的出行笔记里（《袁枚全集新编》第16册，王英志编纂校点，2015年）：

> （乙卯年四月）初六。早起，同范公（即范莪亭）及刘霞裳到天乙阁。其弟子出见，有六七人。阁南向，前后花木，萧疏古茂，明嘉靖兵部侍郎范钦藏书处也。至今二百余年矣。书厨共十六，下放阴石，能收湿气，中放芸香，能避蠹鱼。我随手翻之，蛀洞甚多。据云乾隆卅六年，主人献书七百部，未蒙发还。今所存者，业已断简残编矣。云有目录，钱竹初明府抄去，竟无副本，可叹也。皇上赏《图书集成》一部，现供正厅。所藏碑版，汉魏、六朝之物，甚属寥寥，不及随园之多，可发一笑。惟《西岳华山碑》一种，为稀有之物。其余唐、宋、元三朝，亦无可宝。

在袁枚看来，天一阁藏品中也就只有《西岳华山碑》一帖稀有，其他并不珍贵。随手翻阅之书“蛀洞甚多”，想来也并不完全认可芸草的辟蠹功效，藏书目录也没有副本，管理显然不善。这段笔记并没有记录他看范莪亭所藏尺牍的过程。大概尺牍是范莪亭私藏，并没有放在天一阁里。

值得注意的是这段笔记提到钱竹初拿去了天一阁藏书目录。钱竹初（1739—1806），本名钱维乔，竹初是他的号。乾隆四十七年（1782）任鄞县（宁波旧名）知县，七年后引疾归，其间曾延钱大昕主修《鄞县志》。钱维乔工诗文绘画，喜欢与文士交友往来，任鄞县知县时，与地方名士范莪亭也有不少往来。他的诗文集《竹初诗文钞》记有不少与范莪亭的诗文唱和，以及为范莪亭所编撰的书籍写的序和跋。他在鄞县七年，两次登天一阁观书。第一次登楼大概发生在第四年（1786），钱维乔为此特意写了一首诗，诗题略长——《范菊翁李渭川卢月船范莪亭卢东溟招饮天一阁观藏书即席索和》。宴饮六人当中，范菊翁是范莪亭之父，李渭川是宁波府太守。诗曰："黑头强负读书名，杰阁初登愧百城。题处自天昭世守，翻时近水得家声。当窗介石苔俱古，触手灵芸蠹不生。几许燃藜眩朱紫，梦夸中秘眼难明。"其中"当窗介石苔俱古，触手灵芸蠹不生"两句有钱氏自注："架旁多置英石，云可辟湿。展卷得芸草数枝，盖司马公手置，云得之西域，亦三百余年物矣。"诗和自注特意提到了英石与芸草，其说法与袁枚诗文中的一模一样。范莪亭之父范菊翁是一介农夫，应该不会热心这种文人雅事，所以英石芸草应该也是范莪亭说给钱维乔的。不仅如此，他还说书中的芸草是范钦亲手置办的，得自西域，是三百年的东西了。这就有点夸张了。钱氏登楼观书距天一阁建成二百年左右，还能看到范钦亲手置办的西域芸草，这多半是范氏后人穿凿附会的传说吧。

其实在钱维乔和袁枚之前，已经有不少人登阁观书。浙东学派的中兴人物李邺嗣，因为编写《甬上耆旧诗》（宁波旧称甬上），四处拜访各藏书家以查找宁波籍文士的诗集，早在1670年就被允许登天一阁查书。他在《甬上耆旧诗》的《范钦传》中记录："公天一阁以藏书最有法，至今百余年卷帙完善。适余选里中耆旧诗，公曾孙光燮为余扫阁，尽开四部书，使纵观，因得郑荣阳、黄南山、谢廷兰、魏松之诸先生诗集录入选中，俱前此选家所未见者。其有功于吾乡文献为甚大矣。”李邺嗣说天一阁“藏书最有法”，但是没有具体描述如何得法，不知其法中是否有“英石芸草”。我怀疑没有，否则他应该会另加文字说明的吧。

三年后（1673），清初大学者黄宗羲也登阁抄录自己感兴趣的书籍目录，著有《天一阁书目》（今不存）。黄宗羲的《天一阁藏书记》一文对此有所记录。黄宗羲应该是翻看了大量藏书，对书橱内的情况非常了解，然而亦未提及“英石芸草”。黄宗羲《天一阁书目》和《天一阁藏书记》一出，天下始知天一阁藏书书目且有机会登阁，其后徐乾学、万斯同、冯南耕、陈广陵、全祖望等学者和藏书家继踵登阁，争相抄读其中的古籍。这些学者在留下的诗文中也都没有提及天一阁芸草辟蠹的说法。其中全祖望登阁次数最多。在《天一阁碑目记》中，全祖望说到了天一阁书楼命名的由来，也提到天一阁所藏书（或碑版）虫鼠损害严重，“惜乎鼠伤虫蚀，几十之五”。然而也没有提到芸草辟蠹之事。

范懋柱献书后，乾隆下令仿造天一阁造皇家藏书楼阁，钦差大臣寅著奉旨查看了天一阁房屋和书架造作之法，其中特别提到了英石收湿的措施，“橱下各置英石一块，以收潮湿”，这应当是范懋柱说给寅著的，然而此时还是没有提及芸草辟蠹。寅著考察天一阁之事应该发生在范懋柱生前，即 1780 年以前。从文献看，接待钱维乔和袁枚登阁观书的是范莪亭，可见范懋柱死后，天一阁主管或者接待之职就落到了范莪亭身上。由此可推测，天一阁芸草辟蠹之说应该源自范莪亭的鼓吹。范莪亭的宣传，通过袁枚诗文的传播与放大，至此之后，“英石收湿、芸草辟蠹”的说法就流行开了，成为天一阁藏书的一种特殊标志。范莪亭之后的范钦后人大概也乐得贴上这样的标签，向每个登阁观书者传播这种无伤大雅的莫须有传说，就像现在天一阁导游喜欢向游客介绍芸香辟蠹一样。

文献也的确有这样的记载。己巳年（即1809年，此时范莪亭也已去世14年），八旗子弟麟庆通过介绍得以登阁观看藏书，也亲眼看到了芸草。他在游记《天一观书》中写道："又有芸草一枚，淡绿色，香尚馥郁，三百年来书不生蠹以此。"显而易见，天一阁藏书因为芸草而"三百年来书不生蠹"，这应该是麟庆转述范氏后裔的宣传语。类似的话语甚至进到了传奇小说中。清代戏曲作家谢堃的《春草堂集》（1845年刊）卷三十二曾记载了这样一个有些凄惨的传奇故事：

> 鄞县钱氏女，名绣芸，范懋才邦柱室，邱铁卿太守内侄女也。性嗜书，凡闻世有奇异之书，多方购之。尝闻太守言："范氏天一阁，藏书甚富，内多世所罕见者。兼藏芸草一本，色淡绿而不甚枯。三百年来，书不生蠹，草之功也。"女闻而慕之，绣芸草数百本，犹不能辍。绣芸之名由此始。父母爱女甚，揣其情，不忍拂其意，遂归范。庙见后，乞懋才一见芸草。懋才以妇女禁例对，女则恍然若失。由是病，病且剧。泣谓懋才曰："我之所以来汝家者，为芸草也。芸草既不可见，生亦何为？君如怜妾，死葬阁之左近，妾瞑目矣。"

宁波知府邱太守说的这句话，"兼藏芸草一本，色淡绿而不甚枯。三百年来，书不生蠹，草之功也"，与前边麟庆的"又有芸草一枚，淡绿色，香尚馥郁，三百年来书不生蠹以此"句，可谓异曲同工。宁波府治亦在鄞县，邱铁卿太守应该有机会登阁观书，此时范氏后人向他夸示芸草之功也是人之常情。事实上钱维乔写“当窗介石苔俱古，触手灵芸蠹不生”句的那次天一阁宴饮，六人中的李渭川就是其时宁波府太守。可见天一阁向来就有宴请地方官员的传统。

据近代藏书家冯贞群考证，鄞县也确有范邦柱其人，其妻钱氏也的确早夭于嘉庆二十五年(1820)，但范邦柱并非范钦后裔，自己都难有机会登阁，更不用说其妻了，可说钱绣芸所嫁非人。然而读这个故事我有一个疑问：钱绣芸既然绣了几百株芸草，按理说她应该熟悉芸草这种植物，为何还非要看天一阁的芸草呢？难道是不相信自己熟悉的芸草有传说中的辟蠹奇效，所以想亲眼验证比较一下？

如果她当初真的看到了心念已久的芸草，发现天一阁芸草就是田间地头常见的火艾，不知故事又会有什么样的结局。

程瑶田的芸草研究

对芸草钻研最深的古人要数清代著名学者程瑶田了。程瑶田（1725—1814）博雅宏通，平生以著述为事，对天文、地理、算学、典制、植物、农业种植、水利、兵器、农器、文字、音韵等皆有深入研究，是一个百科全书式的学者。此外，他也擅长作诗、绘画、鼓琴、篆刻和书法，用现在的话来说，可以算得上是集科学与艺术于一身的一代通儒。

程瑶田最擅长名物典制考据，在考据中表现出强烈的实证精神，凡事不经过实际考察，则不轻易下结论，强调“用实物以整理史料”，开启了传统史料学同博物考古相结合的治学路径。我在写《寻蟫记》时就已经领略过程瑶田的这种治学态度。

当时我想弄清楚为何古人给衣鱼取名为“蟫”，为此追索过很多“覃”声字的含义，其中就有与兵器部位有关的“镡”字。在《考工创物小记》一书中，程瑶田比对自己收集到的十余把古铜剑与传世文献，对古剑的各部位名称（包括镡）进行了详细考证。除了详尽的文字说明，书中还辅有大量细致的古剑及不同部位的绘图，对于理解其意非常有帮助。对于程瑶田著述喜欢绘图这一特点，《清儒学案》也有很好的评价：“凡考订名物往往绘图列表以明其真，所以裨益经学启迪后人非浅鲜也。”程瑶田对芸草的研究，也充分体现了他的这种实证治学精神。

程瑶田的芸草研究始于晚年在家乡歙县灵山（也叫灵金山）设馆教书。他发现灵山乡野遍生一种俗名“七里香”的香草，乡人采集这种草拿到集市卖，声称可以辟蠹、渍油泽发等。大概是七里香之名和辟蠹之用让他想起了沈括《梦溪笔谈》和王象晋《群芳谱》中的芸草，再加上《月令》和《夏小正》中也有“芸”，从而激发起他对芸草的好奇心。

程瑶田当然非常熟悉芸草和芸香相关的传世文献，然而他并非一个只在故纸堆里穿墙打洞的考据家，他更喜欢田野观察与史籍资料的对比考据。他花了一年的时间来观察这种香草，“察其出土，验其生花，伺其荣枯，备历四时，略得其大致”。这还不够，为了观察得更加仔细充分，他还将香草移植进花盆，“朝夕观之，日日以继。凡在土中所不及见者，举能椧验”。可以说他的这种实验观察跟近代植物学研究方法已经非常接近了。

经过一年多的田野观察和种植实验，又与芸草相关的文献进行比较，程瑶田最后断定他在灵山看到的这种香草就是辟蠹之芸草。根据他的芸草研究，程瑶田写了四篇文章，包括《释芸》《芸荔二草应气说》《莳苜蓿纪讹兼图草木樨》和《释芸续考》，四篇文章都收在他的《释草小记》一书中。

虽然程瑶田具有当时的人很少具备的实证精神，又花费了大量的时间和精力来观察，然而他得到的芸草结论却非常荒谬。这到底是怎么一回事呢？

“黄白间作”的芸草

程瑶田《释芸》一文主要采纳《月令》《夏小正》《说文解字》《急就篇》、《尔雅》郭璞注、罗愿《尔雅翼》、王象晋《群芳谱》和黄庭坚（山谷）《戏咏高节亭边山矾花二首》诗序等文献来比对验证他所发现的芸草。程瑶田所引用的文字，见文后附录。

这些文献对芸草的描述，有貌似相互抵触的地方。比如一方面说芸是菜蔬，生熟可啖，另一方面又说芸为香草，可辟蠹去蚤虱，这似乎有点矛盾。然而菜蔬中本来就有香菜，比如芫荽、茴香等，而很多香草也是可食的，比如薄荷、罗勒、紫苏等，所以二说也并非绝对矛盾。矛盾主要出在芸草花色方面，《尔雅》郭注表明芸开黄花，而《群芳谱》和黄山谷诗序说芸开小白花。当然同种植物的不同品种，花色有不同也很正常，正如菊通常开黄花，但是也有开白花的，甚至开绿花的品种。

程瑶田观察到的香草就是这样的，既可食用，又可辟蠹去虱蚤，既开黄花，又开白花，总之，完全符合所引典籍对芸草的描述。他在《释芸》中描述他的观察："（香草）俗呼七里香。土人采而束之，荷诸稠人中行且卖焉。言可以辟蠹，又可渍油，妇人以泽发……秋深望之，叶如着白粉，盖其茎叶通有白毛如艾茸。"这种香草的俗名、辟蠹功能以及秋天时茎叶上长有白色绒毛，完全符合《梦溪笔谈》的记载。至于花色方面，程瑶田发现"其二月作花色黄，三四月黄花最盛，五月黄花渐萎……至于五月，前草渐枯，稚草复生，遍野皆是……于六月开花，尽皆白色。七月亦然。八月千百白花中，或有一二枝黄者。寒露后，又稍见黄花矣"。该香草在春、夏、秋三季分别开黄花、白花和黄花，即所谓"黄白间作"，程氏认为也符合文献中的黄花和白花之说。

程瑶田还将香草移植花盆中来观察，发现此草秋天枯萎以后，其宿根第二年春天还能抽芽生长。他认为老子"夫物芸芸，各归其根"和淮南子"芸可以死而复生"描写的就是这种宿根越年生长的植物属性。

根据这些实物观察及其与文献的比对，程瑶田于是信心满满地做结论道：“余谓诸家所说，确是此草。”

对于芸草花色“黄白间作，因时变异”这种不太寻常的现象，程瑶田还特意写了一篇题为《芸荔二草应气述》的文章来专门解释：“其二月作花色黄，三四月黄花最盛，五月黄花渐萎者，何也？其草盖始生于冬至一阳来复之月，故为黄花也。至于五月，前草渐枯，稚草复生，遍野皆是，由今思之，是乃始生于一阴初长之月者也，故于六月开花，尽皆白色。七月亦然。八月千百白花中，或有一二枝黄者。寒露后，又稍见黄花矣。岂至是而春花本色又微露乎？呜呼，可以观化矣。”程瑶田认为芸草是一种对节气特别敏感的植物，不同节气之下，阴阳消长不同，导致芸草开出不同的花色，所谓“黄白因时而然，非有异种也”。程瑶田相信，也正是芸草具有这种应时而变的属性，所以才被《月令》和《夏小正》这样的经典著作记录下来。

古人或许相信程氏的芸草应气说，稍有点现代科学知识的今人当然会怀疑此说——同一种植物在不同节气时会生长出不同形状的叶子，开出不同颜色的花。

程氏依据之错

虽然程瑶田自信满满，但是他也发现他的芸草与古代文献并不完全吻合。比如他观察到的芸草只在夏天开小白花，而《群芳谱》和黄山谷诗序所说的芸草却是春天开小白花。于是程瑶田不仅仔细查验田野间的芸草，还将芸草移植花盆中月月验之，然而始终没有看到它春天开白花。于是程氏猜测黄山谷并没有亲见芸草开白花，黄山谷在诗序中说芸草在春天开白花，“或亦得之所闻而非其目验者欤”。就这样不了了之。

另外，对于芸草茎叶，程瑶田也没有任何文字描述。好在《释芸》画出了不同季节的芸草植株图。从这些芸草图来看，无论如何都看不出芸草如文献所言“似目宿”（《说文》），或“叶似苜蓿”（《尔雅》郭璞注），或“叶类豌豆”（《梦溪笔谈》）。或许出于这个原因，程瑶田没有探讨芸草的叶子。

可能程瑶田认为这两处不一致只是小问题，并不影响他的芸草结论，无须认真对待。然而下面要说的这个问题就严重了，直接关系到程瑶田芸草研究的根基。

程瑶田用来证明开白花的七里香就是芸草的主要文献是王象晋《群芳谱》和黄山谷诗序。黄山谷诗序所说的山矾的确有七里香的别名，但山矾是一种开白花的木本植物，不可能是《梦溪笔谈》中的芸草。李时珍《本草纲目》“山矾”条对山矾植株特征有详细说明，并且明确指出了《梦溪笔谈》中的七里香不可能是黄山谷诗序中的七里香。可能王象晋没有注意到《本草纲目》上的说法，看到山矾有七里香的别称，又是生长在江南，就以为这是《梦溪笔谈》中的芸草。王氏《群芳谱》“芸香”条“大率香花过则已”以下文字基本抄自沈括《梦溪忘怀录》有关芸香的文字。而程瑶田也不加分析地全盘接受了王象晋的说法。

可能是被别人指出了这点，程瑶田自己也意识到王象晋《群芳谱》和黄山谷诗序里写的山矾或七里香实为木本植物，并非芸草，于是又补写了一篇《释芸续考》。该文重点考据文献中山矾的各种名称的由来，竟只字不提误将山矾当作芸草之事，也不说芸草到底是否还应该开白花。这实在不是实事求是的态度。

事实上，除了王象晋《群芳谱》，并无其他文献说芸草开白花。相反，诸多文献表明芸草开黄花。北宋著名诗人梅尧臣写过一首描述芸草的诗，就直接说芸草“黄花三四穗”。

总之，不管程瑶田是有意还是无意，他错误地采信了《群芳谱》芸草开白花的说法，在此基础上构建出来的“黄白间作，因时变异”的芸草形象和理论，就必然是荒谬的。后世学者（包括清代学者）谈及芸草时，根本就不提程瑶田的这些芸草研究。偶尔提及，也没有好评价。日本学者森立之就认为程氏的芸草研究“极臆断，不足据也”，完全是不屑一顾的态度。

程氏芸草实为三种植物

根据程瑶田对芸草的描绘，很容易看出，程氏芸草实际上是三种不同的植物。

我们先查看程瑶田所绘的不同生长时期的芸草植株图。其一是芸图，其注为“六月所见开白花者”，画的是农历六月时开白花的芸草植株图。可以看到，白花者有狭长的披针形叶，小白花在茎顶排成伞状。其二是仲冬之月芸始生图，其注为“冬至后初出土者”，画的是农历十一月的芸草苗，一些椭圆形的叶子簇拥在一起。其三是夏小正二月荣芸图，其注为“春分后采二茎并黄花”，画的是二月春分后马上要开黄花时的两株芸草。其中一株叶呈匙状，茎顶似乎画有花蕾或者细叶，看不太清楚。另外一株底部为羽状复叶或者说叶有深裂，上部则是匙状叶，看不到花蕾。程氏没有画秋天开黄花的芸草，有可能它像春天开黄花者，所以程瑶田没有画。从程氏所绘的芸草植株图来看，再结合春夏秋三季花色“黄白间作”的特点，即便是对植物学没什么研究的普通人，大概也能看得出来程氏的芸草根本不是一种植物，而是三种植物：一种在春天开黄花，具匙状叶；一种在夏天开白花，具狭长的披针形叶；一种可在秋天开黄花。

程瑶田观察到芸草的荼（即花上的冠毛）也恰有三种类型：“其英其荼，亦不一类。此种吐蕊者，英与荼齐平。又一种英中之荼，高出英上者约一分。他荼白色，此独淡绿色。荼中无发吐出。又一种，但有碎英，不见其中有荼也。”（《释芸》）对于白花者的花蕊和冠毛，程氏的观察尤为仔细：“大暑后，有一本荼中当午吐发数根，其末坠黄蕊挺出一分许。旦日视之，则缩而与荼齐平，日日如是。四五十日参差挺出，前枯后鲜。鲜者蕊黄，枯者蕊黑。鲜者其香芬烈，枯者香渐微。”

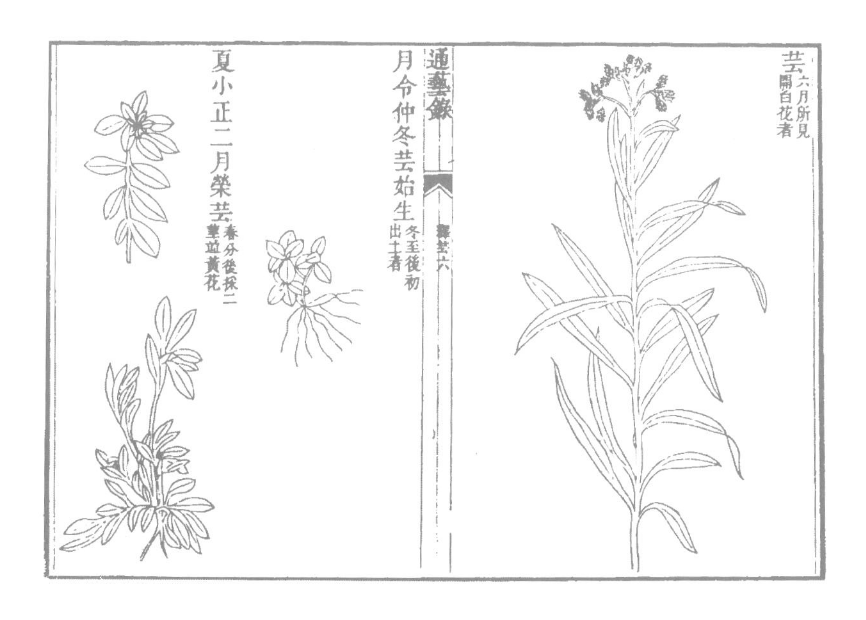

图 11　芸（程瑶田《通艺录·释草小记》）。

总之，从程瑶田的田野观察来看，他所谓的芸草应该包括三种不同的植物，它们在春、夏、秋三季分别开黄花和白花，花的冠毛和叶也有明显不同。

程氏芸草到底包括哪三种植物，这倒是一个可以探究的有趣问题。

根据程瑶田《释芸》所描述的花色和花期，三种植物可分为春天开黄花者、夏天开白花者和秋天开黄花者。

《释芸续考》提及所谓芸草有别名绵青，我们可以从这里开始鉴别。《释芸续考》云："余目验此草，信为蒿属，而足佐饔飧。闻之严州遂安人云，彼地呼此草为绵青，采其叶，水沦之，去苦味，复易清水浸半日，去水，同糯米粉捣匀，作饼蒸食之也。"绵青这个名字现在还在用，有些地方或称棉青，这种植物的学名为鼠麴草（*Gnaphalium affine* D. Don），亦称鼠曲草，是菊科鼠麴草属一年生草本植物。江南至今仍有清明节和寒食节前后采鼠曲草做糯米团的习俗，所制糯米团称为青团，其制作过程恰如程氏这段文字所言。

《本草纲目》有"鼠曲草"条。李时珍解释说："曲，言其花黄如曲色，又可和米粉食也。鼠耳言其叶形如鼠耳，又有白毛蒙茸似之，故北人呼为茸母。"可知绵青开黄色花，当为《释芸》中开黄花者。鼠麴草诸多别名中的"绵"（绵青），或"棉"（棉花草、棉絮头）和"茸"（茸母）等等都得名于其叶上白色绒毛。

鼠麴草春天开花，当为程瑶田所言春天开黄花的芸草。程瑶田《释芸》如此描述这种芸草："明年二月十九日春分。廿一日求之山径间，处处有之。大者五六寸，小者一二寸。绿叶密布，心皆有细叶包裹。其甲拆者，有蓊头攒簇十余点，花初胎亦，然皆黄色者也。然不知其春月亦作白花否也，于是月月验之。至于三月花盛开，皆黄者。四月立夏、小满之间，开者渐萎，茎叶亦渐枯且焦烂矣。”

可见此黄花者在阴历二月有黄色花蕾（程瑶田认定此即《夏小正》所言“二月荣芸”），三月黄花盛开，五月枯萎，因此花期为阴历3—5月，对应公历大概是4—7月。据《安徽经济植物志》记载，鼠麹草在歙县被称作佛耳草、清明菜，花期4—7月，花黄色至淡黄色。由此可知程瑶田观察到这种开黄花的植物的确就是鼠麹草。

再看程瑶田《释芸》所绘芸草图，其中“夏小正二月荣芸”字旁的叶无分裂者正是鼠麹草。值得一提的是，《庚道集》卷九“佛耳草”下注“即芸薹也”。虽不知其说的缘由，这种说法让人觉得鼠麹草也隐隐约约跟芸草有关。如果鼠麹草叶子上的白色绒毛可以比喻成白云一样的苔藓的话，鼠麹草似乎也可以被称作是芸苔了。更何况鼠麹草本也开黄花，符合芸黄之义。如此看来，程瑶田把鼠麹草当作芸草也不算前无古人了。

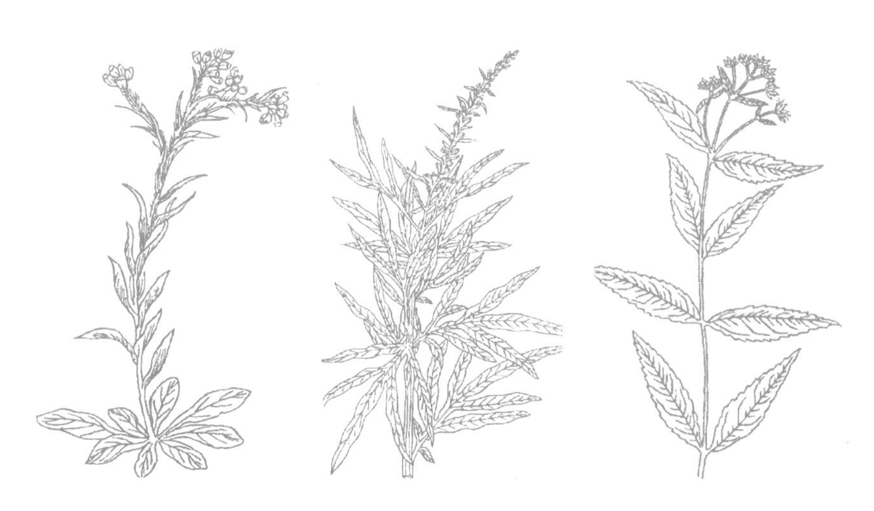

图12　从左至右依次为鼠麹草、蒌蒿、白头婆（《植物名实图考》）。

另外一种秋天开黄花者，程瑶田《释草小记》只有两处描写。一处说这种开黄花的植物“长逾二尺”，另一处则描述了这种植物的叶子：“秋深望之，叶如着白粉，盖其茎叶通有白毛如艾茸，乃蒿类也。”因为叶有白色绒毛，程瑶田认定其属于蒿类。程氏芸草图中叶有深裂者（在鼠麹草下方）应该就是这种秋天开黄花的蒿属植物。蒿属植物常有浓烈的挥发性香气，茎、叶常常覆盖蛛丝状的绵毛，而且绝大多数都是在秋天开黄花，所以很难确定程瑶田看到的蒿属植物究竟是哪一种。日本学者森立之认为程氏的芸草是“白蒿、鼠麹之类”的植物。“鼠麹”即前述春天开黄花者，“白蒿”当为秋天开黄花之蒿类。只是不知森立之判为“白蒿”的依据是什么。

暂且放下这个疑问，我们来看夏天开白花者是什么植物。

程瑶田《释芸》对这种植物的观察和描述非常详尽：“六月廿四日，时有香草遍地生，长一二尺，作小白花攒生茎末。茎分数枝，每枝五六毬，或七八毬。每毬细分之，有五六花，或七八花。久之分开散布，其花不落。又久之，花英外铺，中露白毛无算，盖亦花之有荼者也。然英包荼外，非若苦菜之荼，英含荼本，必脱英而后荼乃见也。俗呼七里香。土人采而束之，荷诸稠人中行且卖焉。言可以辟蠹，又可渍油，妇人以泽发，即所谓芸也。厥后花开益盛，八月采之盈筐，白花中间有一二黄花者。”除此之外，程瑶田也画了开白花的芸草图，可以看到这种植物的叶子大体为披针形，没有深裂。

幸运的是，上述三种所谓的芸草都可以在《民国歙县志》卷三《食货志》中找到原型。

《民国歙县志》卷三蔬属有“棉絮头”：“一名棉花草，即鼠麹草。清明采之以制饼食。又名茸母。宋人诗：‘茸母初生认禁烟。’”这就是程瑶田所谓春天开黄花的芸草。

蔬属另外还有“萎蒿”：“邑中间有之，味极苦，不可啖。逾岭近江则渐饶香味，可移植以为园蔬。”药属有“萎蒿”：“萎蒿，即白蒿。”萎蒿在《神农本草经》及《本草纲目》中亦称“白蒿”。查植物学书籍可知，萎蒿是菊科蒿属多年生草本植物，高 60—150 厘米，植株具清香气味；叶羽状分裂，背面密生灰白色细毛，花冠筒状，淡黄色，花果期 7—10 月。由此可见，程瑶田所谓秋天开黄花的芸草当为萎蒿。

花卉属有“泽兰”条：“《诗》‘方秉蕑兮’，陆疏即兰。泽兰，或谓佩兰叶即其一种。山中阴湿处另有兰草，花叶略似佩兰，丛生，不岐出。乡间妇女采其嫩苗，浸油润发，名梳头香。茎带紫。”药属除了“泽兰”，还有“佩兰”条：“佩兰，即省头草，邑中处处有之。” 梳头香也好，省头草也罢，都是乡间妇女用来香发容饰的香草。由此可以推测，程瑶田观察到的“七里香”，即夏天开白花的芸草，应该就是俗称“梳头香”的泽兰，或俗称“省头草”的佩兰。根据叶“不岐出”（即叶无裂）和“茎带紫”这些特征，再加上白色的伞状花序，可以断定它们应该是菊科泽兰属的植物。据《安徽经济植物志》，可以确定县志泽兰为泽兰属的泽兰（白头婆，*Eupatorium japonicum* Thunb.），而佩兰是泽兰属林泽兰（白鼓钉，*Eupatorium lindleyanum* DC.），歙县人称之为佩兰。这两种泽兰属多年生植物外形相似，具有白花、叶无裂、紫茎的特征，“全草含香豆精（coumarin）”（《安徽经济植物志》），均可以作为香草提取芳香油，供医药及工业用。将来我们会看到，正是植株中所含的香豆精（亦称香豆素），使得这两种香草能够用来制作妇人化妆品，也可以用来辟蠹。

现在可以谈谈为何程瑶田要把鼠麹草、萎蒿和泽兰属植物捆绑成芸草了。鼠麹草是一种清新可爱的野菜，萎蒿则是一种带有特殊香气的菜蔬，

图 13 （左）林泽兰和（右）泽兰（《安徽经济植物志》）。

这些可以用来解释芸草菜蔬的一面以及开黄花的特征，尤其是春天开花的鼠麹草，可以附会《月令》“仲冬之月，芸始生”和《夏小正》“二月荣芸”的说法。又鼠麹草叶子两面有灰白色棉毛，蒌蒿叶子的背面也密生灰白色细毛，恰如沈括《梦溪笔谈》所言“叶间微白如粉污”。泽兰属植物林泽兰和白头婆的郁香则可以解释七里香之俗名以及辟蠹之用。

最后值得一提的是，其实程瑶田在他的田野实验中种植过一种香草，这种草更可能是沈括和梅尧臣笔下的芸草，只是他那时已被先入之见迷惑，对眼前这种香气幽微的香草反倒视而不见了。

灵山寻芸

走出黄山北高铁站，酷暑闷热之气扑面而来，汗立时而下，我赶紧用“滴滴”叫了一辆车，直奔程瑶田教书的灵山村。曲折的柏油马路在山间起伏穿行，碧山就像T台上的模特一样不停地迎来走去，转身作态，将青竹绿树、屋宇梯田等一一予以展示，景色可算清凉宜人。司机问我打算在灵山村待多久，我说准备待两三天，他很惊奇：“这个地方有什么好看的，一两个小时就足够了。” 他大概以为我只是走马观花，这样就可以载我去下一个景点了。

黄山市呈坎镇灵山村是一个有千年历史的古村落，还保存几十座明清古建筑和一条很有特色的古水街，但我意不在此，而在寻找程瑶田研究过的芸草。

我于7月23日抵达灵山村，农历是六月二十一，正好是程瑶田《释芸》所言灵山方氏雷祖祭祀日（农历六月二十四）的前三天。程瑶田《释芸》说：“歙之灵山方氏，先世有于役烈山者，德雷神。及归，设道场报之。世世子孙因之。今每岁六月廿四日届其期，致斋五日。村人戒弗怠也。于是四方坌集，游者日且千人。其求福田者，咸礼以瓣香焉。”雷祖祭祀进而演变成庙会。与全国各地的庙会一样，灵山雷祖庙会也是一次土特产的盛会。庙会期间，灵山酒酿、灵山竹编、灵山香草等本地土特产，纷纷上市，供应香客。程瑶田应该就是在雷祖庙会上，看到乡人售卖这种当地出产的香草，进而触发他的芸草研究。按照程瑶田的说法，庙会之际，“时有香草遍地生，长一二尺，作小白花攒生茎末。俗呼七里香。土人采而束之，荷诸稠人中行且卖焉。言可以辟蠹，又可渍油，妇人以泽发，即所谓芸也”。我就是想亲眼看看这种开白花的所谓“芸草”，探究它到底是哪种植物。

灵山村位于灵山和丰山的山谷间，几百户人家，白墙青瓦，参差错落，一条溪水穿村而过，周围竹林环绕，群山叠翠，倒是挺适合拍照和写生。

溪水上面或者旁边铺着青石板，形成一条蜿蜒穿过村子的古水街。溪水出村口处有几座老建筑，为村民公用，一座有墙有窗的廊桥跨在溪上，桥东是占地一两间屋大小的天尊阁和五福庙，门窗敞开，随便游人出入游览。与天尊阁和五福庙隔溪相望的是翰苑石牌坊。这几个古建筑围成一个满弓，把哗哗的溪流射向百十里外的新安江和千岛湖。村里其他明清古建筑，除了名世祠（方氏祠堂），都是民宅，不对游人开放，只能在屋外边张望一下屋檐门罩之类。我入住的客栈就在翰苑石牌坊附近，晚上枕着哗哗响的溪水入眠，这样的体验也很珍贵。

客栈就方姓老伯一人管理，晚上与老伯在露台聊天，老伯说天尊阁就是雷祖庙，阁楼二层以前供有持锏的雷祖雕像，“文化大革命”时被人拉倒了。雷祖庙会之时，架木设板于溪水上，可以扩大面积，也避免香客落水。1949年后雷祖庙会只举办过一次，就被取消了。

我刚进村，在巷道里晕头转向之时，注意到屋后墙角时不时冒出几株茎端开白花的植物，习惯性地随手一摘，揉搓再闻，明显有一种刺激性的气味，感觉也算一种香草。用手机上的应用软件查验，发现是藿香蓟（*Ageratum conyzoides* L.），又名白花草、白花臭草，是一种从美洲引进的菊科藿香蓟属的植物。后来我在村边田野上转悠，也时时在田头路边发现这种香草。因为这种香草的小白花也似球形，有十数个小白花在茎端聚簇成伞状排列，与程瑶田的描述——“茎分数枝，每枝五六毬，或七八毬”——很像，我怀疑程瑶田看到的可能是藿香蓟。此外，路边或墙角还可以看到茎端簇拥着黄色小花的鼠麹草，茎上密布白毛，就像被刷了白粉，这就是程瑶田《释草小记》中开黄色花的“芸香”，也即绵青。

跟客栈老伯打听灵山香草之事，客栈老伯给我描述过几种香草，有端

图 14　白花草（《常用中草药手册》，人民卫生出版社，1969 年）。

午用的艾草（老伯说成丫草，后来说上边草字头，下边一把叉，我才知道是艾草），有烧鱼用的紫苏，也提到了用菜籽油浸泡香草，妇女用来擦头。我非常感兴趣，然而方伯只是听说，并未见过，说不出什么来。后来我在村里溜达之时，遇到屋门闲坐的六七十岁老妇，或者在小卖部买水时，也会扯一根藿香蓟问是什么草，或者打听是否知道以前制作梳头油的香草，终归是一无所得。灵山香草似乎早就从村民的记忆中消失了。

在灵山村的第二天，我去登了灵金山山顶。据《寰宇志》云：“（灵金）山有香草，亦曰灵香。上有灵坛，道士祈祷，不焚香自然芬郁。射猎有践之者，终无所获。故灵得其名矣。”我自然也是想看看山上有什么香草，万一真遇到什么灵香呢，也顺便探探山顶所谓的灵金大殿遗址。

因为没有跟客栈老伯打听清楚路线，走错一条去笔架山的路，路越走越窄，尽头消失在梯田当中。返回来问一清扫公路的老伯，才寻到通灵金山的砂石路，宽可通工程大车。砂石路边时常见到藿香蓟，偶尔遇到白头婆。灵金山山顶正在修灵山书院，叮当之声，数里可闻，近看已经封顶，雄伟之势已成。后有峭壁和一小潭，因为屋顶工人正在施工，我担心落物，只远远看了一眼，并没有过去详查。后来听客栈老伯说，壁上有"吾石"二字，后悔自己偷懒，与它失之交臂。书院后山头据说还有遗址，山头草木密布，而我只看到一些残砖和偶露峥嵘的石阶。

在林间山路中行走，时常会闻到香气，有时香气中又带有一点臭。藿香蓟的香气跟白头婆不太一样，开白花的水芹也有香气，所有这些香气都有相似和不相似的地方，很难描绘清楚。有时觉得藿香蓟的香气中隐隐有汽油的味道，实在怪异，难怪有些地方称藿香蓟为白花臭草。

那么，程瑶田"六月所见开白花者"到底是白头婆还是藿香蓟呢？我在灵金山上走了几个小时，也就看到了那么几株白头婆，在灵山村里和村外田野，则是一株也没见着。如果真如程瑶田所言，开白花的香草"遍地生"，那么就我亲眼所见，应该就是藿香蓟吧。

有没有可能《民国歙县志》所记的泽兰就是藿香蓟？藿香蓟为菊科藿香蓟属植物，白头婆属于菊科泽兰属植物，这两属的植物都归属于菊科泽兰族，外形上有很多相似之处，容易产生混淆，比如泽兰属的紫茎泽兰（*Eupatorium adenophorum* Spreng.）就经常与藿香蓟混淆，所以也被称为假藿香蓟。然而藿香蓟的花球很小，几乎全年开放，卵形叶片又过于肥大，与程瑶田描绘的白花芸草相差有点大。

查《中国植物志》可知，藿香蓟原产中南美洲，有很大的药用价值："在非洲、美洲居民中，用该植物全草作清热解毒用和消炎止血用。在南美洲，当地居民对用该植物全草治妇女非子宫性阴道出血，有极高评价。此种别名很多，广东称咸虾花、白花草、白毛苦、白花臭草，云南称重阳草，贵州称脓泡草、绿升麻，广西称臭炉草。云南保山又叫水丁药。我国民间用全草治感冒发热、疔疮湿疹、外伤出血、烧烫伤等。”似乎藿香蓟的气味更接近臭味，并不用作香草。

又从《杭州地区外来入侵生物的鉴别特征及防治》一书得知，藿香蓟在 19 世纪最先发现于香港地区，那么藿香蓟入侵到安徽歙县的时间应该更晚。生活在 18 世纪末的程瑶田，应该还看不到尚在入侵途中的藿香蓟。

很可能白花“芸草”还是白头婆，只是我来早了。细看程瑶田《释草小记》相关文章，知道程瑶田的白花“芸香”农历六月始花，八月最甚，这与《安徽经济植物志》白头婆“花期 6—10 月”是吻合的。我大概来早了两个月。

附录：程瑶田《释芸》所引用的芸草相关文献及简单说明

●《月令》：“仲冬之月，芸始生。”农历十一月芸发芽。

●《夏小正》：“正月，采芸。”“二月，荣芸。”芸当为菜蔬，农历一月可采食，二月开花。

●《说文》：“芸，草也，似目宿。”芸为草本植物，形似苜蓿。

●《尔雅》郭璞注：“今谓牛芸草为黄华。华黄，叶似苜蓿。”芸开黄花，叶子似苜蓿。

●《急就篇》颜师古注：“芸，即今芸蒿也。生熟皆可啖。”芸是菜蔬，生熟都可以吃。

● 沈括《梦溪笔谈》：“古人藏书辟蠹用芸。芸，香草也，今人谓之七里香者是也。叶类豌豆，作小丛生，其叶极芬香，秋后叶间微白如粉污。”芸为香草，别名七里香，叶子像豌豆，非常香，可辟书蠹，秋天叶子长白毛。

● 罗愿《尔雅翼》：“老子曰：‘夫物芸芸，各归其根。’芸当‘一阳初起复卦之时’于是而生。又淮南说‘芸可以死而复生’，此则归根复命，取之于芸。”芸是两年生或者多年生草本植物。

● 王象晋《群芳谱》：“芸香，一名山矾，一名椗花，一名柘花，一名玚花，一名春桂，一名七里香。……三月开小白花，……江南极多。大率香花过则已，纵有叶香者，须嗅之方香。此草香闻数十步外，闰春至秋清香不歇。……簪之可以松发，置席下去蚤虱，置书帙中去蠹，古人有以名阁者。”芸香开白花，可松发、去蚤虱、辟蠹。

● 黄庭坚《戏咏高节亭边山矾花二首》诗序：“江湖南野中有一种小白花，木高数尺，春开极香，野人号为郑花。王荆公尝欲求此花栽，欲作诗而陋其名。予请名曰山矾。野人采郑花叶以染黄，不借矾而成色，故名山矾。”山矾开白花。

兴安杜鹃和乾隆芸香事

青油隔子屏风曲，青简缤纷三万轴。

屈戌不闭午风凉，吹送芸香香馥郁。

都梁五木不须焚，芝印未结飘幽芬。

老蠹辞家堕双泪，坐失书屋三千春。

可惜三仙未餐罢，避舍有似云中下。

——乾隆《芸香》

兴安杜鹃

2019年春节前，我在小区门口买了一把干枝杜鹃，卖花人说插水里七天就可以开花。过了三天，发现干枝上原本卷曲如茶的叶子舒展开来，泛着光泽。我拍了一张照片放在微博上嘚瑟。不久就有网友评论：“干枝杜鹃也就是兴安杜鹃，市面上卖的基本是违法野采的，建议以后别买了，花很美但是来得不干净，没有买卖，就没有伤害。”说得有道理，我回复：“买时的确起过干枝哪来的念头，没多想就买了。”

下面还有一条评论引用微博大V的言论：“摘自植物人史军：有的人说，

兴安杜鹃像野草，多得要命，不用保护。200年前美国人也是这样看旅鸽的，结果只用了100年时间就灭绝了这个种群数量超过10亿的物种，你还觉得杜鹃多？”

我知道植物人史军，在微博上看见很多网友给他发照片问他是什么植物，他也认真地回答，有时还俏皮地提醒不能吃之类，掌握的植物学知识自然比我们普通人要多很多。当初我搞不清寿县香草是什么植物时，也曾在微博上@他和博物杂志：“在网上看到的寿县香草照片，枝叶和花看起来很像苜蓿，但是苜蓿属植物并没有香草。请问这是什么植物？”然而并没有得到史军和博物杂志的回复，也许是提问的人太多了。

我回复这个评论说：“谢谢批评咯。然而用旅鸽来类比杜鹃，说服力不够，史老师倒不如直接给出木本植物因为采枝而灭绝（或者濒临灭绝）的一个实例，这样岂不是更好。”我自己猜测没有这样的实例，否则植物学知识丰富的史军就应该直接举出植物灭绝的例子，而不是拿动物灭绝来做论据。另外我也觉得，如果真的是大家都喜欢兴安杜鹃以至于像我一样愿意花钱购买的话，也许就会有人专门种植或者说承包山岭上的野生杜鹃了，兴安杜鹃反而变成新的插花品种。

过了七八天，干枝上的花蕾果真次第开了，三三两两的紫红色小花簇拥在干枝顶头上，虽然比平常见到的杜鹃花小多了，可是能够在春节期间看到，还真挺不错。有网友在微博上留言要求晒出杜鹃开花的照片，我最终还是没有把照片放上去。我嘴上强辩杜鹃干枝不会因此而灭绝，可心里确信这些干枝采自野生杜鹃，并非有序管理下的采折和售卖，终究称不上美事。

我知道杜鹃是木本植物，兴安杜鹃大概是大兴安岭或小兴安岭特有的品种，应该跟芸草没有什么关系。不过春节空闲时间多，我还是查了一下兴安杜鹃的资料。《辞海·生物分册》（上海辞书出版社，1981年，第295页）的介绍简明扼要：

> 【兴安杜鹃】（*Rhododendron dahuricum*）别称“满山红”。杜鹃花科。半常绿灌木，高1—2米，小枝有鳞片和柔毛。叶互生，近革质，多集生于枝顶，长椭圆形，两端钝，背面密被腺鳞。夏季先叶开花，花冠阔漏斗形，紫红色，1—4朵生于枝顶。蒴果长圆形，有鳞片。产于我国黑龙江、吉林、内蒙古等地，生于干燥山脊、山坡及林下酸性土壤上。花供观赏。叶含芳香油及香豆素等，可用提芳香油，调制香精；亦入药，性寒、味苦，功能止咳祛痰，主治急、慢性支气管炎。茎、叶、果实含鞣质，可提制栲胶。

兴安杜鹃的叶子含有芳香油及香豆素？还能提取芳香油、调制香精？这真是出乎意料。我家乡永州之野有很多杜鹃，花可是一点香气都没有，这兴安杜鹃的叶子居然可以提取芳香油，显然是一种香料了。一番搜寻之下，的确，因为兴安杜鹃叶子含芳香油及香豆素等芳香物质，加之在黑龙江、吉林、内蒙古等地分布广泛，一直以来兴安杜鹃的叶子都被满族人用来研磨萨满祭祀用的熏烧香料。

民国十二年（1923）《黑龙江志稿》记载，满洲人家祭要烧一种年期香，“所用香皆自制，谓之年期香。香木产山谷石崖上，高二三尺，叶色浓绿，开红花，花时香满山谷，立秋前采取花叶阴干之，研为细末，烧之，香气极佳”。从描述文字可以知道，制作年期香的香木就是兴安杜鹃。年期香是满文 niyanci hiyan（满文罗马注音，以下同）的音译名，其他音译名还有年息香、年祈香、年七香、拈子香等。因为满族人专用兴安杜鹃制香，所以也直接称兴安杜鹃为年期香。兴安杜鹃是春天中最先开花的，所以满族人也称之为探春花。探春花的满语发音近似汉字“安春”，所以清廷把兴安杜鹃或者兴安杜鹃制成的香的汉译名都定为“安春香”。汉族人则习惯称兴安杜鹃为映山红、达子香或鞑子香，意即满族人用的香。达子香这个俗名原本带有歧视意味，因此也有人为了避讳写成达紫香或大字香，或者干脆用满洲香这个名字来代替。

与汉香一般都加工成柱香、瓣香或盘香有所不同，满族人用的年期香都是粉末状的，呈绿色。清人福格在《满洲祀先不用炷香》一文中专门提到了这一点：“海内祭神祀先，多用炷香，或以沈檀为瓣香者有之。惟八旗祭祀，不用炷香，专有一种薰草，产于塞外，俗呼为达子香，质如二月新蒿，臭味清妙而不浓郁。盖古之焫萧薰芗，用以通乎神明者也。”

因为兴安杜鹃只产于东三省，关内满族人要用年期香，就只能从东北运送过来。满清皇帝当然可以要求东北地方进贡这种香料，乾隆朝《钦定大清会典则例》提到了这点：“神所用安春香每年一次于口外采取，移文会计司并内管领。” 有钱有势的王公权贵大概会自己想办法从关外采办年期香。有文章提到清代北京有售卖年期香的商贩，这可以满足普通满族民众和贵族的祭祀用香。然而其香料来源未必是关外的兴安杜鹃。清末震钧《天咫偶闻》对京城南城堂子满族祭祀过程有详细记录，其中特别提到祭祀所用安春香“出关沟”。关沟位于北京郊县，这里并不出兴安杜鹃，只有没有香气的迎红杜鹃之类。这种就近采收的“安春香”应该比较便宜，普通民众消费得起。

除了兴安杜鹃，满族人也用其他芳香植物来制作祭祀用的香末。他们把这些祭祀用香以及相应的芳香植物都统称为 ayan hiyan。在满语中，ayan 有贵重、尊贵之义，而 hiyan 是香、香粉，合起来就是贵重的香。从满文资料来看，ayan hiyan 指芳香植物时，词义就类似汉文中的通用词“香草”。乾隆朝，ayan hiyan 这个词被官方词典翻译成芸香，后世学者有时用音译阿延香，也挺好。

乾隆皇帝的芸香事

清康熙帝敕修的《御制清文鉴》是第一部满文辞典（康熙四十七年即 1708 年刻印），里边应该有祭祀用香的词汇，可惜我没有找到这部辞典。35 年后（乾隆八年），文治武功的乾隆皇帝重新刊刻这部辞典，由于增加了蒙文，所以新辞典被命名为《御制满蒙文鉴》。这部辞典收录的词汇与《御制清文鉴》是完全一样的。我找到了这部辞典，发现辞典收录了四个与祭祀用香有关的词，列在前后相连的三个词条依次是年期香（Niyanci hiyan）、安楚香（Anchu hiyan）和阿延香（Ayan hiyan），第四个词圣克里香（Sengkiri hiyan）出现在阿延香词条中。三个词条都有详细的满文注释，大意都是描述某种植物的形貌特征，如下：

> 年期香（Niyanci hiyan）：祭祀时叶子研成末燃烧。
>
> 安楚香（Anchu hiyan）：茎叶同年期香，叶厚大，产于长白山。
>
> 阿延香（Ayan hiyan）：茎似林檎的茎，叶较安春香的叶子小、细、薄。丛生于湿地。还有一种芸香在山崖上生长落叶松的地方。茎相连不断地攀附于岩石生长。叶似松针且短，种子的颜色像黑葡萄，像稠李一样大。这两种又叫作圣克里香（Sengkiri hiyan）。

北京故宫博物院藏有一本手写孤本《满蒙汉三体字书》。这是一部载有满、蒙、汉文词汇与文化、绘画等内容丰富的语文书，仅流传、保存于宫廷。该书没有序文，也不详其编者、原书名，只能根据内部特征判断为乾隆八年左右的书籍。若考虑同样成书于乾隆八年的《御制满蒙文鉴》，以及配合乾隆自述于乾隆八年始学习蒙古语的时间点，学者认为此《满蒙汉三体字书》很可能是乾隆帝学习蒙古语文的教材之一（林士铉《十八世纪满蒙语文交流初探——以〈满蒙汉三体字书〉音写蒙文为中心》）。这部语文书给出了三个满文词的汉译，Niyanci hiyan 译为藿香、达子香，Anchu hiyan 译为七里香，Ayan hiyan 和 Sengkiri hiyan 译为芸香。如前面所言，年期香是兴安杜鹃，并非汉地常见的藿香。这翻译显然很不准确。汉地的七里香通常指山矾，山矾科山矾属乔木，开白花，花很香。“七里香”是否翻译准确，需要弄清楚 Anchu hiyan 是何植物之后再说。Ayan hiyan 被译成芸香，我猜测很可能由于 Ayan 音与“芸”近的缘故。Sengkiri hiyan 其实是赫哲族语，就等同满语 Ayan hiyan。

乾隆皇帝为使满族信仰习俗能保留久远，以维系满族人之团结，下令修订《钦定满洲祭神祭天典礼》（满文），乾隆十二年（1747）七月该书编成。该书对满族祭祀活动进行制度化和规范化，包括，规定祭祀场所为堂子，神职人员为萨满，取缔“野祭”，将“家祭”定为满族祭祀形式，规定天神和祖先神居于祭祀的重要位置等。祭祀用香也同样规范化，规定必须使用安楚香。《钦定满洲祭神祭天典礼》卷五“祭神祭天供献器用数目”和卷六“祭神祭天供献陈设器用形式图”，多处提到安楚香这种香料。由于安楚香主要生长于清帝祖先发祥地长白山，故而安楚香一直被大清朝廷用作祭祖祭神的专用香料。

安楚香的采贡，一般专由吉林将军衙门所属果子楼以及吉林将军府下五城副都统负责。据姚元之（1776—1852）《竹叶亭杂记》所载，吉林府每年"十一月进七里香九十把"。看起来所贡安楚香的数量并不多，然而安楚香产自长白山深山老林，采集非常困难。据果子楼旧档记载："产香之处，一名蛤蟆河，一名打牛沟，两处相距二百余里，俱在长白泊佐近，绝无人烟之处……唯此之外，绝无产香之区。"其中的"三道松香河接长白山之北坡，峻岭崇山，树木森密，阴崖积雪，经夏犹存。全赖荒甸弱草之中，产大小叶安楚香一宗"。松香河一带据说就是安楚香贡山。

可能就在翻阅新刻的《钦定满洲祭神祭天典礼》的时候，乾隆皇帝看到了祭祀要用的这种安楚香；可能是他想起了《满蒙汉三体字书》中的汉文名"七里香"，想搞清安楚香到底是什么植物；也可能是他准备举行祭祀。总之他在《钦定满洲祭神祭天典礼》编成之后不久，给宁古塔将军阿兰泰下了道圣旨："圣旨下，将祭祀用、生长在长白山的安楚香由阿兰泰将军进献若干。"

据该年十月二十六日阿兰泰写给乾隆的进呈安楚香奏折可知，阿兰泰很快进献了一百九十捆安楚香，除此之外，阿兰泰还贴心地另外进献了巴斯哈长者家里收藏的两种阿延香以及寻访得来的圣克里香（Sengkiri hiyan）："还有一种阿延香，在峰崖处与落叶松一起伴生，它的茎藤多依附在岩石上生长，叶子像短松针一样，结出的籽粒颜色像青色的葡萄，这种香被称为圣克里香，正是乌拉纳音如同孟庙一般清幽洁净之地才能生长出如此香枝。"阿兰泰对圣克里香的描述与《御制清文鉴》中第二种阿延香如出一辙。

乾隆皇帝收到阿兰泰的奏折和香以后，于十一月十五日又下圣旨，向阿兰泰交代了更多更具体的任务："阿兰泰将军速将安楚香从你的封地送过来，除香之外，满洲恭谨之鉴（满族萨满祭祀时手持的法器铜镜）及文书也一并送来，又闻年期香、阿延香此两种阿延香之外，还有圣克里香在圣山长白山附近较多，访查旧部佛满洲关于各种祭香之事，真的再没有人了解了吗？如若能查访到其他祭香也一并送交过来。"

乾隆十三年（1748）三月十三日阿兰泰回复乾隆，说征集到安春香五十捆，阿延香十捆和圣克里香二十捆，并对这三种香的生活环境和植株特征进行了描述：

> 奴才在自己的辖区访查过很多旧部之人，他们说在吉林乌拉也有一些年期香，这其中的安春香多在山石上盘绕生长，叶子比阿延香大而且厚，颜色也很绿，多生长在密林深处，气味很容易闻到，植株有六七尺高，小苗也足有一二尺高，安春香基本都是采摘这样的小苗。阿延香在密林之内生长，它的叶子比安春香的叶子稍微小一些，而且颜色是葵黄色的，植株茎杆有一二尺高。圣克里香在密林的湿地里生长，叶子像松针一样，而且梗较短，仅有一尺多。（乾隆圣旨和阿兰泰回复奏折均为满文。《清代边疆满文档案·内政类礼仪宫廷项》，中国第一历史档案馆藏，第103卷，第12号，编号0103-012 003-0891，及第105卷，第5号，编号0105-005 003-1388。）（以上所引翻译文字来自《满族研究》2017年第4期博物学者王钊《众神之飨——以〈嘉产荐馨〉为中心探究清代满族萨满祭祀用香》一文。在这里，为了避免混乱，将王钊原文中的香名均换作音译名。）

其实在等待阿兰泰再次回复消息期间，精力充沛且爱好风雅的乾隆还做了两件好玩的事情。

第一件事是用安春香（也就是兴安杜鹃）来配制香衣的香料。陈可冀院士是我国中西医结合医学的开拓者和奠基人，自20世纪80年代，陈可冀院士就开始了对清代宫廷医药档案的整理研究。他发现清宫档案记录了乾隆的一件趣事。

> 同年（乾隆十二年）十一月十七日，乾隆派太监胡世杰传旨说："香衣法，朕在藩邸时节，我配的好。元年交给你们配的平常，不甚于香，只怕是香料平常。今这一次着你们必定用上等好香合配。随上交安春香二把，着大夫们议合香衣法，酌量加入安春香多少，议定奏明再合。钦此。"十一月十八日，太医刘裕铎、陈止敬，邵正文等谨奏："臣等遵谕旨议得于香衣法中，加入安春香一两应用。谨此奏闻。" 这时乾隆帝仍不放心，再次传旨说："今年不必合。收香味的时候，配出来也不香，明年二月内合。钦此。"
> （陈可冀、李春生主编《中医美容笺谱精选》，1992年）

很显然，乾隆皇帝收到阿兰泰第一次进献的香料后，十五日先下旨命阿兰泰继续寻找祭香，其后大概发现安春香（即兴安杜鹃）的香气好闻，于是十七日又下令太医院利用安春香研究新香衣法。太医们回复后，乾隆立刻嘱咐开春再合香，以免香气散发不出来。可见乾隆对香料的关心，而且也很懂。之所以添加安春香，而不是安楚香和其他两种芸香，应该是因为安春香的气味比另外三种香更加怡人。

第二件事是让宫廷画家余省画阿兰泰寻访来的四种祭香。台北故宫博物院公布过一套《嘉产荐馨》纸本设色册页，为宫廷画师余省所绘，册页描绘的四种植物，按其满文发音，依次为安楚香（anchu hiyan）、圣克里香（sengkiri hiyan）、年期香（niyanchi hiyan）和阿延香（ayan hiyan），也正是乾隆和阿兰泰在圣旨和奏折中提到的四种祭香名。据王钊《众神之飨——以〈嘉产荐馨〉为中心探究清代满族萨满祭祀用香》一文考据，“依据清宫内务府造办处档案可知乾隆十三年（1748）二月初四日，乾隆帝曾命内务府总管选择顺路之人将《嘉产荐馨》带往盛京收藏”，由此可知余省绘制册页的时间应该发生在阿兰泰两次奏折之间。可以想象，乾隆见到阿兰泰进献的、《清文鉴》提及的四种香料之后，一定会兴致大发，所以下令余省绘制《嘉产荐馨》。

余省在绘制四种植物的同时，也给出了满蒙汉三种文字的植物名称和说明，其汉文名称和说明依次为：

白茅香（Anchu hiyan）：产长白山。诏令宁古塔将军遣人往山采之以贡，其枝叶类藿香，叶较厚而尖，外黄里青，焚之芳气馥郁。采香人云，香产山顶之池阴十里许，蔓生坡麓，约三四十处，不与众木杂，其高尺余，他处皆不产。在盛京时取其叶为末以供祭祀。

排草香（Sengkiri hiyan）：其枝甚细，叶似松针而短。实似黑葡萄，大如蘡薁，气芳。产于东三省峰峦有罗汉松之处，其枝盘石而生。盛京等处人采取其叶，末之以供祭祀。

藿香（Niyanchi hiyan）：枝似白茅，叶较圆，里外皆青色。高三四尺余，气芬烈。缘京师取道长白山采白茅香道里遥远，故由内务府遣员于长白山连脉之居庸关等处采所生藿香，末其叶以供祭祀。

芸香（Ayan hiyan）：枝与欧李类，其叶较藿香薄而阔，外白里青，有芳气，在东三省涂泥之壤分簇丛生。盛京等处人采取其叶为末以供祭祀。

除芸香和藿香以外，另外两个汉文植物名白茅香和排草香与《满蒙汉三体字书》的七里香和芸香迥然不同，说明这几个植物名是余省自己想的，与《满蒙汉三体字书》无关。白茅香和排草香也是汉地常见的芳香植物，但是它们并不是余省所绘和文字所写的样子。《嘉产荐馨》中错误的汉文植物名"反映了当时满汉名称不能对应的混乱状态"（王钊语）。

王钊在《帝乡清芬——〈嘉产荐馨〉中香料植物考》一文中，以博物学视角对四种芳香植物详细观察鉴定，鉴定它们依次是杜鹃花科宽叶杜香（anchu hiyan）、细叶杜香（sengkiri hiyan）、兴安杜鹃（niyanchi hiyan）和疑似白背五蕊柳（ayan hiyan）。除了最后一种植物的认定尚犹豫，王钊对另外三种植物的判断都是非常准确的。

至于王钊怀疑为白背五蕊柳的阿延香，我认为是杞柳。《御制满蒙文鉴》有ayan fodoho，与ayan hiyan有同样的词根，在《御制增订清文鉴》中被译为"杞柳"，杞通杞，杞柳即杞柳。萨满祭祀活动中多用柳树。就像ayan hiyan是祭祀用香，ayan fodoho（杞柳）是祭祀用柳。并且杞柳枝条为红色（见《中国植物志》），正如《嘉产荐馨》所绘ayan hiyan，这进一步说明它们是同一种植物。杞柳应该不是一种芳香植物，大概是阿兰泰在寻找ayan hiyan时，与当地民众没有沟通好，把祭祀用的ayan fodoho也误作ayan hiyan了。

乾隆三十六年（1771），乾隆敕撰的《增订清文鉴》刊印。这是第一

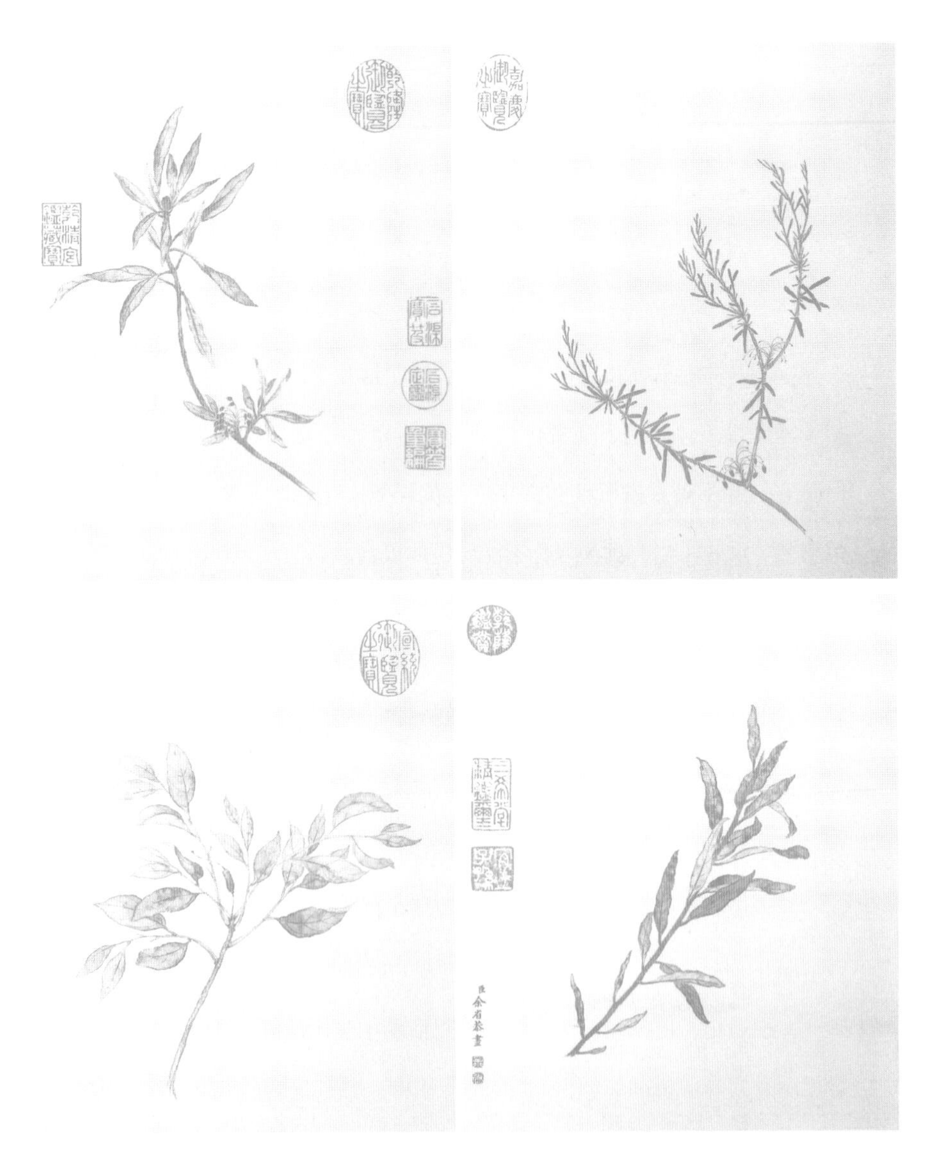

图 15　余省《嘉产荐馨》图册中的四种香植，依次为（左上）白茅香（anchu hiyan）、（右上）排草香（sengkiri hiyan）、（左下）藿香（niyanchi hiyan）和（右下）芸香（ayan hiyan），实际是宽叶杜香、细叶杜香、兴安杜鹃和杞柳。

部皇帝敕修满汉合璧辞典，由翻译、增补、修订《御制清文鉴》，并增加注音而编成。《御制增订清文鉴》增加了 sengkiri hiyan 词条，给四种香料制定了规范汉文名，词义注释还是满文，略有变动，如下：

Niyanci hiyan（安春香）：生长于山崖上，叶似柳树的叶子且小，味道好，祭祀时将其点燃。

Anchu hiyan（七里香）：注释同《御制满蒙文鉴》，略。

Ayan hiyan（芸香）：注释同《御制满蒙文鉴》，略。

Sengkiri hiyan（芸香）：即 Ayan hiyan。

自宋代开始，汉地七里香指开白花的山矾，宽叶杜香也是开白花的香草，用七里香来译满语 anchu hiyan，也还算合适。自此以后，四种芳香植物或者说祭香的汉文名就规范了。官方文件中满文香料的汉译，基本上都是按照《御制增订清文鉴》来翻译的。然而县志之类的书还是喜欢安楚香、年期香、大字香等，而且经常将安楚香与年期香弄混。试举一例，光绪年间刊刻的《长白山江岗志略》详细记录了吉林将军派人到松香河采大字香的情况：

松香河，源出老旱河，西北流二百余里。至双甸子地方，入头道松花江。土人云，数年前，吉林将军每年派员采大字香至此，以备供应。按，河西岸产大字香，较他处特多。查香木本，状如矮松，高不足二尺，枝黄、实红，气味清馥异常。谚语“南檀北松”即指此香而言。焚之可以除湿气、杀毒虫、避瘟疫、清脑筋。河中亦产蛤珠，采者有之。余过河上采香掷野火中（东山采猎，露宿荒地，皆砍木焚之。一为夜间烤火，可以除寒湿，一为夜火照耀，野兽望之不敢近前。入山露宿，未有不先焚火者）。其香味之厚，殆过于檀云。

大字香同鞑子香，亦即年期香，用“大字”代替“鞑子”以避讳。不过，这“状如矮松”的大字香并非兴安杜鹃，而是安楚香。

大概由于四种香料所指混乱，新疆人民出版社出版的《新满汉大词典》干脆就不对四种芳香植物进行具体的区分，尽量模糊植物特征：

Niyanci hiyan（安春香）：生于山石，叶似柳叶而小，味香，祭祀时研成末焚烧。

Anchu hiyan（七里香）：香草的一种，燃烧其叶用以祭祀。

Ayan hiyan（芸香）：祭祀时烧的树叶香。

Sengkiri hiyan（芸香）：祭祀时烧的树叶香。

喜欢诗歌创作的乾隆帝，也在诗中数十次提到芸香，但那些芸香都跟书籍有关，没有一处跟祭祀有关。乾隆帝当然要参加很多祭祀活动，他的诗也多有“拈香”“焚香”“上香”“升香”“致香”等用香记录，但就是不说具体是什么香。他有一首诗提及七里香，但那是描述南方山矾，跟安楚香无关。可见在乾隆帝心里，辟蠹用的芸香与萨满祭祀用的芸香始终分得很清，互不搭界。

但是也不能说祭祀用的芸香与我寻找的辟蠹芸草毫无关系。Ayan hiyan 泛指祭祀用香，但是满族人也用它来泛指香草。清末北京街头经常有小贩叫卖香草和香花，其中有叫卖“矮康（或矮糠）”的，Ayan hiyan 读快了就是“矮康”，小贩叫喊“矮康”就是叫卖香草的意思。所叫卖的香草可能有多种，其中一种就跟辟蠹所用芸香有关系，后面我们还会说到。

兴安杜鹃的余香

旧时满族人除了在七月采集兴安杜鹃的叶子来制香，也在腊月采集杜鹃干枝插花。一般是腊月初七初八上山采来兴安杜鹃的干枝，插进注水的花瓶，借助于室内温暖的环境，原本在四五月才开的花，可以提前到大年初一前后开，增加春节喜庆的气氛。《中国歌谣集成吉林卷》收集有敦化的一首歌谣，唱的就是这件事情："今儿腊七儿，明儿腊八儿，上山去撅年喜花。年喜花，生性乖，腊七儿采，腊八儿栽，三十打骨朵儿，初一开。红花开，粉花开，花香飘到敬神台。财神来，喜神来，又赐福，又送财。年喜花儿道年喜，年喜花儿年年开。"年喜花就是兴安杜鹃。

现在关内很多城市慢慢流行杜鹃干枝插花，这是东北习俗借着发达的物流向南蔓延的结果。不过，我从心底里还是赞同不买卖野生动植物的理念，所以这把兴安杜鹃干枝是我买的第一把也是最后一把，年喜花儿不再开。

干枝上的花开过不到一周就开始枯萎了，紫红色的鲜花也变成蓝紫色的干花，蜷缩在枝头，却并不凋落。我喜欢这清癯的干枝和枯萎的花朵，就把干枝带到办公室找一空瓶插上。因为没有水，原本还舒展的花和叶也迅速地干枯了。

旧时关外满人也用年期香晒干的叶作茶喝，据说味道清香可口。于是我也从干枝上揪了几片干燥了的嫩叶来咀嚼，感觉清香中带一点点苦涩，恍惚中还有薄荷的清凉之感，的确有点像上好的茶叶。据说要在秋季采摘嫩叶，因为秋天的叶子香味更浓。有点期待未来的东北行了，不折干枝，摘些树叶总不算伤害吧。

北宋芸香丞相

唐代的诗文中大量出现“芸香”和“芸”字词，然而对芸香的形貌特征却无一字描绘，也没有以芸香为题的专门诗赋，很大可能在唐代芸草已经失传了。

南唐徐锴（920—974）《说文解字》按语：“芸草着于衣书辟蠹，汉种之于兰台石室藏书之所。”言下之意，芸草辟蠹只是汉代的事情。苏轼在海南时送当地特产沉香山子给苏辙作为生日礼物，同时还写了首《沉香山子赋》赞美沉香，其中写了古时的几种香物：“古者以芸为香，以兰为芬。以郁鬯为裸，以脂萧为焚。以椒为涂，以蕙为薰。”说明苏轼所处的北宋已经不以芸为香了。与苏轼同时代的官员兼藏书家王钦臣干脆直言芸草“今人皆不识”。虽然唐代的诗人不识汉魏之芸草，但也不妨碍他们在诗文中继续使用芸香、芸阁之类的习语。就像现代人不知道芸是什么植物，但是一样可以给女儿取个带“芸”的名字。

也恰恰是在苏轼所处之北宋，芸草头上蒙了几百年的面纱似乎被一个好事的官员揭开了。在说这个官员以前，先看北宋官员学者沈括在《梦溪笔谈》中对芸草形态和功用的描述，这段重要的描述也常被谈论芸草的后世学者引用：

古人藏书辟蠹用芸。芸，香草也，今人谓之七里香者是也。叶类豌豆，作小丛生，其叶极芬香，秋后叶间微白如粉污。辟蠹殊验，南人采置席下，能去蚤虱。余判昭文馆时，曾得数株于潞公家，移植秘阁后，今不复有存者。香草之类，大率多异名。所谓兰荪，荪即今菖蒲是也。蕙，今零陵香是也。茝，今白芷是也。

芸草“叶类豌豆”，也就是《说文》里的芸“似苜蓿”，这些我们早已知道。除此之外，现在我们还知道芸草有个俗名叫“七里香”，它呈小丛状生长，它的叶子非常芳香，秋天叶子微呈白色如同沾上粉末一样。在功用方面，除了辟蠹灵验，南方人还采摘芸草放置在席子下去蚤虱。这对于古人来说非常重要，相比于书籍被蠹虫所蛀的精神打击，身体被蚤虱钻咬的肉体痛苦应该更加令人难以忍受吧。

沈括还写过《梦溪忘怀录》，是他晚年赋闲梦溪园时取青年时期旧作《怀山录》增订而成，里边收集了不少饮食、器用之式，种艺之方，“以资山居之乐也”。其中有一段题为“芸草”的文字：

芸草，古人藏书，谓之芸香是也。采置书帙中，即去蠹；置席下，去蚤虱。栽园庭间，香闻数十步，极可爱。叶类豌豆，作小丛生。

秋后叶间微白粉污。南人谓之“七里香”。江南极多。大率香草多只是花，过则已。纵有叶香者，须采掇嗅之方香；此草在数十步外，此间已香，自春至秋不歇，绝可玩也。

在这里沈括针对芸草之叶的芳香做了详细的描写，说普通香草的叶子香气，需要把叶子摘下来凑近才能闻到，而芸草之香，几十步之外就可以闻到，且自春至秋不歇，这显然也是它得名“七里香”的原因。奇怪的是，这些生动形象的描述并没有出现在《梦溪笔谈》中，而是缩成了短短的五个字“其叶极芬香”，也不再说“江南极多”。真实的情况可能是叶子没那么香，江南也没那么多，遣兴之作的夸张说法，当然不能写到《梦溪笔谈》这种严肃著作当中来。如此，沈括对芸草的描述，还是应该以《梦溪笔谈》为准。

考虑到《梦溪笔谈》和《梦溪忘怀录》是沈括晚年闲居润州（今江苏镇江）梦溪园时所写，而他又是浙江杭州人，那么沈括所说的芸草应该生长在江浙一带。然而就像成公绥和傅咸两人的《芸香赋》一样，在这两段与芸草相关的文字中，沈括也闭口不谈芸草的花。众所周知，花的形态、颜色和气味是植物的一种重要特征。不用怀疑，沈括应该知道《诗经》和魏晋南北朝诗文里经常出现的“芸黄”二字，也了解《尔雅》郭注“今谓牛芸草为黄华。华黄，叶似苜蓿”，这些文字都暗示芸草开黄色的花，按理说他至少应该对芸草花朵的颜色有所说明。

沈括不提芸草的花，一种可能是芸草开的花非常不起眼，以至于不值一提。然而事情并非如此，与沈括同时代的一位郁郁不得志的著名诗人写过一首芸草诗，从这首诗可以看到芸草的确是开黄花的。这位诗人就是梅尧臣。梅尧臣任《唐书》编修官期间，有一天在唐书局后面的草丛里发现了一株芸草，于是以《唐书局后丛莽中得芸香一本》为题写了一首诗：

> 有芸如苜蓿，生在蓬藋中。草盛芸不长，馥烈随微风。我来偶见之，乃稚彼翳蒙。上当百雉城，南接文昌宫。借问此何地，删修多钜公。天喜书将成，不欲有蠹虫。是产兹弱本，蒨尔发荒丛。黄花三四穗，结实植无穷。岂料凤阁人，偏怜葵叶红。

梅尧臣自喻为荒丛中的芸草，虽然有辟蠹之用，却不为喜欢红葵的高官欣赏，以此来抒发自己怀才不遇的郁闷心情。跟芸草形貌相关的有这么几句："有芸如苜蓿"再次重申《说文》芸似苜蓿的观点，"馥烈随微风"说明芸草很香，"是产兹弱本"说明芸草茎枝纤细，也合傅咸《芸香赋》"枝婀娜以回萦"的描写。接下来的两句诗重要，非常形象地描绘出了芸草花朵的样子："黄花三四穗"说明这株芸草开了三四串黄色的花，每串上应该有很多花朵，这样结出的种子才可以生长无穷多的芸草，所谓"结实植无穷"。用植物学术语来描述芸草的花就是：穗状花序或者总状花序，花黄色。梅尧臣用两句诗就把芸草花朵的特征说得清清楚楚，其观察力和概括力实在不错，如果去从事科学研究，想必不亚于沈括。

梅尧臣只是偶尔遇到了一株芸草，就看到并描述了芸草的黄花。沈括当然也是亲睹了芸草，才能对芸草叶子的香气进行绘声绘色的描述。事实上，在《梦溪笔谈》的那段话里，沈括说他任职昭文馆时从潞公家得到了几株芸草，移植在皇家书库（秘阁）后面。可见他不是偶尔看到了一株芸草，而是亲自栽种过芸草，对自己所描述的芸草应该是相当熟悉的，然而终究没有对芸花的描述。这其中的缘由实在是难以揣测。难道两人说的芸草不是同一种植物？

其实有证据表明沈括所种的芸草与梅尧臣在唐书局所见的芸草大有关系。沈括之所以在秘阁后种植芸草，当然是取其辟蠹之义，也算是文人日常生活中的雅事。梅尧臣在唐书局后面的丛草中看到的芸草其实也不是野生的，有很大的可能也是有人特意栽种的。根据《梦溪笔谈》，可知沈括的芸草来自潞公。唐书局后面的这株芸草，很大可能也跟潞公有关。这就是前边所说的揭开芸草面纱的人。潞公就是文彦博（1006—1097），北宋名臣，先后辅佐四位皇帝，出将入相达五十年之久。被封潞国公，所以被尊为潞公或者文潞公。文彦博不但政绩突出，还精书法、工诗律，尤其热衷于传播芸草文化。宋代笔记小说记录了文彦博的两则芸草轶事，很能说明这个问题。

据北宋王钦臣《王氏谈录》记录："芸，香草也。旧说为不食，今人皆不识。文丞相自秦亭得其种分遗，公岁种之。公家庭砌下，有草如苜蓿，揉之尤香。公曰：此乃牛芸。《尔雅》所谓权，黄华者，校之尤烈于芸，食与否，皆未可试也。"文丞相就是文彦博，公是王钦臣的父亲王洙（997—1057）。王洙博闻强识，曾任吏部检讨、知制诰、翰林学士等官职。任翰林学士时，还在馆阁中偶然发现其中有张仲景《金匮玉函要略方》蠹简三卷，才使得《金匮要略》流传至今。王洙私人藏书丰富，藏书目录就有四万三千多卷，是北宋著名藏书家，文彦博把自己从外地收集来的芸草赠送给他，这当然是合乎情理的事情。书多忧蠹鱼，王洙也是不敢怠慢，每年都种芸草以求辟蠹。

另一件轶事来自北宋张邦基《墨庄漫录》："文潞公为相日，赴秘书省曝书宴，令堂吏视阁下芸草，乃公往守蜀日以此草寄植馆中也，因问芸辟蠹出何书，一坐默然。苏子容对以鱼豢《典略》，公喜甚，即借以归。"

可见文彦博在四川做官时也不忘收录当地芸草，想必是发现了芸草的优良品种或新品种，于是采集寄回京都汴梁（今河南开封），并让人种植在秘书省的阁楼周围。等他后来为相参加曝书宴时，又让同僚观看自己当年寄植的芸草，还问“芸草辟蠹”的说法出自什么书。当博学的苏子容给出了答案，文彦博很高兴，就把记录芸香辟蠹出处的《典略》借回来了。苏子容就是后来也当了宰相的苏颂，他当时在朝中编校古籍，所以知道《典略》，但是让他流芳百世的是他的科学家身份，他领导制造了世界上最古老的天文钟“水运仪象台”，还编撰了影响深远的《图经本草》。

说句题外话，苏颂虽然熟知芸草相关的典籍，然而他主编的《图经本草》并没有提到芸草。《图经本草》“前胡”条云：“春生苗，青白色，似斜（邪）蒿；初出时有白芽，长三四寸，味甚香美，又似芸蒿。”对《急就篇》颜师古注“芸，即今芸蒿也，生熟皆可啖”，苏颂选择了无视，没有把芸和芸蒿联系起来。

从这些记载可以看出文彦博对芸草非常有热情，在外地为官时就留心收集当地芸草，并寄回汴京种植。他还把自己收集来的芸草赠送给爱好藏书的同僚，在《梦溪笔谈》中芸草赠给了“中国科学史的坐标”（李约瑟语）沈括，在《王氏谈录》中芸草赠给了翰林学士和藏书家王洙，相信文彦博还曾把芸草赠与其他同僚，只是没有记载，或者记载没有流传下来。那些没有留下记载的人物，拿到芸草以后自然要种——或者种在私家藏书室（像王洙）；或者种在公家藏书馆阁（像沈括）；或者干脆种在庭院里欣赏，都有可能。唐书局是编撰《新唐书》的地方，有人在唐书局附近栽种芸草，也是一件合理且有浪漫诗意的事情。这又被郁郁寡欢的梅尧臣看到并写进了诗里。

那么有没有可能文彦博与梅尧臣也有过来往，交谈过芸草，甚至有过芸草的赠与和索取呢？梅尧臣在唐书局参与撰写《新唐史》的时段最有可能与文彦博接触。查阅文献资料，可以知道这一时期正逢文彦博二次入相（1055—1058）。《墨庄漫录》所记录的曝书宴上文彦博“问芸之事”很有可能就发生在这个时段。果真如此的话，作为当时著名的诗人，梅尧臣或许也有机会参加这次曝书宴，由此认识了传说中的芸草。

梅尧臣写有一首《二十四日江邻几邀观三馆书画录其所见》，诗的内容表明梅尧臣是参加过曝书会的：“五月秘府始暴书，一日江君来约予。世间难有古画笔，可往共观临石渠。我时跨马冒热去，开厨发匣鸣钥鱼。羲献墨迹十一卷，水玉作轴光疏疏……”上海古籍出版社《梅尧臣集编年校注》断此诗写于皇祐五年（1053）。不知那时秘书省是否已经种有文彦博收集来的芸草。这个时期文彦博与梅尧臣应该也有公务之外的来往。郑刚中（1088—1154）写过一组诗，诗题很长，如同小序：

> 潞公与梅圣俞论古人有纯用平声字为诗，如“枯桑知天风”是也，而未有用侧字者。翌日，圣俞为诗云：“月出断岸口，照此别舸背。独且与妇饮，颇胜俗客对。”大为潞公所赏。追用其语作侧字四绝、平梅花一篇。

由此可知文彦博与梅尧臣的确有来往，诗题所记的这次诗歌交流也算得上愉快，梅尧臣的诗歌才能和文彦博的雍容大度也可见一斑，甚至成为诗话被后世诗人写入诗题中。当然不能就此推断他们在日常交流中一定会谈到芸草，更不能推断文彦博送过梅尧臣芸草或者梅尧臣索要过芸草。事实上两人关系并不亲密，更有可能的是怀才不遇的梅尧臣对位高权重的文彦博腹诽心谤。有一部专记朝绅勾连内臣、贿赂行私等政治丑闻的宋代笔记《碧云騢》，旧题梅尧臣所写，该书认定文彦博入相是因为贿赂了后宫张贵妃。当然，该书内容的可信度以及作者是否为梅尧臣，仍旧是历史谜团。但1051年梅尧臣得赐进士出身不久，就写过一首政治讽刺长诗《书窜》，狠狠讽刺了传闻中因贿入相的丞相文彦博。至于文彦博是否读过梅尧臣的这首诗就不得而知了。

即便梅尧臣没有参加《墨庄漫录》所提到的曝书宴，即便梅尧臣与文彦博的日常交流中没有谈及芸草，梅尧臣也必定有机会在别的时候进入秘书省或者其他藏书馆阁看到芸草，想必总是会有人热心地向他介绍这些特意种来辟蠹的芳香植物。又或者在平时闲聊的时候，同僚指着庭院的芸草与他说起文彦博的芸草嗜好和"芸香外交"事迹。事实上，除了《唐书局后丛莽中得芸香一本》以外，梅尧臣还有好几首诗涉及芸草：《送刘元忠学士归陈州省亲》的"芸香闲秘秩，苏合著新裘"，《和刁太傅新墅十题·西斋》诗中的"请君架上添芸草，莫遣中间有蠹鱼"；《送刘成伯著作赴弋阳宰》中的"遂除芸省郎，出治江上县"；《得王介甫常州书》的"何故区区守黄卷，蠹鱼尚耻亲芸香"。总而言之，梅尧臣对芸草应该是熟悉的，他在唐书局看到的芸草很可能就是来自文彦博，与沈括《梦溪笔谈》中说的芸草应该是同一种植物。即便不是现代植物学意义上的同一种植物，也应该是外形特征上没有太大差别的两种植物。

那么，文彦博在秦亭和蜀地采集来的芸草究竟会是什么植物呢？

贰

疑芸重重·草木樨

对于植物来说，产地也是非常重要的信息，这个也可以从前述文彦博相关的宋代笔记总结出来。首先，北宋都城汴梁应该没有野生的芸草，需要排除在产地之外。否则的话，文彦博没有必要去外地寻找芸草种苗了，更不会把当地产的芸草当作礼物赠送给同僚。汴梁之所以不产芸草，肯定是环境与气候不合适。即便人工栽培成活，如果无人料理，也会自然消失。所以沈括才感叹秘阁之后的芸草“今不复有存者”。

从文彦博相关的那几则轶事来看，芸草至少有三个产地，一是江南，如沈括在《梦溪忘怀录》所言“江南极多”，一是蜀地，如《墨庄漫录》所记“乃公往守蜀日以此草寄植馆中也”，一是秦亭，如《王氏谈录》所言“文丞相自秦亭得其种”。江南是江浙一带，蜀地自然是四川，秦亭则需要多说几句。秦亭是古地名，位于今甘肃省天水市清水县东北，秦襄公的祖父秦仲被周朝封于此地。文彦博曾两度知秦州（今甘肃天水），对古地名秦亭应该很熟悉。文彦博在成都任职时，就写过一首诗《送昌黎先生归秦亭》。另外还应该指出，唐宋时蜀地与京洛两地的往来，往往要通过渭河流域的秦川谷地。涉及两地来往的诗文，也经常会出现“秦亭”一词，这里的秦亭泛指秦川之地。文彦博知蜀州以及两度知秦州，也都必须要穿走秦川，应该对秦川一带的风土人情也很熟悉。无论文彦博是在秦州还是在秦川道上得到芸草，都可以说是从秦亭得到的。如此一来，第三个产地就是沿秦川往西的陕甘之地了。

根据芸草花叶特征和产地，可以排查出候选者。清代吴其濬《植物名实图考》记述植物 12 类 1700 多种，是历代所记植物种类最多的著作，利用这本书来排查最为简便易行。《植物名实图考》收集了 71 种香草（第 23 卷 11 种香草，第 24 卷 60 种香草），其中唯有辟汗草符合似苜蓿（或叶如豌豆）和开黄花这两个典型特征，可作为芸草的候选。事实上吴其濬自己也猜测辟汗草就是芸香，他在《植物名实图考》中这样说：

> 辟汗草，处处有之。丛生，高尺余，一枝三叶，如小豆叶，夏开小黄花如水桂花，人多摘置发中辟汗气。按：《梦溪笔谈》"芸香叶类豌豆，秋间叶上微白如粉污"，《说文》"芸似苜蓿"，或谓即此草。形状极肖，可备一说。

吴其濬画的辟汗草分两部分，右边是没长大的辟汗草，苜蓿一样的"一枝三叶"特征非常清楚；左边是花果期的辟汗草，可以看到条状的花枝从叶腋间长出，花枝上还有排成队列的花朵。

编撰《中国植物志》的植物学家们肯定了吴氏的猜测，在 1998 年出版的《中国植物志》第 42 卷第 2 册"豆科草木樨属"一节中明确表示 "草木犀（《释草小记》）"与"辟汗草（《植物名实图考》）、黄香草木犀（《江苏植物名录》）"是同一种植物，"本种在欧洲为野生杂草，在我国古时用以夹于书中辟蠹，称芸香"。

如果说草木樨就是芸草的话，按照前面的分析，开封一带应该没有草木樨，而四川、浙江和陕甘一带应该有。查《中国植物志》：草木樨"产东北、

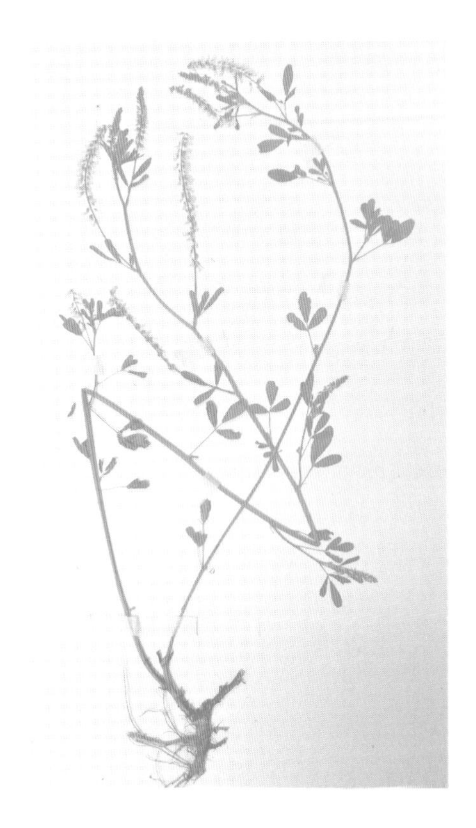

图 16　我在北京奥林匹克森林公园采集的草木樨标本。

华南、西南各地。其余各省常见栽培。生于山坡、河岸、路旁、砂质草地及林缘”。可见四川和浙江是应该有这种草木樨，而属于西北的甘肃和陕西以及华中地区的河南应该没有野生草木樨。当然，《中国植物志》说到的地域范围比较宽泛，没有具体到省区，需要进一步查证。

为了慎重起见，我分别查阅了草木樨方面的专著和各省植物志，再辅以中草药方面的书籍。首先是草木樨专著的记载。按照 1978 年辽宁省农业科学院土壤肥料研究所编《草木樨》的说法，不谈 20 世纪才从国外引进的白花草木樨，另外几种开黄花的草木樨的产地是这样的：二年生黄花草木樨（黄香草木樨）野生于“我国四川省和长江以南”；野生草木樨（辟汗草、野苜蓿）“原产于我国的四川、西藏、陕西、甘肃、宁夏、山西、河北及台湾等地”；细齿草木樨“产于我国河北、山东、山西及陕西等地”；印度草木樨则“分布于我国云南、河北、福建、江苏、台湾、山东、陕西等地”。

张保烈和文荣威于1989年编著出版的《草木樨》是另一本汇总了国内外草木樨科研成果和生产经验等各个方面资料的专著。该书将我国的草木樨分成了九类，其中一类是“起源于我国四川等省”的香甜草木樨：“香甜草木樨‘香豆素’气味强烈，故得香甜草木樨之称……原产于我国的川（松潘）、康、滇（永宁）。东北、华北、内蒙古、新疆、浙江和台湾等都有野生群落。”

再来看地方植物志。

《河南植物志》记录了河南省四种开黄花的草木樨，它们主要产于河洛平原南部和北部的山区，并不生长在洛阳和开封这样的平原城市。其中“全株有香气”的黄香草木樨（黄花草木樨）“产河南伏牛山南部、大别山和桐柏山区，洛阳、郑州有栽培；野生于山沟或山坡。我国四川及长江以南各省有野生；西藏及东北、华北、西北各省（区）有栽培”。《浙江植物志》第三卷指出“全株有香气”的黄香草木樨“产杭州、宁波（镇海）、开化、温州。生于较潮湿海滨及旷野上”。《四川植物志》还没有出到豆科植物的卷册。《四川野生经济植物志》上册（中国科学院四川分院农业生物研究所主编，1963年）收录了一种“黄草木樨”，该草“全草有香气”，产地为“沿重庆嘉陵江北上一带”。至于草木樨在陕甘地区的情况，由于一时查不到两省的植物志，只能利用其他书籍来验证。甘肃省革命委员会卫生局编的《甘肃中草药手册·第3册》（1973年）声称甘肃全省各地都有草木樨，车俊义著《陕西麦田杂草识别与防除》（2005年）则说草木樨“全省分布，以滩地和较湿润的山地较多”。可见陕甘两省各地都有野生的草木樨。原产四川的黄香草木樨耐碱性及耐旱性都很强，“土壤不拘，就是在非常贫瘠的土壤上，比之其他如紫苜蓿等更能生长旺盛”（中国土农药志编辑委员会编著《中国土农药志》，1959 年）。可以合理推测，唐宋之时黄香草木樨就已经作为牧草在秦川得以种植并逸为野生，然后再往西扩散到秦州。根据文献记录，我国最早开始将草木樨当作绿肥作物来种植就始于 1943 年甘肃天水县的一户农民。而天水是秦亭旧地所在，一千多年以前文彦博或许曾经从这里得到芸草种苗，这真是一个有趣又合理的巧合。

综合所有这些材料的说法，如果宋代植被分布情况与现在没有太大差别的话，东京汴梁的确没有野生的草木樨，更不用说那种全株有香气的黄香草木樨了。而文彦博从益州（今四川成都）寄回开封的芸草以及沈括所说“江南极多”的七里香应该就是“香豆素气味强烈”的黄香草木樨。从宋代笔记来看，这种黄香草木樨的原产地有四川和长江以南各省，与《中国植物志》草木樨“产东北、华南、西南各地”说法一致。

前边所说的“黄香草木樨”“黄草木樨”等，包括欧洲产的 *M. officinialis* (Linn.) Pall. 和东亚产的 *M. suaveolens* Ledeb. 两种，《中国植物志》认为这两种草木樨“特征相互交叉而且差别甚微”，都归为草木樨（*Melilotus officinalis* [L.] Pall.）一种。

草木樨显然是一种“似苜蓿”“叶类豌豆”、开黄色花的香草，那么它是不是我们要找的芸草，我们还需要与文献记载中的芸草或芸香做更多的比较，才能确定回答这个问题。

图 17　草木樨标本（西北农林科技大学生命科学学院植物标本馆藏，1937 年采集于河北省）。

与梅尧臣芸草诗的比较

梅尧臣诗有三处描写芸草外形，“有芸似苜蓿”显然已经符合，另两处则是芸草的花和果实：“黄花三四穗，结实植无穷”。草木樨具总状花序，就是平常所说的花穗，花穗从叶腋处长出，往往开数十朵小黄花。对于花期中的草木樨，“黄花三四穗”的描述非常恰当。

草木樨多分枝，分枝上还能再分枝，每支分枝上能长好几个花穗，所以一株草木樨是可以结很多籽的。具体能结多少呢？

我在杭州麦岭沙公园附近第一次遇到花期中的草木樨时，粗略统计过一棵草木樨上的花穗数量，这棵高至我下巴的草木樨，主干上有18个分枝，每个分枝还有3—5个分枝，每个末枝有3—6个花穗不等，这样统计下来，这棵草木樨大概有二三百个花穗，一个花穗可以结几十粒籽，往少里算，这棵草木樨也可以结几千粒籽，这还不包括尚未长出来的花穗。据《草木樨》（河南人民出版社，1980年）所称，一棵草木樨在整个花期中可以开小花数万朵至15万朵以上，这是其中一个例子："1978年（河南）省农科院土肥所调查一棵具有3个茎秆的草木樨。从生长到成熟，花穗1773个，所着生的小花14.6万朵。"由此可见，草木樨的开花结籽能力实在惊人，"结实植无穷"应该是实至名归。

《老子》云："夫物芸芸，各复归其根。"古今注者都说"芸芸"是众多之义，所以我们也用"芸芸众生"来指众多的生命。如果"芸"就是"结实植无穷"的草木樨，那么"芸芸"众多之义的来源就是再清楚不过的了。

与沈括《梦溪笔谈》的对比

与沈括《梦溪笔谈》芸草相关文字的比较，有两条需要在草木樨身上得到落实，一是芸草能辟蠹和去蚤虱，一是芸草"秋后叶间微白如粉污"。

先谈草木樨的辟蠹驱虫问题。

新中国成立后各地政府和部门收集整理的中草药书籍中有一些草木樨辟蠹驱虫相关的记录。据《中国土农药志》记载，四川三台地区的人将黄香草木樨茎叶粉碎后浸水一两天可制成土方农药，可以有效地杀灭棉蚜、鸡冠虫等农业害虫。1977年编的《万县中草药》中草木樨有别名臭虫草，其附方6说："驱臭虫：草木樨垫席下。"这与沈括《梦溪笔谈》"南人采置席下，能去蚤虱”之言完全一致。既然草木樨可以杀害虫，去虱蚤，当然应该也可以用来辟书蠹。尽管如此，可能由于草木樨定名太晚，我国古代文献似乎并没有草木樨驱虫辟蠹的记载。

就我的看法，芸香辟蠹在很大程度上只是一个传说。仅仅因为某种植物（草木樨，或者其他香草）有香气，于是古人猜测它可以辟蠹，也许拿去尝试的时候，似乎有点效果（也可能是心理作用），就记载下来。后人也不经分辨，以讹传讹，形成这么一种说法。然而我相信所谓的芸草大概没有明显的辟蠹功能，有两个理由。首先，后人不识芸草为何物，这本身就说明芸草不能辟蠹，或者说辟蠹效果不够好。假如芸草真可以有效辟蠹，那么这种草不应该消失在史籍中，一定会流传到后世。古书记载可以驱虫辟蠹的植物，除了传说中的芸草，还有莽草、马鞭草、胡椒、蜀椒、檀香、零陵香、狼毒、黄檗、山矾、木瓜、菖蒲、白芷、皂荚、萵苣、角蒿、烟叶、樟脑等数十种，其中樟脑似乎最为有效，一直沿用至今。其次，历史上从未有芸草辟蠹的藏书制度记载。宋明清三代国家藏书室多采用曝书这样的办法来辟蠹，并形成制度，然而没有芸草辟蠹的制度。明清以来，私人藏书室很多，他们的管理条例也多半有曝书制度，但是从未看到过有用芸草或者其他植物辟蠹的制度。即便是号称采用芸草辟蠹的大名鼎鼎的天一阁，他们也没有把芸草辟蠹明确写进管理制度当中。这些情况都说明，芸草辟蠹从来就不是藏书管理（无论是官方的还是私人的）的选择项，顶多是某些人基于浪漫想象的个人爱好。

不管草木樨能否真正有效辟蠹，北宋时期有一帮围绕文丞相的文人政客相信或者假装相信草木樨就是芸草，还亲自种植在官方馆阁或者自己私人藏书室周围。可能正是由于草木樨并没有什么辟蠹效果，这样的举动随着文彦博的离世很快就无以为继了。几十年上百年以后，也就没什么人知道草木樨曾经被当作芸草。

再说草木樨是否“秋间叶间微白如粉污”。

清代张文虎（1808—1885）在《舒艺室随笔》中倒是说过草木樨“经秋则叶背有粉”，然而草木樨叶面干净，秋天不长绒毛，叶间粉污的现象应该不是草木樨固有的特征。我查看过北京奥林匹克森林公园湿地的草木樨，秋天时少数草木樨（大约十分之一）的叶面会有白粉似的东西，算得上是“叶间微白如粉污”。白粉用手指轻擦就可以擦去，应该不是叶子长出的毛。文献说草木樨易患白粉病，患病草木樨叶面上会长出一层粉状物，是真菌的分生孢子，初为白色，逐渐变成褐色，随后叶片枯黄而死。我看到的白粉大概就是真菌孢子，不知道沈括和张文虎看到的是不是这种。会不会江南的草木樨更容易患白粉病，这个还有待查验。

与魏晋《芸香赋》的比较

虽然说赋体文章喜欢铺陈夸张，导致事物的真实形象变得扭曲或者模糊，然而浮夸的文字中终归也还有一点相对客观的描述。成公绥《芸香赋》的“茎类秋竹，叶象春柽”，傅咸《芸香赋》的“繁兹绿蕊，茂此翠茎”，其立足点应该还是对芸香的茎、叶、花的真实观察。我们可以来看看草木樨是否符合这些文字描述。

先看芸香的茎，“茎类秋竹”“茂此翠茎”。竹茎除了“翠绿”，另外一个重要特征是中空。而草木樨也的确是“茎圆中空”，这个词经常出现在草木樨的介绍文字当中。很多草本植物的茎都是空心的，但它们的茎没有木质化，很容易折断。草木樨的主干往往是木质化的，很难折断，费尽气力折断后可以看到木质纤维中间有一个小孔。虽然此小孔的孔径相对来说并不大，但绝对称得上“茎圆中空”。这大概是草木樨的“茎类秋竹”。另外，对于中国原产的草木樨（*Melilotu suaveolens*，古人见到的草木樨多半是此种）来说，三出复叶的小叶狭细，为倒披针形，而竹子小枝是2—4披针形叶，形态上非常相似，更是加深了草木樨“茎类秋竹”的意象。元代张弘范《墨竹》一诗把墨竹比喻成“麝墨芸香小玉丛”。麝墨是添加了麝香的墨，用这样的墨画出来的竹子带有香气，就像丛生的芸香，即所谓“芸香小玉丛”。这也说明芸香形态与竹子很像。

再看芸香的“叶象春柽”。柽通常指柽柳，叶子像鳞片，这与草木樨的叶子显然不合。但是古人也称柳为柽，柳叶为披针形，而草木樨也有披针形叶，二者不冲突。

最后从“繁兹绿蕊”来看，芸香开花应该有绿色的花蕊。草木樨开蝶形小黄花，基本看不到花蕊。我怀疑“绿蕊”指的是未开的花蕾。草木樨总状花序上花蕾都是绿色的，总是花序底部的花蕾先开，然后次第围绕着花序轴往上开，此时顶端未开的花蕾就如同粗壮的绿蕊。从草木樨的花期照片中可以很容易看到这点。

总之，魏晋时期《芸香赋》所描写的芸香与草木樨的形象是基本相符的。

与先秦之芸菜的比较

按照《吕氏春秋·本味》“菜之美者……阳华之芸”以及《夏小正》“正月……采芸”，先秦之时的芸是一种味道很好的蔬菜。虽然我们知道辟蠹之芸香未必就是先秦之芸，但我们不妨也来看看草木樨是否可当蔬菜食用。

在江南一带，春天采摘的苜蓿嫩苗是一种美味的时令小菜，称之为草头、金花菜。与苜蓿不同，草木樨植株含有香豆素，茎、叶通常带有苦味，需要特定方式的采摘和处理才能食用。早晚时茎叶中香豆素最少，此时采摘嫩茎、叶最好。另外用水焯一下，可以去掉香豆素的苦味。刘正才等编著《四季野菜》（1998年）说夏天可采草木樨嫩茎、叶食用："可素炒，煮汤，与肉同煮吃。因含丰富的各种氨基酸、香豆精，与肉煮汤，既香又鲜。"我没有吃过用草木樨做的菜，猜测其口味大概类似草头。对鸡鸭鱼肉吃腻了的现代人来说，这也许算得上是一道清新爽口的时令小菜，然而对于物质极不丰富的古人而言，这饥荒年月才食用的救荒野菜（有人说《救荒本草》中草零陵香就是草木樨），肯定不是"阳华之芸"那样的"菜之美者"。

总结以上草木樨与文献中芸草的比较，虽然草木樨不完全符合沈括对芸草的描述，但是它符合"芸似苜蓿"这一最重要的标志性特征，也符合梅尧臣对芸草"黄花三四穗"这一关键性描述，与魏晋人对芸香的描述也是吻合的，所以我们可以下结论，宋人发现的芸草很可能就是草木樨。但是草木樨应该不是用作菜蔬的先秦之芸。

《中国植物志》对草木樨有详细的介绍。对于普通读者来说，这些介绍可能过于烦琐和学术了，我改写如下：

草木樨（*Melilotus officinalis*）

文献名：草木樨（《释草小记》）、辟汗草（《植物名实图考》）、黄香草木樨（《江苏植物名录》）。

二年生草本，高二到三尺（引进品种可高达2.5米）。茎圆中空，直立，多分枝，具纵棱。羽状三出复叶，小叶椭圆形或倒披针形，边缘具疏齿。小花黄色，蝶形，下垂，成腋生总状花序。荚果卵形，有柔毛，表面具网纹，棕黑色，含种子1—2粒。花期5—9月，果期6—10月。

原产东北、华南、西南各地。其余各省常见栽培，作为绿肥或蜜源植物。生于山坡、河岸、路旁、砂质草地及林缘。全草含香豆素，干后有强烈的香气，可提供芳香油，用作烟草、食品、医药和化工的香料调合剂；花晒干后也可直接拌入烟草内作芳香剂。在我国古时夹于书中辟蠹，称芸香。

苜蓿香考

栴檀及青木，苜蓿香郁金，

及余妙涂香，尽持以奉献。

——《大日经》

被后世尊称为“药王”的唐代医药学家孙思邈（581—682）留下了两部临床医学著作《千金要方》和《千金翼方》，二书均记载有一味名为苜蓿香的香药。《千金要方》“裛衣香方”云：“零陵香、藿香各四两，甘松香、茅香各三两，丁子香一两，苜蓿香二两，上六味各捣，加泽兰叶四两，粗下用之，极美。”《千金翼方》的“治妇人令好颜色方”则动用了包含苜蓿香在内的十种植物和猪胰来捣制面药，“以洗手面，面净光润而香”。最后还特意说明，如果前边那些配料不好找的话，“直取苜蓿香一升，土瓜根、商陆、青木香各一两，合捣为散，洗手面大佳”。另外《千金要方》熏衣香方和治唇裂口臭方（名为甲煎唇脂，大概类似现在的唇膏），以及《千金翼方》裛衣香方和出第备急衣香方都使用了苜蓿香，可见苜蓿香是当时常用的一味香药。

然而苜蓿香是种什么东西，跟用作牲畜饲料的苜蓿有什么关系？

汉武帝时引进大宛马和牧草苜蓿。对马而言，富含营养物质的苜蓿自然很香甜可口了，所谓“天马常衔苜蓿花”。对人来说，苜蓿作为偶尔一食的菜蔬，也算别有滋味。然而天天吃的话，大概连青菜白菜都比不过。《太平广记》记载了这样一件事。唐玄宗时薛令之在东宫给太子当老师，大概是教师生活清苦又升迁无望，于是在墙上题诗发牢骚：“朝日上团团，照见先生盘。盘中何所有？苜蓿长阑干。饭涩匙难绾，羹稀箸易宽。只可谋朝夕，何由度岁寒？”后来唐玄宗到东宫时看见，很生气，就在后面续了四句：“啄木嘴距长，凤凰毛羽短。若嫌松桂寒，任逐桑榆暖。”薛令之心知得罪玄宗，也只好称病归乡了。

当然也有很多读书人以苜蓿香来自矜甘于清贫，或言“不羡鱼羹饭，宁甘苜蓿香”，或言“自怜身健茱萸紫，更喜盘余苜蓿香”。孙思邈药书里的苜蓿香当然不是这种无法一两二两称量的心理感觉上的香，而是一种切切实实的香料。然而苜蓿这种植物并没有香气，从来没有人把苜蓿当作芳香植物。比如前边提到的《千金要方》裛衣香方中出现的七种植物，零陵香（灵香草）、藿香、甘松香（匙叶甘松）、茅香、丁子香和泽兰都是具有浓烈香气的传统芳香植物，香药之用也延续至今。如果认为苜蓿香与苜蓿有关，苜蓿却绝非芳香植物。《中国植物志》卷42明确说苜蓿“无香草气味”。或许苜蓿花有一点清香，但是有这类似清香的花无以计数，为何偏偏选苜蓿花来制作香料？强言苜蓿香跟苜蓿有关，实在难以令人信服。

查遍诸书，苜蓿香也只是出现在唐初孙思邈医书和佛经中，再就是后世医书和佛经对唐代医书的转载。本草医书也好，佛经也罢，并没有对苜蓿香产地和植物形态进行说明。我怀疑孙思邈编书时苜蓿香就已经是只知其名而不知其究为何物的“有名未用”香料了。

佛经中的苜蓿香和兜楼婆

唐代高僧义净（635—713）翻译的《金光明最胜王经》是一部流传很广的经书，敦煌藏经洞就存有多个抄本。《金光明最胜王经》卷七记载了一个“咒药洗浴之法”，是一个与咒语配合使用的洗浴药方，药方很夸张地收入了三十二味香药，苜蓿香就是其一。作为一个严谨的译者，义净还给出了苜蓿香的梵文音译“塞毕力迦”，译自 sprkka 或者 sephalika。顾名思义，苜蓿香是一种香料，在唐代的佛经中也仅出现在用香的场合。

另外一个同时给出翻译和梵文音译的例子是唐代菩提流志的《广大宝楼阁善住秘密陀罗尼经》，其中结坛场法品第七：“所谓安悉、薰陆、悉必栗迦香（苜蓿也）、栴檀、沉香、多伽罗（杜茎药也）、苏合、萨罗计（青胶香也）、五味香、龙脑香、麝香、郁金、紫檀等香。”另一个版本给出的是“悉必栗迦（云苜蓿香）”。

李时珍应该也看到过义净翻译的《金光明最胜王经》，因此在《本草纲目》“苜蓿”条下特别提了一句：“《金光明经》谓之塞鼻力迦。”《金光明经》是《金光明最胜王经》的简称，塞鼻力迦即塞毕力迦。显然李时珍认为苜蓿香（塞鼻力迦）就是用来饲养牲畜的牧草苜蓿。

美国学者劳费尔（Berthold Laufer）专事东方学研究，他利用语言学工具深度考证中国和波斯之间物品交流的史迹，写成《中国伊朗编》一书，该书是欧美东方学很有代表性的作品。该书首章就谈苜蓿，论说了苜蓿如何从原产地伊朗传播到世界各地，以及中文“苜蓿”一词很可能来自伊朗语 buksuk 的音译。劳费尔对李时珍“塞鼻力迦即苜蓿”的看法很是怀疑，他说：“这话颇令人惊讶，因为我们没听说梵文里有指这种草的字眼。而且这草由伊朗传到印度必定在较近代无疑……早期印度史料中既然没有听说有这种植物，由此看来，《金光明经》之类的佛经中亦绝不能提到它。李时珍说他在此经历曾见过这草名，我想他一定是误解了这个字的意义。”

日本汉学家和散文作家幸田露伴则为李时珍打抱不平。针对义净所译《金光明经》，他在《苜蓿》一文中说：“义净岁老学成以后，入印度，在学二十五年还。归时年已愈六十，则天武后亲迎于上东门，高德硕学可知也。就是这位义净，记苜蓿香为‘塞卑力迦’。予欲信义净。义净前后周围多有阇那崛多，虽不记原语，却于该经译本《大辩天品》举苜蓿。苜蓿存于印度之古，据《金光明经》所列举便俞可知晓。”幸田露伴认为《金光明经》恰好证明了古印度产苜蓿，并非劳费尔所言苜蓿只是近代才传到印度，因此李时珍的说法没有错。随后还举了更多佛经例子来说明“塞鼻力迦即苜蓿”的可靠性。

然而苜蓿常作饲料，并非香草，何以佛经中屡作香药？对此疑问，幸田露伴提出了自己的一些看法：“佛经中所载 sephalika 只见于香药，不见于马饷。类同而物异乎？此土苜蓿凡三种，皆不足言香。考 sephalika 之香，佛经中应有大异于作马饷之苜蓿也。即 sephalika 是为苜蓿，亦不好武断地反对拉发（即劳费尔）。” 幸田露伴承认 sephalika 可能类同于苜蓿但实际上是另一种芳香植物，所谓“类同物异”也。

幸田露伴还注意到《大日经》《楞严经》《法华经》等所见兜路婆香，亦有译为苜蓿者。既然兜路婆 turuska 和 sephalika 都被译为“苜蓿”，幸田承认苜蓿可能只是对 sephalika 和 turuska 的一种意译，因此古印度有无苜蓿不能定论，“犹待后贤之实证与详考”。

然而幸田露伴接下来又以《汉书》卷九十六有“罽宾国有苜蓿”之记载，继续推断古印度可能有苜蓿，并且苜蓿经过处理有可能变成香草：“‘罽宾’，即今之喀什米尔。喀什米尔以南为印度之地，在当时为何就一定不会有苜蓿？且又香因处理而生，如兰草一样，其始香薄，刈之阴干，则佳香大显。焉能知苜蓿经处理就不能成香草？”然而这两个反问实在经不起推敲。古印度未引进苜蓿是因为他们不养战马，兰草经处理增香并不意味着苜蓿经处理就能增香。

幸田露伴之所以在古印度有无苜蓿这个问题上反复，主要有两个原因：一是已经没有人知道梵文 sprkka 或 sephalika 在印度到底代表什么植物，劳费尔所言“我们没听说梵文里有指这种草的字眼”，正证明梵文 sprkka 或 sephalika 根本就与苜蓿无关。一是幸田露伴错误地认为苜蓿香就是苜蓿。在印度生活二十五年之久的义净译 sprkka 或 sephalika 为苜蓿香而非苜蓿，必定有他的道理。

义净没有明确说出来的道理，后来被唐代著名僧人一行（683—727）讲出来了。一行是唐代著名高僧兼天文学家，曾制造黄道游仪和水运浑天仪，组织大规模天文大地测量，制定更为精密的《大衍历》。作为佛教高僧，一行传承胎藏和金刚两大部密法，编写密宗重要经典《大毗卢遮那成佛经疏》（简称《大日经疏》，或称《大日经义释》），实为佛教密宗的一代领袖。

密宗经典《大日经》有“栴檀及青木，苜蓿香郁金，及余妙涂香，尽持以奉献”之句，一行《大日经义释》卷五注释说：“次明涂香，其旃檀、青木、郁金皆此方所有。苜蓿香者，梵名萨跛嘌今迦，颇类今时妒路婆草。是迦颇类今西方苜蓿香，与此间苜蓿香稍异也。”言明苜蓿香译自 sephalika，还特别说明 sephalika 很像现在的妒路婆草，并且 sephalika（“是迦”）也很像西方的苜蓿香，与本地的苜蓿香略有不同。显然，苜蓿香有西方与本地之分，两种苜蓿香略有不同（大概是在香气方面）。《大佛顶广聚陀罗尼经》（佚名译者）爱乐药法品第十七亦有“萨必栗迦（波西苜蓿香是）”之言，此波西不知究为何处，应该也是西方之地。总之，sephalika 与妒路婆草和苜蓿香都很像。也许更像苜蓿香一些，所以义净等唐代僧人把 sephalika 意译成苜蓿香。

可能也有人把 sephalika 译成妬路婆草。前述《大日经义释》卷五的这段话，在《大毗卢遮那成佛经疏》卷七变成“次明涂香，其旃檀、青木、郁金、妬路婆草”。妬路婆草下有注：“是西方苜蓿香，与此间苜蓿香稍异也。”这里 sephalika 被译成妬路婆草，然后又说妬路婆草是西方苜蓿香，与本地苜蓿香不太一样。这段文字的含义显然与《大日经义释》卷五的那段不太一样了，不清楚哪个版本是一行的原文。我倾向于《大日经义释》是原文，《大毗卢遮那成佛经疏》则被后人修整了。

其实幸田露伴的《苜蓿》一文也提及妬路婆草：“《大日经》《楞严经》《法华经》等所见兜路婆香，亦有译为苜蓿者。”梵文 turuska 在《法华经》被译为兜楼婆：“即服诸香：栴檀、薰陆、兜楼婆、毕力迦、沉水、胶香。”在《楞严经》中被用来煎取香水：“坛前别安一小火炉，以兜楼婆香煎取香水，沐浴其炭，然令猛炽。”

我没有找到将兜路婆香译为苜蓿或苜蓿香的佛经，但是看到很多介绍《楞严经》和《法华经》的佛教书籍，如朱封鳌的《法华文句精读》，对“兜楼婆”都会有这样的一个注释：“兜楼婆：梵文 Turuska，一称妒路婆。香草名，即苜蓿香。”这样的注释完全把兜楼婆等同于苜蓿香，不知道有什么根据。

我相信作为天文学家的一行的注释应该更为可靠，如此苜蓿香应该与妒路婆（兜楼婆）也很像，我们可以通过妒路婆（兜楼婆）来进一步了解苜蓿香。

唐代人多认为兜楼婆是一种本土不出产的香草或香料，这在情理之中。智周《法华经玄赞摄释》说：“兜楼婆、毕力迦者，传什公云‘出龙神国，此土所无，故不翻’。”智度《法华经疏义缵》说法类似：“即服诸香至毕力迦者，此二香，什公云‘龙鬼国方有，人中所无，故不翻也’。”龙神国或龙鬼国地望何在，无籍可考。

宋代人则认为兜楼婆还可能是白茅香。法云《翻译名义集》：“兜楼婆，出鬼神国，此方无，故不翻。或翻香草，旧云白茅香。”另有词条：“突婆，此云茅香。”据宽忍主编的《佛学辞典》可知，突婆也是 turuska 的音译。闻达《法华经句解》：“兜楼婆，白茆香。”惟悫《楞严经笺》：“兜楼婆香，即白苑也。”“苑”当为“茆”之误。考虑到兜楼婆是一种香药，白茅香或白茅很可能指禾本科茅香属植物茅香（*Hierochloe odorata*）。

然而李时珍认为兜楼婆香是藿香，他在《本草纲目》“藿香”条下说：“时珍曰：豆叶曰藿，其叶似之，故名。《楞严经》云‘坛前以兜娄婆香煎水洗浴’，即此。《法华经》谓之多摩罗跋香，《金光明经》谓之钵怛罗香，皆兜娄二字梵言也。”藿香实际上对译的是多摩罗跋香树，梵名 tamalapatra，它的发音与 turuska 相差很大。李时珍说多摩罗跋和钵怛罗是兜娄（turuska）

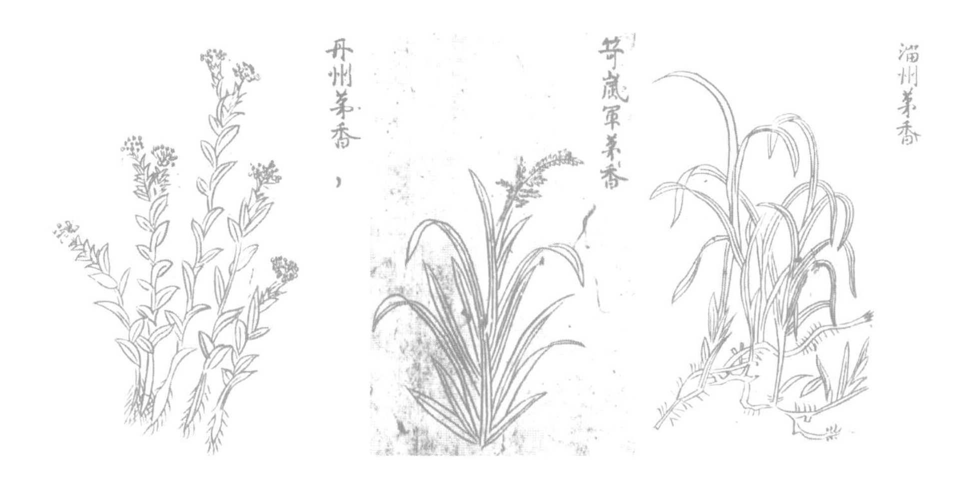

图 18 《大观本草》中的三种茅香：从左至右依次为丹州茅香，笴岚军茅香和淄州茅香。可见古代茅香不止一种，而有异物同名现象。

的梵言，实在有点勉强。另外说个题外话，人们通常所说的藿香是唇形科多年生草本植物，叶子呈“叶心状卵形至长圆状披针形”（《中国植物志》），与豆叶完全不挨边。李时珍说藿香叶如豆藿，难道说的是另外一种香草？沈括倒是说过芸香“叶类豌豆”，不知二者是否有关联。

孙思邈《千金要方》有两个香衣方使用了兜楼婆香，其中“熏衣香方又方”用了十一味香药，“百和香通道俗用者方”用了二十味香药。除兜楼婆香外，两个香方都用了藿香和苜蓿香两味香药，并且没用茅香。由此可见，兜楼婆香、藿香、苜蓿香必是三种不同的香料。

总结典籍诸多说法：苜蓿香分西方苜蓿香和本土苜蓿香，两种略有不同；苜蓿香很像兜楼婆；兜楼婆是茅香或者一种类似茅香的香草。

另有一梵文词可译成苜蓿。唐代礼言《梵语杂名》有“苜蓿，萨止二合萨多二合”，唐僧怛多蘖多、波罗瞿那弥舍沙《唐梵两语双对集》有“苜蓿，萨止萨多”。“萨止二合萨多二合”与“萨止萨多”同，发音显然不同于塞毕力迦。不清楚哪部佛经中的苜蓿译自萨止萨多。如果承认劳费尔的说法，古印度并没有苜蓿，那么这萨止萨多可能是另外一种类似苜蓿的植物。

本草书籍中的苜蓿

从唐朝往前追溯，南北朝时期北魏贾思勰（生卒年不详）的巨著《齐民要术》（大约成书于533年—544年）收录有一个合香泽法，详细记录了如何用鸡舌香、藿香、苜蓿和泽兰香来制作润发香膏：“好清酒以浸香：鸡舌香、藿香、苜蓿、泽兰香，凡四种，以新绵裹而浸之。用胡麻油两分，猪脂一分，内铜铛中，即以浸香酒和之，煎数沸后，便缓火微煎，然后下所浸香煎。缓火至暮，水尽沸定，乃熟。泽欲熟时，下少许青蒿以发色。以绵幕铛嘴、瓶口，泻着瓶中。”

这个用于润发的合香泽法与孙思邈的治唇裂口臭方（制甲煎唇脂）比较像，主要不同在于甲煎唇脂所用香料更多，工序也更复杂，可以归结为时代带来的工艺进步。值得指出的是，《齐民要术》中这个合香泽法用的是苜蓿而不是苜蓿香。不知道是不是传世文献漏了一个“香”字。通常人们认为贾思勰记录的这个香方来自东汉崔寔（约103—170）的《四民月令》。据李时珍《本草纲目》“兰草”条所引：“崔寔《四时月令》作香泽法：用清油浸兰香、藿香、鸡舌香、苜蓿叶四种，以新绵裹，浸胡麻油，和猪脂纳铜铛中，沸定，下少许青蒿，以绵幂瓶，铛嘴泻出，瓶收用之。”很显然，这个作香泽法与《齐民要术》合香泽法是同一个方子。用的四种香料本质上也都是一样的，只不过这里用的是苜蓿叶，含义非常清楚。可惜的是，崔寔的《四民月令》已经失传，后人辑录本没有这个合香泽法。

当代作家孟晖对古代妇女容饰方法颇有研究，写有《胭脂记》《妆粉记》《香皂记》《兰泽记》等有趣的书籍。她的《兰泽记》专门介绍过《齐民要术》的这个“合香泽法”，然而她似乎认为苜蓿就是汉通西域后从国外引进中原的牧草苜蓿，至于为何要在合香泽方中添加这种没有香味的植物，她并没有给出解释。

尽管不知道苜蓿香是怎么一回事，从孙思邈的药方到《齐民要术》的合香泽法，再到《四民月令》的香泽法，都说明了这些药方中的苜蓿或苜蓿香应该是一种可用于制作香料的芳香植物。最大的可能是汉代之时苜蓿除了指牧草苜蓿以外，还是另外一种芳香植物的名称，即幸田露伴所谓“类同而物异”“大异于作马饷之苜蓿也”。

这种“大异于作马饷之苜蓿”应该有不同于普通苜蓿的药用功效。古人不区分这两种苜蓿，很可能把它们全都归于苜蓿名下。仔细查看本草药书的“苜蓿”条，有可能找到一些蛛丝马迹。

南朝梁陶弘景（456—536）《本草经集注》“苜蓿”条云：“苜蓿，味苦，平，无毒。主安中，利人，可久食。长安中乃有苜蓿园，北人甚重此，江南人不甚食之，以无气味故也。外国复别有苜蓿草，以治目，非此类也。”显然已经暗示有两种苜蓿，一种是北方人爱吃而南方人不太吃的苜蓿，一种是外国才有的、可以治疗眼病的苜蓿。值得指出的是陶弘景把苜蓿放在了“果菜米谷有名无实”类，似乎认为苜蓿并没有声称的功用，也可能是迷惑于苜蓿究为何物。

然而唐代及其以后的医药学家并不赞同陶氏观点，把苜蓿从“有名无实”的窘境中捞出来了，而且认为苜蓿是菜部上品。唐代《新修本草》、孙思邈《千金要方》以及宋代《证类本草》和《图经衍义本草》基本都是沿引《本草经集注》的功效说法，认为苜蓿是一种无毒并且利人的上品蔬菜，可以长期食用。

明代的李时珍对此有所保留，他的《本草纲目》只说苜蓿“苦、平、涩、无毒”，但是把“主安中，利人，可久食”这句话去掉了，代之以诸家说法。看来他对“利人，可久食”有所疑虑，其中的缘由下文再说。

其实唐代之时就有人持不同意见。孟诜《食疗本草》云：“苜蓿，凉，利五脏，轻身健人，洗去脾胃间邪恶气，通小肠诸恶热毒，安中，煮和酱食之，作羹亦得。彼处人采根作土黄芪也。少食好，多食当冷气入筋中，即瘦人。更无益处。”认为苜蓿虽然有不少好处，但是苜蓿性凉，多食会导致寒气入筋，使人消瘦。宋代符度仁《修真秘录》亦云：“苜蓿，味苦寒。利五藏，轻身，去脾胃邪气诸热毒。不可久食，瘦人。”直接说苜蓿苦寒，多食同样令人消瘦，与前边的“利人，可久食”之论完全相反。

特别应该注意的是，孟诜说苜蓿“轻身健人”，符度仁言苜蓿“轻身”。轻身一方面是身体消瘦的结果，另一方面本草药物的轻身药效还有特殊的含义。具有“轻身”功效的药物往往用于修仙服食，且大多数带有毒性，即便如此，这样的药物也通常被视为上品，正如苜蓿为菜部上品。而符度仁《修真秘录》的确也是讲修仙之术的。另外张君房《云笈七签》谈及修道过程中也往往需要食用苜蓿等来辅助辟谷的完成。因此，从“轻身”和“久食瘦人”的角度来看，具有这样功效的苜蓿应该不是普通的苜蓿，而是一种带有某类毒性的植物了。我猜测这很可能就是苜蓿香。

总之，苜蓿香显然是一种外观很像苜蓿的香草，且应该带有某种毒性。

苜蓿香即草木樨

草木樨是最容易混同于苜蓿的植物。草木樨与苜蓿同为豆科车轴草族的植物，都有三出羽状复叶，植株外形比较相似。即便像我这样由于感兴趣而专门查阅过草木樨与苜蓿的植物学资料的人，也比对过二者的各种绘图和实物照片，面对野地里的一株看似是苜蓿的植物，如果它没有开花，也很难断定它到底是苜蓿还是草木樨。古人没有现代人的资讯条件，更没有现代植物学意义上的植物分类概念，把草木樨和苜蓿视为同一种植物，这是再自然不过的事情。

李时珍《本草纲目》上记载的苜蓿，就被清代学者程瑶田认为是草木樨。李时珍这样描述苜蓿："《杂记》言：苜蓿原出大宛，汉使张骞带归中国。然今处处田野有之，陕、陇人亦有种者，年年自生。刈苗作蔬，一年可三刈。二月生苗，一科数十茎，茎颇似灰藋。一枝三叶，叶似决明叶，而小如指顶，绿色碧艳。入夏及秋，开细黄花。结小荚圆扁，旋转有刺，数荚累累，老则黑色。内有米如穄米，可为饭，亦可酿酒。"就荚果的描述而言，它毫无疑问就是苜蓿。

程瑶田在《释草小记》中记录了他栽种从北方要来的苜蓿种子的过程，发现种出来的却是草木樨："（子）大如黍，圆扁而稍尖，皂色，不坚不滑。甲寅花朝节种之，匝月始生，六月作黄花，环绕一茎。茎寸许，着十余花。茎直上而花下坠。即吾南方之草木樨。女人束之发髻下以解汗湿者也。生南方者有清香。" 由此他断定《本草纲目》中开细黄花的苜蓿也是草木樨："时珍所谓开黄花者，检所绘图即此物（指草木樨）。时珍黄州人，当亦求子于北方，而得草木樨子以试种者。盖木樨苜蓿，北人声音相似，李氏

图 19 （左）程瑶田《释草小记》中的草木樨和（右）金陵胡成龙刻本《本草纲目》中的苜蓿。程瑶田认为《本草纲目》中的苜蓿是草木樨，吴其濬认为是野苜蓿。

讹言是听，而二物又皆一枝三叶，有适然同者，于是图其状而笔之书，而不知其大误也。”程瑶田根据《本草纲目》中的苜蓿图，断言李时珍描述的开黄花的苜蓿应该是草木樨，并猜测李时珍出错的原因大概是“木樨”“苜蓿”枝叶相似又发音相近。

实际情况可能比程瑶田想的还要复杂。江南一带的确有开黄花的苜蓿，通常被称为野苜蓿，实为苜蓿中的一种。为此清代吴其濬在《植物名实图考》中为李时珍辩护，认为李时珍观察到的虽不是北方常见的紫花苜蓿，但的确是一种野苜蓿。《本草纲目》言苜蓿“结小荚圆扁，旋转有刺”，这的确是野苜蓿荚果的典型特征，与草木樨判然有别。

程瑶田的判断依据主要是《本草纲目》所绘制的苜蓿图。草木樨与苜蓿在花朵上的差异主要在于花朵分布，而不是花色（因二者具有黄花品种）。

图 20　野苜蓿（《植物名实图考》）。

苜蓿的花梗短，小花在花梗末端呈团簇分布，而草木樨的花梗很长，小花在长长的花梗上顺序排列，就像冰糖葫芦串一样。仔细比较程瑶田《释草小记》草木樨图和《植物名实图考》野苜蓿图，可以清楚看得出这样的差别。如此再来查考《本草纲目》金陵胡成龙刻本中的苜蓿图（由李时珍儿孙绘制，应该能反映李时珍的意图），其花梗带一串花的特征的确更接近草木樨而非苜蓿，难怪程瑶田要据此来否定李时珍。不说李时珍和程瑶田二人谁更有道理，从这个争议中可以看到古人的确容易混淆苜蓿和草木樨。

事实上，程瑶田是第一个明确提出草木樨不同于苜蓿的人，也是第一个提出“草木樨”这个词的人。由于他对草木樨的出色观察，“草木樨”（或“草木犀”）也就成了这种植物的中文学名。根据程瑶田所云“即吾南方之草木樨”，可知至少清中期草木樨一词已经通行于程瑶田家乡皖南徽州一带。程瑶田没有解释草木樨这个名字的来由。顾名思义，大概是因为草木樨的黄色花朵细碎且有香气，有点像桂花亦即木樨，所以得了木樨之名，再冠以草字以示为草本植物。

清江苏南汇（今上海浦东）人张文虎给出了草木樨命名的另一个说法。张文虎在《舒艺室随笔》中谈论牛芸时谈到了草木樨："今俗有名辟汗草，亦名草木犀，以为其花色黄，而香似桂，故名。其实乃苜蓿之转音耳。今金陵人呼苜蓿为木犀菜，亦其一证。"认为草木樨得名不是因花色似桂（木樨），而是因其形似苜蓿。

即便在资讯发达的现代社会，除了专门研究和学习植物的人，绝大多数人也并不能区分草木樨和苜蓿，经常把草木樨误作名声更为卓著的苜蓿。事实上在各地民间草木樨一直有苜蓿相关的别名，在陕西一带有臭苜蓿(《华山药物志》《陕西中草药》)、马苜蓿(《陕西农田杂草图志》)和香苜蓿(《华池县志》）之称，在安徽一带有野苜蓿（《安徽植物志》）和草苜蓿（《安徽中草药》）之名，或者干脆直接被称作苜蓿（《安徽中草药》）。有趣的是《安徽中草药》收集到"草苜蓿"的别名，当初程瑶田（安徽歙县人）听到的名字可能就是"草苜蓿"而不是"草木樨"，只是因为"草木樨"推敲起来比"草苜蓿"更为合理，所以程瑶田认定是"草木樨"。

草木樨与苜蓿另外一个不同，甚至可以说最大的不同是草木樨植株含有挥发油和香豆素，因此具有特殊的甜香气息。特别是干燥过后，草木樨可以释放香豆素，使得香气更为浓烈。旧时女子摘取草木樨花枝戴在头上声称可以辟汗湿。这就是《释草小记》中所说的"女人束之发髻下以解汗湿者也。生南方者有清香"。所以有些地方就称草木樨为辟汗草（吴其濬《植物名实图考》，张文虎《舒艺室随笔》），或醒头香（陈淏子《花镜》，《安徽中草药》）。现代香料产业可从草木樨全株中提取得到草木樨浸膏，用作烟草、化妆品及皂用香精，而草木樨的干燥花可直接拌入烟草内作芳香剂。孙思邈药书中用的苜蓿香，应该就是草木樨植株捣碎后制成的香粉或香丸，而且也是用于化妆（《四民月令》合香泽法，《千金要方》甲煎唇脂）和清洁（《千金翼方》治妇人令好颜色方，《金光明最胜王经》洗浴药方），可见古今想法相去不远。另外本草书籍还有一种类似现代香皂的澡豆方，如《千金要方》澡豆治手干燥少润腻方、北宋《太平圣惠方》香药澡豆方和明代《普济方》澡豆治手干燥少润腻方等。这些一脉相承、大同小异的澡豆方都使用了苜蓿，此中也应该是草木樨，取其香豆素的芳香。

草木樨闻起来香，吃起来却有苦味（苦味亦来自香豆素）。作为牧草，牲畜也只有吃习惯后才爱吃。对于人来说，草木樨肯定远不如苜蓿可口，只有在饥荒时，人们才会饥不择食地将草木樨作为野菜食用。然而这种带有苦味的植物有可能是道家修炼者眼里的仙草。除了苦味之外，更为严重的是，如果草木樨储存不当，香豆素可以转化成具有毒害作用的双香豆素。动物吃了之后会麻痹、食欲减退，严重时血液凝固性丧失，致使其内出血过多而死亡。易中毒的动物有牛、羊和马。有一类灭鼠药物就是采用草木樨中提炼的双香豆素制成的。人如果长久食用这种“苜蓿”，大概也免不了会出现双香豆素中毒的情形。但凡出现“瘦人”效果，说明已经中毒，这样的“苜蓿”，即便是嗜苦为乐的辟谷修道者，也不可多食。如此也就能理解为何李时珍在《本草纲目》的“苜蓿”条中去除了“利人”和“可久食”效用，因为有些苜蓿（其实是草木樨）是有害的。

有趣的是，莱斯利·布伦涅斯（Lesley Bremness）著《功效植物完全指南》说草木樨的干燥花“或用于眼药水”，或许这就是陶弘景在《本草经集注》

说的“外国复别有苜蓿草，以治目，非此类也”。

最后应该指出还有一种类似苜蓿的豆科植物，学名为胡卢巴（*Trigonella foenum-graecum* Linn.），在西北地区也被称为香草、香豆，或香苜蓿。胡卢巴“全草有香豆素气味”（《中国植物志》），但是它的香气并不来自香豆素，而是来自胡卢巴碱、胆碱、烟酰胺、苦味素、牡荆素、荭草素和异荭草素等。在我国西北地区，胡卢巴干草可以用来炖肉以增加香味，是很好的调味料；茎、叶或种子亦可晒干磨成粉，掺入面粉中蒸食作增香剂。胡卢巴晒干后还可用来驱除害虫，但是很少用于美妆和卫生保健。

胡卢巴是豆科胡卢巴属一年生草本植物，像苜蓿和草木樨一样，也有羽状三出复叶，它的花和荚果则有很大差异。胡卢巴的花无梗，1—2 朵着生叶腋，花冠黄白色或淡黄色，荚果则呈圆筒状，有 10 厘米左右长，特征非常明显。胡卢巴原产地中海东岸、中东、伊朗高原等地，我国宋代《嘉祐本草》收录有胡卢巴。按照苏颂的说法，胡卢巴“唐以前方不见用，《本草》不著，盖是近出”。因此唐代本草药书和佛经所说的苜蓿香和香草苜蓿应该与胡卢巴无关。

香豆素

前边说了，据佛教典籍记载，苜蓿香很像兜楼婆，而兜楼婆是茅香或者类似茅香的香草。茅香是禾本科茅香属的一种芳香性植物，外形与豆科的草木樨相差极大。如果苜蓿香是豆科的草木樨，无论怎么看，豆科的苜蓿香都不可能很像禾本科的兜楼婆。这里看起来存在一个不可调和的矛盾。

其实《大日经义释》说 sephalika 很像兜楼婆，也很像苜蓿香，不是指它们的植物形态相像，而是指它们的香气相像。芳香植物经加工而成的香药，比如磨成香粉，不一定总能表现出植物的外形特征，但是总具有某种特征化的香气。草木樨和茅香的香气主要来自植株中所含的香豆素等芳香物质。因为这两种植物的植株都含有较高含量的香豆素，它们的香气应该比较接近，都有香豆素那种温馨怡人的甜香气息。

正是因为这种甜香，所以苜蓿香（草木樨）和茅香才被用于女性的香方中。《四时月令》“香泽法”和《齐民要术》“润发香膏”只用了草木樨，孙思邈《千金要方》“熏衣香方”“衣香方”“甲煎唇脂”“澡豆治手干燥少润腻方”除了使用草木樨（苜蓿香），更是增加了茅香（兜楼婆）。

1972 年长沙马王堆一号汉墓（墓主为长沙国丞相利苍的妻子）出土了大量随葬品，其中就有茅香根状茎。茅香根状茎存放在三个竹笥、陶熏炉以及女尸手握绣花香囊中，数量很多。茅香所具有的甜香气息也许是女性偏爱这种香草的重要原因。

在活的植物体内，香豆素往往与糖结合成无香味的香豆素苷，植物的根茎叶花都不会有香气。若把植株揉碎或者干燥后，香豆素苷就可以逐渐转化成游离的香豆素，散发出香豆素的香甜味。我自己也做过实验，将采集来的草木樨阴干后的确可以闻到一股特殊的香气，但是新鲜的草木樨揉碎后并没有明显的香气，只有普通的青草气息。

虽然晒干或者阴干就可以让草木樨散发香味，但这样得到的香气很弱，鼻子要凑得很近才能闻到。显然这种处理方法过于简单，不能把植株中的香豆素有效地提取出来，提香效率不高。《四民月令》和《齐民要术》的方法是先用酒浸泡，再用动植物油煎炼，这也是古人常用的提香办法。其道理也很简单，香豆素不溶于冷水，但易溶于酒精和有机溶剂。如果不了解这样的增香处理工艺，就提炼不出草木樨蕴含的香甜气味，那么草木樨就是一种普通的野草，很容易被忽视。

草木樨香味的隐而不发，加上隋唐大统一之前社会动荡对文化和技术的破坏，都是导致草木樨（苜蓿香）面目不清乃至失传的原因。唐代尚在药书上留有苜蓿香的空名，到了宋代，空名也从药书中消失了。即便宋代文人重新发现草木樨就是失传的芸草，可是他们大概并不清楚增香处理过程，也不知道草木樨就是药方里的苜蓿香，所以他们的发现未曾被社会所接受，芸香仍旧招摇地隐藏在人们的眼皮底下。

《西部》杂志副主编张映姝写过很多以植物为主题的现代诗，其中有一首名为《黄花草木樨》，用这首诗中的三句来结束这一节非常恰切：

> 黄花草木樨，总是被我误认为
> 童年的苜蓿。醇正的草香，
> 脉络清晰的复叶，细碎的黄色花。

水木樨考

蕲州竹簟凉于水，黄陂葛巾细于纱。

晚来更挽高高髻，唤买街头水桂花。

——张养重《竹枝词》

乾隆二十三年（1758）东南名儒汪绂（1692—1759）集诸家医书编成《医林纂要探源》一书，卷十有飞丝芒尘入目方："香草子置目中，滚出其眵则愈。"灰尘杂物落进眼睛，只要把香草子放入眼中，滚动它把眼屎裹带出来，就可以治好。关于香草子，作者注云："此芸香草，今名杭州香草，又名水木樨者，他种不堪用。"如果芸香草就是芸草，那么这里的水木樨就该是草木樨。既然称杭州香草，似乎应该是杭州特产。

此书编成70年前，在杭州西湖边以园艺为乐故而自号西湖花隐翁的陈淏子写过一本园艺专著《花镜》，卷四藤蔓类就有水木樨："水木樨，一名指甲。枝软叶细，五六月开细黄花，颇类木樨，中多须药，香亦微似。其本丛生，仲春分种。"

西北农学院鄷裕洹教授考证过《花镜》中的植物，他在《花镜研究》一书中认定水木樨为豆科草木樨，但没有说明理由。可能他也不是很有把握，所以给出科学史专家夏纬英先生的不同意见："《花镜》水木樨条云：'其本丛生，仲春分种’，似乎为木本或者多年生草本树物，恐非今之草木樨属（一年生或二年生草本）。”

尽管如此，不少研究草木樨的专家还是倾向鄷教授的意见，认定《花镜》水木樨就是草木樨。中国中医药出版社 1996 年出版的《中药药名辞典》明确指出：“黄香草木犀，又名水木樨。为豆科植物黄香草木犀 *Melilotus officinalis* (L.) Desr. 的全草。”

仔细比较可以发现，陈淏子对水木樨的描写，虽然与草木樨有相符之处，如“枝软叶细，五六月开细黄花，颇类木樨”，但也有明显不合的地方，如“（花）中多须药”。草木樨花朵细小，花蕊之类包裹在花朵里，肉眼很难看到。如果《花镜》描述的这个特征准确无误，水木樨就不可能是草木樨。

道光二十八年（1848），吴其濬的植物学巨著《植物名实图考》在他死后一年得以刊出。入选植物通常是一物一图，图绝大多数是他写生而成，极具参考价值。这本书也有“水木樨”条，文字几乎完全抄自《花镜》，只是把“须药”变为“细须”。所绘水木樨具有披针形叶，显然不同于草木樨的羽状三出复叶，并且一两朵花开于叶腋，也迥异于草木樨一茎数十朵小花的头状花序。再次从花叶的形态特征上完全否定了水木樨是草木樨。

对花卉接触比较多的人很容易看出来，吴其濬所画的水木樨很像凤仙，也就是俗称的指甲花。凤仙是很常见的观赏花卉，很多地方有种植，民间常用它的花和叶染红指甲，这也是它得名指甲花的原因。

我小时候种过凤仙，在灵山村探访芸草时也在篱落间见过很多凤仙，所见凤仙都是茎粗叶大，花多半为白色或粉红色，最关键的，凤仙花没有什么香味，这些都与《花镜》描述水木樨的“枝软叶细”“细黄花”“香亦微似（木樨）”特征很不相合。文献中凤仙花也从未有水木樨的别名。

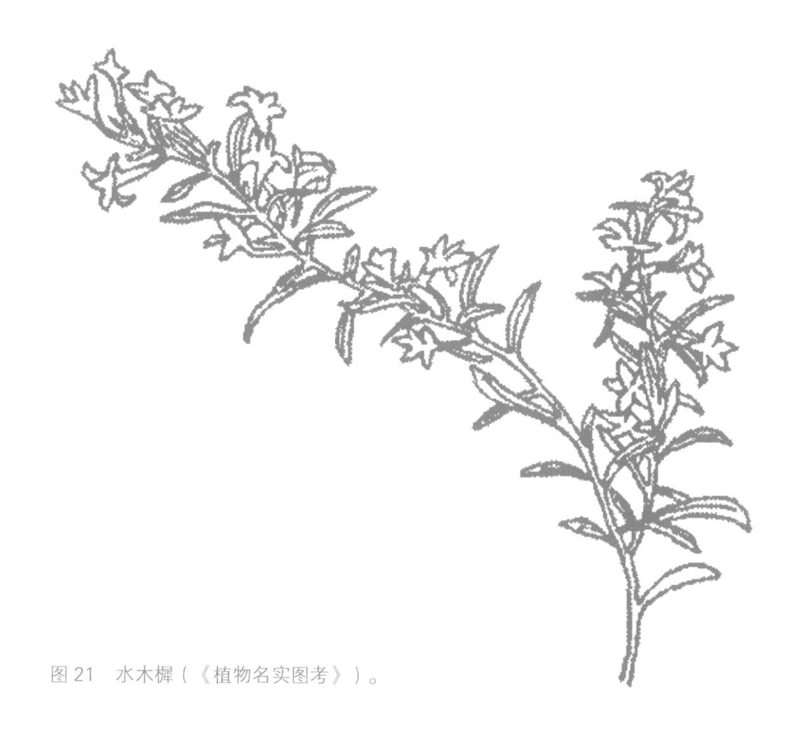

图 21　水木樨（《植物名实图考》）。

吴其濬对水木樨的描绘，文字与图显然不相合。大概吴其濬不知道水木樨是什么植物，但既然《花镜》说水木樨有指甲之名，就把有指甲花之称的凤仙画在这里凑数。

那么水木樨是什么植物，与凤仙和草木樨到底有什么关系？

散沫花

《花镜》水木樨有“指甲”别名，其实该书本就收录有“指甲花”，其形态与水木樨极似：

指甲花，杭州诸山中多有之。花如木樨，蜜色，而香甚，中多须药。可染指甲，而红过于凤仙。用山土移栽盆内亦活。亦有红、紫、黄、白数色者，而花之千态万状，四时不绝。

很显然，“花如木樨，蜜色，而香甚，中多须药”不过是“开细黄花，颇类木樨，中多须药，香亦微似”的另一种说法，说明水木樨和指甲花很可能是同一种植物，只不过水木樨特指开“蜜色”花的品种。不管开什么颜色的花，指甲花的叶子都可以用来染指甲，所以才得名指甲花。

指甲花由来已久。晋嵇含《南方草木状》：“指甲花，其树高五六尺，枝条柔弱，叶如嫩榆。与耶悉茗（即素馨）、末利花（即茉莉花）皆雪白，而香不相上下。亦胡人自大秦国移植于南海。而此花极繁细，才如半米粒许。彼人多折置襟袖间，盖资其芬馥尔。一名散沫花。” 大秦是汉代中国对罗马帝国及近东地区的称呼。可见指甲花不是本土植物，汉代时从海上引进到我国南方地区。唐段公路《北户录》也有“指甲花，花细白，绝芳香”的记录。因为指甲花的花极香，可以折来放置襟袖间，用于香身馥体。又因为花朵繁多细小，如同散沫，也被称为散沫花。这个名字后来被定为这种植物的中文学名，不过古书上用得最多的还是指甲花这个名字。

散沫花，千屈菜科，落叶灌木。树高3—5米，小枝略呈四棱形；叶交互对生，卵形，先端尖；顶生或腋生圆锥花序，长可达40厘米；花极香，花瓣4片，淡黄色或白色，也有浅红色至朱红色，花丝和花柱丝状（即《花镜》所言“中多须药”），6—10月开花。“广东、广西、云南、福建、江苏、浙江等省区有栽培。可能原产于东非和东南亚。花极香，除栽于庭园供观赏外，其叶可作红色染料，花可提取香油和浸取香膏，用于化妆品，阿拉伯人有用其树皮治黄疸病及精神病。”（《中国植物志》）

毫无疑问，《花镜》中的水木樨和指甲花就是千屈菜科的散沫花。

晋嵇含和唐段公路所记散沫花都是白花品种，宋时又引进了黄花品种。南宋郑刚中在他的《题异香花俗呼指甲花》一诗中提到一种“蜜色”花品种：“小比木犀无蕴藉，轻黄碎蕊乱交加。邦人不解称谁说，一地再称指甲花。”细碎的香花，如果颜色是淡黄色的，人们自然就会将其与木犀（桂花）相比。这是用木犀来比喻散沫花的最早文献了。应该是在宋代，这种开淡黄色花的散沫花，由于其花色和香味与桂花相似，所以得了水木樨之名。博物学书籍《格物粗谈》首次出现“水木犀”之名：“水木犀叶捣烂，加矾，染指，红过凤仙。” 此书旧题北宋苏轼撰，元代范梈认为是托名之作。范梈是宋末元初之人，又南宋郑刚中诗未提水木犀，所以我估计指甲花得名水木犀（樨）发生在南宋。

但是水木樨中的“水”字作何解，似乎很难从散沫花植物本身找到答案。散沫花是一种热带植物，喜欢暖热气候，长期栽培于我国南方地区。但是这并不能用来解释水木樨中的“水”字，除非它是一种喜欢生长在水里或者水边的植物。然而野外的散沫花往往生长在山中。明代《遵生八笺》云指甲花“生杭之诸山中……用山土移上盆中，亦可供玩”，《花镜》亦云“杭州诸山中多有之……用山土移栽盆内亦活”，或生杭州山上，或用山土盆栽，不像是生长在水边的植物。我们后面再回到这个问题。

明清两代，人们用指甲花、散沫花和水木樨来称呼这种植物，对这种植物的观察也更加仔细了。明代戏曲作家王济有杂著《君子堂日询手镜》，记录的是他在广西横州做官期间的见闻，所见花木中就有散沫花：“又一花名指甲，五六月开花，细而正黄，颇类木犀，中多须药，香亦绝似。其叶可染指甲，其红过于凤仙，故名。甚可爱，彼中亦贵之。后阅稽舍《南方草木状》云：‘胡人自大秦国移植南海。’又尝见山间水边与丛楚篱落间，红紫黄白，千态万状，四时不绝。余爱甚，每见必税驾延伫者久之。”对水木樨的观察很仔细，强调了散沫花“五六月开花”“中多须药”，即花蕊很多。

除了用来染指甲，明代的人还簪戴散沫花香发。散沫花的圆锥花序很长（《中国植物志》说“花序长可达40厘米”），花朵细密芳香，非常适合妇人用来簪发。明人记述岭南见闻的《粤剑编》云：“散沫花，一名指甲花。捣其叶以染指甲，一夕成绯，故名。花琐碎，黄白色，似树兰（即米兰花）。香类桂，而清幽过之，着髻中，香气弥日不歇。五六月开。”明代福建《安溪县志》：“指甲花，一名七里香，树婆娑，略似紫薇，蕊如碎珠红色，花开如蜜包，清香袭人，置发间久而益馥。其叶捣可以染甲鲜红。”明末清初彭孙贻就茉莉花写过一组诗《和钱象先茉莉曲十首》，其中一首：“桄榔树暗鹧鸪啼，茉莉花开香满溪。蛮娘蛋妇髻如雪，笑杀吴侬水木樨。”这是说簪戴茉莉花比水木樨好。这样的诗文还有不少，足见簪戴散沫花在当时很流行。

双清仙馆刊本《新评绣像红楼梦全传》卷首有精美的六十四叶人物绣像。有意思的是，每叶绣像前半叶主图绘人物，后半叶副图绘花卉，以花喻人或人名，颇有意趣。薛蟠之妻夏金桂，外具花柳之姿，内秉风雷之性，是王熙凤之外的另一悍妇，与她对应的花就是水木樨，绣像所绘水木樨就是散沫花。

如果水木樨就是指开黄色花的指甲花或者散沫花，那么它能是汪绂所说的杭州香草吗？

明代高濂《遵生八笺》云指甲花“生杭之诸山中”，《花镜》也说此花“杭

图 22　双清仙馆刊本《新评绣像红楼梦全传》中的水木樨（散沫花）。

州诸山中多有之”，可见散沫花在杭州山中多见，可以视作杭州特产。然而散沫花是高几米的灌木，应该属于木本植物，怎么可以被汪绂称作香草？

有人可能会强辩，虽然指甲花可以高达几米，但是盆栽的未必就很高，再加上它“枝软叶细”和丛生的特征，古人有可能把它误作草本植物。

由于时代局限性，古人的确常犯有违现代植物学认知的错误，但是就散沫花（指甲花）这种植物来说，未必就是这种情况。在描述散沫花（指甲花）的古代文献中，晋《南方草木状》云“树高五六尺”，明《安溪县志》云“树婆娑”，清《续修台湾县志》云“树若垂杨”，都视散沫花（指甲花）为“树”，可见他们都清楚地知道散沫花是木本植物。

即便盆栽的散沫花长不大，

被人误作草本植物，也不会被人当为香草。因为散沫花的叶子并无香气。朱熹说过："古之香草，花叶俱香，燥湿不变。"花叶俱香是香草的必要条件，只有花香的散沫花是不可能被人称作香草的。

总而言之，散沫花（指甲花）不太可能是汪绂所说的杭州香草。那么是否还有一种草本的水木樨？

草本水木樨

对于植物来说，一物多名或者同名异物，这样的情况很常见，水木樨也很可能是两种甚至更多种植物的名字。除了前边所说的木本的指甲花（散沫花），似乎还有一种草本植物也叫水木樨。

对草本水木樨的最早记录可以回溯到明代。高濂在《遵生八笺》一书中常将水木樨和指甲花并置。在《高子草花三品说》一文中他将水木樨和指甲花同列为中乘妙品，《四时花纪》同时收录水木樨和指甲花，这些足以说明高濂认为水木樨和指甲花是两种植物。《四时花纪》云："指甲花，生杭之诸山中，花小如蜜色而香甚。用山土移上盆中，亦可供玩。"这当然是散沫花。又云："水木樨花，花色如蜜，香与木樨同味，但草本耳，亦在二月分种。"明确说水木樨花是草本植物。但是他随后又加了一个莫名其妙的小注："一名指甲，用叶捣，加矾泥，染指红于凤仙叶。"搞不清楚他是想说水木樨有草本和木本两种，还是他认为指甲花（散沫花）应该是草本。忽略这个注释，《遵生八笺》的"水木樨花"就是草本水木樨的最早记录了。

明末清初曹溶（1613—1685）《倦圃莳植记》两次提及草本的水木樨，在谈论桂花的章节中特意讲到草本的水木樨："（桂之外）别有草本一种，名水木樨，春间分种，花色如蜜，香味不减。”在总论《论花第三》中又说：“草花以玉簪为冠，金宣次之，水木樨又次之，三种皆有香者。”显然，《倦圃莳植记》中的水木樨就是《遵生八笺》中的水木樨花。

年长曹溶一岁的陈淏子，他在《花镜》中对水木樨的描述，完全是对前人记录的综合，由高濂的“花色如蜜，香与木樨同味，但草本耳，亦在二月分种”（草本水木樨）、嵇含的“枝条柔弱，叶如嫩榆”（指甲花，散沫花）、王济的“五六月开花，细而正黄，颇类木犀，中多须药”（指甲花，散沫花）组合改写而成，看似细致完备，然而却是绝对错误的。据此可以推测，陈淏子大概没见过水木樨，无论是草本的还是木本的。

清代雍正乾隆朝高官邹一桂擅长工笔花卉，著有一部《小山画谱》。为了帮助绘画的人鉴别和画好花卉，《小山画谱》还详细记述各种花卉的形状特征，其中就有水木樨：“水木樨，草花，丛生。枝柔弱，叶细狭而尖长。花如豆花，黄色，浅深相间，微柄绿蒂，生于叶间，蒙茸茂密，香甜静。”很明显，与高濂和曹溶的文字相比，邹一桂的描述增加了很多视觉上的细节特征，这对于我们鉴定植物很有帮助。

现在，关于草本水木樨有两种可靠的记载，一种来自高濂和曹溶，一种来自邹一桂，植物特征如前所述，这里不再重复。至此之后的说法，都不过是重复这两种或者陈淏子的那种错误表述。

黄凤仙

邹一桂经常把画作进呈给喜好风雅的乾隆皇帝。作为现存诗歌数量最多的诗人，乾隆收到邹一桂的花卉画作，当然要在画作上题诗，其《御制诗集》就收录有四组涉及水木樨的题画诗。从组诗题目一看就知，这些诗都题在邹一桂进呈的画册上，其中有两首标题为《水木樨》，一首在《题邹一桂花卉册》组诗中，另一首在《题邹一桂花卉小册》组诗中。这个发现让我精神一振，极力在网上寻找邹一桂的花卉画册，希望能找到他画的水木樨。功夫不负有心人，终于找到一幅有水木樨的邹一桂花卉册页，该册页出自台北故宫博物院。

此册页上画了三种花卉，每种花卉上方有乾隆题诗，依次正是《题邹一桂花卉小册》组诗中水木樨、石竹和僧鞋菊三首。水木樨诗为：“花与清香都似桂，离离开夏弗开秋。其间奥旨须深识，木本刚而草本柔。”题诗下俨然画着两枝凤仙，披针形叶，橘黄色花生于叶腋，为唇形花，唇瓣和旗瓣很清楚，细柄绿萼，

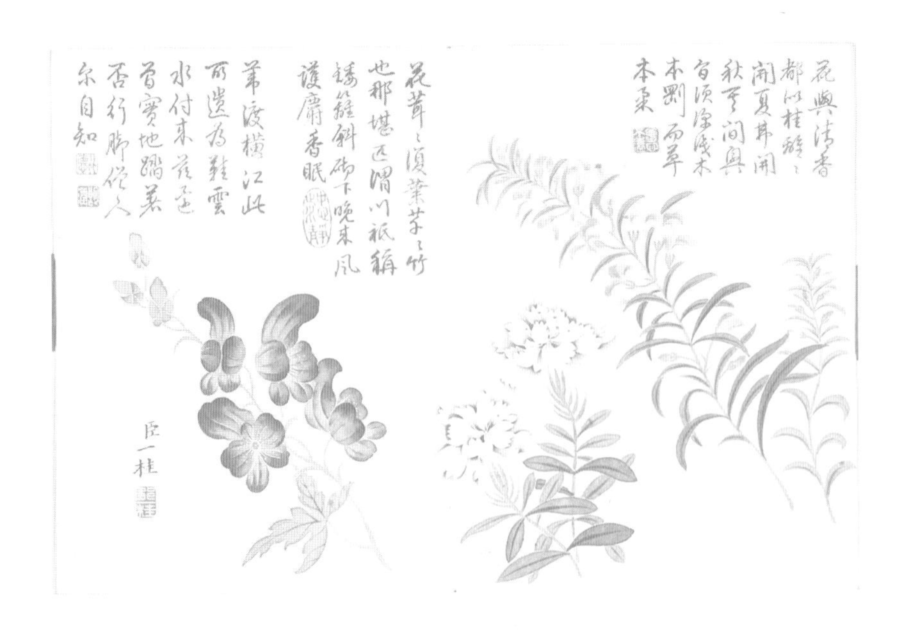

图 23　邹一桂花卉册页（台北故宫博物院藏），右为水木樨。

即《小山画谱》所言“枝柔弱，叶细狭而尖长。花如豆花，黄色，浅深相间，微柄绿蒂，生于叶间。”至于“蒙茸茂密，香甜静”，画面上看不出来。总之，邹一桂所画的水木樨与他在《小山画谱》里的文字是完全一致的。

我国凤仙花属植物已知220余种，其花色涵盖《群芳谱》所言“红、紫、黄、白、碧及杂色”。我国古代广泛栽培供观赏和药用的只有一种，学名就叫凤仙花（*Impatiens balsamina* L.）。根据《中国植物志》介绍，这种凤仙花的花色为“白色、粉红色或紫色”，并没有黄色。然而其他植物特征完全符合《小山画谱》的描写。凤仙花为唇形花，有唇瓣和旗瓣，花单生或2—3朵簇生于叶腋，花梗长2—2.5厘米，有绿萼；更重要的是，花梗密被柔毛，花萼被柔毛，子房和蒴果也都密被柔毛，这正是《小山画谱》所强调的“蒙茸茂密”。

江南地区（安徽、江苏、浙江一带）有一些开黄花的野生凤仙花属植物，如水金凤（*Impatiens noli-tangere* L.）、牯岭凤仙花（*Impatiens davidii* F.）、管茎凤仙花（*Impatiens tubulosa* H.）等。但是这些凤仙花属植物与常见的凤仙花植株外形差别挺大，并不像邹一桂画的水木樨。吴其濬似乎见过云南的水金凤，他在《植物名实图考》里说：“水金凤，生云南水泽畔。叶、茎俱似凤仙花，叶色深绿……夏秋时叶梢生细枝，一枝数花，亦似凤仙，而有紫黄数种，尤耐久。”吴其濬也只是说水金凤像凤仙花，言外之意，不认可它是传统的凤仙。但是也不排除《凤仙谱》里的黄花品种有可能是类似的野生凤仙品种。

查看古人有关凤仙花的记载，从历代吟咏凤仙花（宋人称金凤华）的诗中可以看出，凤仙花的花朵主要是红、白、紫三色或杂色，如唐吴仁璧《凤仙花》“香红嫩绿正开时”、宋欧阳修《金凤花》描写雨后落花的“狼籍深红点绿苔”、文同《金凤花》“红白纷乱如点缬”、杨万里《金凤花》“雪

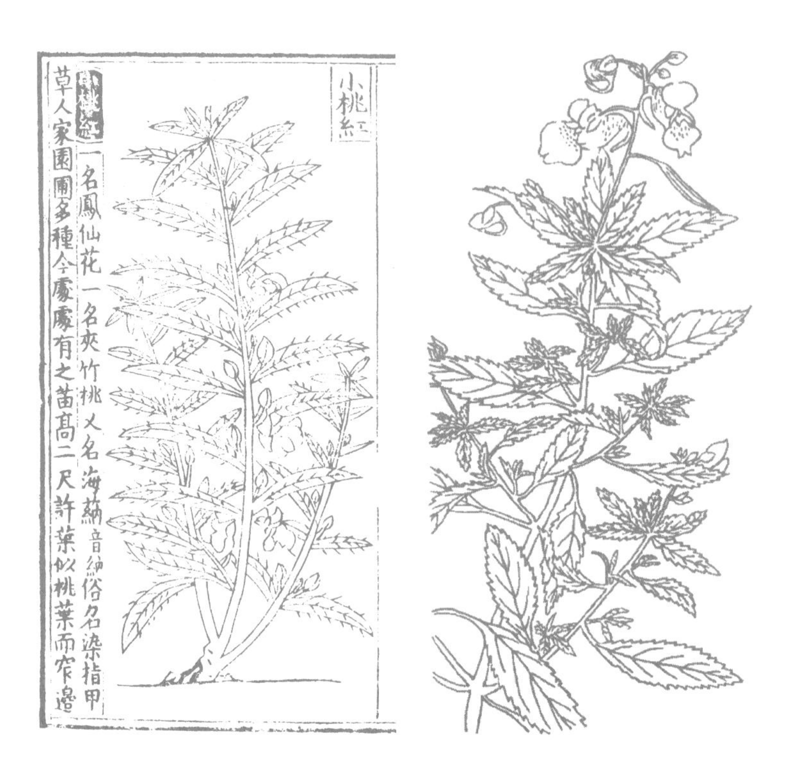

图 24　（左）小桃红（《救荒本草》）和（右）水金凤（《植物名实图考》）。

色白边袍色紫，更饶深浅四般红”等等。这正是凤仙花的花色，可见我国从唐代开始，就已经广泛栽培这种凤仙花了，因为常见，诗人才会时时吟咏。

记录黄凤仙品种的主要是杂著、纪事和地方志之类的书籍。南宋谢维新撰《古今合璧事类备要》声称有多种花色的金凤花：“花数品，或白，或碧，或黄，或紫，或绀，或粉红色。”王象晋《群芳谱》载凤仙花色：“色红、紫、黄、白、碧及杂色，善变，易有洒金者，白瓣上红色数点，又变之异者。”可知宋代确实有黄凤仙了。乾隆时期刊刻的《澎湖纪略》《台海见闻录》也都说凤仙有开黄花的。

然而值得提醒的是，载有草本水木樨的《遵生八笺》《花镜》《小山画谱》也同时记载了凤仙花，《遵生八笺》“金凤花”条：“有重瓣、单瓣，红、白、粉红、紫色、浅紫如蓝，有白瓣上生红点凝血，俗名洒金，六色。”《花镜》“凤仙花”条：“有重叶、单叶、大红、粉红、深紫、浅紫、白、碧之异。又有白质红点，色如凝血，俗名洒金。”《小山画谱》“凤仙”条：“色红、紫、粉红、白、洒金俱备。”在这些记录中，凤仙仍有多种花色，但就是没有黄色。

仔细体会这其中的差异，心里会升起一种强烈的感受——《遵生八笺》《花镜》《小山画谱》中的水木樨很可能就是那失踪的黄色凤仙花。如果真是这样，古人对水木樨的逻辑就很好理解了。木本的水木樨特指开黄色花的木本指甲花（散沫花），草本的水木樨也就相应地特指开黄色花的草本指甲花（凤仙花）。之所以把黄花品种提出来另取名字，主要原因就是罕见。物以稀为贵，再加上古人视黄色为尊贵的颜色，所以才给珍稀的黄花品种特别的待遇。

至于黄色凤仙花取名水木樨，一是花色和清香近似木樨，再就是凤仙花开时正值多雨的夏天，所以凤仙被古人作为雨季物候的征象，如《田家杂占》《花史》皆云“凤仙五月开花，主水”，二者合起来即水木樨。还有一个可能，就是凤仙花本来就喜欢生长在潮湿的环境，不过是否如此我并不清楚。

通常栽培的凤仙花开白色和红色基调的花，然而《安徽植物志》第3卷（中国展望出版社，1990年）说这种植物：“花大而美丽，通常粉红色，也有白色、红色、紫色或淡黄色。”凤仙花的花色易变（古人所以称之为“仙”也有这方面的原因），说明控制花色的基因不稳定，很有可能变异出黄花基因来。无论是凤仙花发生特定的基因变异，还是辛苦移植野生的凤仙花属植物，这样的黄花凤仙总是非常罕见的。

清代著名医家赵学敏（约1719—1805）著有《凤仙谱》，记录了几个品种的黄花凤仙，比如宋代曾种植于御园的黄玉球：

> 黄玉球，出徽州，或云此本马塍（地名，今杭州余杭区，宋代以产花著名）遗种，宋时取自汴中，种于御园，后渐失散。今询之马塍艺花人，不复知此品矣。吾乡丰家兜黄氏有其种，秘不与人。丁未，予馆临安，闻化隆张氏有其种，遣使索之，仅存其一，爱莫能分矣。将乞其种子，是年亦绝，故终未及见。何子蕙曾见之，云花如棣棠，作正黄色，质理亦疏朗，入秋，不闻其能华，想亦未为神品。要之，备色自不可少。

曾经种植在皇帝御花园里的黄凤仙最后逐渐失传了，即便是种花人也不再知道这种花。号称有此花者，却秘不示人。听说外地有，赵学敏派使索求，却被告知只存一株，准备求种子，最后又被告知花死了。这对于从事凤仙花研究的赵学敏来说，该是多么惆怅啊。其实平常的凤仙花非常好栽培。陈淏子说过，凤仙花种子落地就能长出来，冬月严寒，种在火坑里也能长出来，“乃贱品也”，是一种非常好养的花。如果赵学敏的记录没有夸张，黄玉球这种黄凤仙，失传也好，灭绝也罢，要么是偶尔变异出来的黄花基因极不稳定，无法繁殖培育下一代，要么是野生品种水土不服，离开原来的自然环境就无法生存。

像乾隆这样爱好风雅且又精力充沛的皇帝，要是知道水木樨花罕见，大概也要弄到手欣赏，留下自己的诗作。然而从乾隆有关水木樨的题画诗可以推知，他只见过邹一桂画的水木樨花，并没有见过真花。从《题邹一桂花卉册》组诗中的《水木樨》可以看出，乾隆对邹一桂画的水木樨也不是没有怀疑。其诗云："小山一种分根水，不粟而花香却微。名色何曾有定论，无过芳谱志依稀。"首句中小山即邹一桂，第二句说水木樨的花不像桂花那样细碎（桂花常被喻为金粟），香气也微弱，后两句更有批判性，说水木樨的名字和颜色根本就没有定论，只不过芳谱依稀有记载罢了。对水木樨的这个认知，无论是乾隆自己看书得来的，还是邹一桂告诉他的，都说明乾隆朝的人们已经不清楚水木樨是什么植物了。

这样，《植物名实图考》"水木樨"条的文字说明和配图也就很好理解了。《植物名实图考》"水木樨"条的文字非常简单，全部引自《花镜》，并无更多评论，不像他在其他条目中总是有自己的评论或按语。说明吴其濬对水木樨是何植物并无切身认知，也说明水木樨已经失传。他可以从文献中了解到水木樨是指甲花，然而他应该没有见过生长在杭州山里的指甲花（因散沫花并不常见，他也没有在江南任职的履历），但是肯定见过到处都有种植、别名为指甲花的凤仙。实在没有办法，他只能抄袭《花镜》的文字，配上凤仙花的图，心虚不多言。

回到本节最开始的议题。众所周知，凤仙花通常没有什么香味，正如乾隆诗中抱怨的"香却微"，再加上叶子没有香气，凤仙花不可能被称作香草。更何况凤仙各处均出，无任何证据说凤仙是杭州特产，所以黄凤仙也绝非汪绂所说的有"杭州香草"或"芸香"之称的水木樨。

柳穿鱼

至于高濂、曹溶所说的水木樨，特征有二：花色如蜜，香似木樨。近代学者张宗绪认为《遵生八笺》中的水木樨花是柳穿鱼，太湖西南湖州俗语就称柳穿鱼为水木樨（《植物名汇拾遗》，1920 年）。

查《浙江植物志》等书可知，柳穿鱼是玄参科多年生草本植物；茎直立，单一或上部分枝，高 20—80 厘米；叶多互生，狭披针形；总状花序顶生，花多数，二唇形，花冠黄色或橘黄色，有距，长约 1.5 厘米，花期 6—9 月。分布于东北、华北等地，全国各地常有栽培。还有开紫色花的其他柳穿鱼属植物。不管怎么说，淡黄色或橘黄色可谓“花色如蜜”，又是多年生草本，所以可以“二月分种”。然而柳穿鱼和凤仙一样都是观花植物，花没有明显香气，谈不上“香与木樨同味”。

民国徐珂编纂的《清稗类钞》记录有柳穿鱼：“柳穿鱼为多年生草，产海岸沙地，茎不盈尺，恒欹斜。叶椭圆，两端皆尖，无叶柄，茎叶皆附白粉。夏开唇形花，淡黄色。”并没有说柳穿鱼花有香气。

在更早的文献记录中，柳穿鱼是开红色、紫色或淡蓝色花，实际上是一种原本叫“二至花”的藤本花卉。明周文华《汝南圃史》有记录：“二至花，枝柔叶细。《姑苏志》：‘葩甚细，色微绀，开于夏至，敛于冬至，故名二至。又曰如意花。’或呼为柳穿鱼，以其枝似柳，而花似鱼也。唯姑苏最多，有结成楼台鸟兽以求售者。”明末《致富全书》则将柳穿鱼和二至花单列：“柳穿鱼，葩甚细，色微红。谓之柳穿鱼者，盖其枝似柳而花似鱼也。”“二至花，枝柔叶细花耐久，开于夏至，敛于冬至，故名。”陈淏子把这两种花又重新揉成柳穿鱼，放在《花镜》中的藤蔓类。《小山画谱》明确说柳穿鱼是木本：“木本，低小。叶如垂柳，花穗下垂，一枝百朵，粉色，如贯鱼状，花三瓣，中红外白。” 近现代画家江寒汀《江寒汀百鸟百卉图》有两幅柳穿鱼的花鸟图，柳穿鱼是一种开淡蓝色花的藤蔓，注云：“柳穿鱼，

图 25　左为田世光绘的柳穿鱼（玄参科柳穿鱼），右为江寒汀绘的噪麻和柳穿鱼（学名未知）。

产江浙间山中，三月开紫白二色花，如紫藤花仿佛。”然而我还没有查出这种藤蔓植物的学名。

《小山画谱》同列水木樨和柳穿鱼，其水木樨已知是凤仙（凤仙花单生或 2—3 朵簇生于叶腋，而柳穿鱼是总状花序生在枝顶，差别明显），柳穿鱼又是藤本二至花，可见乾隆时期的邹一桂并没有认为水木樨是开黄色花的柳穿鱼。

即便高濂《遵生八笺》水木樨花和近代湖州地区俗称的水木樨就是玄参科的柳穿鱼，那它们也只是一种观花植物，就像黄凤仙一样，不可能是有“杭州香草”或“芸香”之称的水木樨。更何况藤蔓类的柳穿鱼（二至花）流行于姑苏城苏州，而不是杭州。

草木樨

清代镇江产水木樨。乾隆《镇江府志》卷 42“物产”云“水木犀，其花大类木犀，颇香，而不甚远”，对水木樨的描述与高濂、曹溶所言有所不同，大类木犀应该理解成花朵很像木犀，然而它的香气传不远，不如芳香致远的桂花。当然，这里的水木犀可能是木本的散沫花，不一定是草本的水木樨。

镇江府辖县丹徒可能是水木樨的具体产地。光绪《丹徒县志》卷18“物产”有记：“水木犀，其花大类木犀，颇香，而不甚远（《康熙志》）。案：此花近人不知，不辨为草为木。《群芳谱》云‘水木犀四月开花’。今江岸有一种草，状似扫帚而叶稍大，每枝三叶如豆叶，霜降始抽茎开细黄花，一茎数十朵，绝似木犀，嗅之甚香而不及远，疑即此种，但花时与《群芳谱》不合耳。”

很显然，康熙时就有丹徒县出水木樨的说法。然而县志编撰者的按语也说得很清楚，水木樨当时已经失传，没人知道它是草本还是木本植物。随后编撰者详细描述一种霜降时开花的江边草，猜测它就是失传的水木樨。根据县志描述，这种江边草“状似扫帚而叶稍大，每枝三叶如豆叶，霜降始抽茎开细黄花，一茎数十朵，绝似木犀，嗅之甚香而不及远”，毫无疑问就是草木樨。只是我国草木樨属植物似乎都是夏天和秋天开花，霜降时才开花的——我没有看到这样的记录。不管丹徒有没有这种秋后开花的草木樨，这段文字都说明草木樨和人们心目中的水木樨在形象上应该相近。

康熙时期开始修撰的《盛京通志》记录东北物产有一种花：“水桂花，细碎而香，淡黄色。”水桂花即水木樨。原产于热带地区的散沫花应该熬不过寒冷的东北天气，此水木樨显然应该是草本的。并且它的花细碎而香，也不可能是黄凤仙，只能是草木樨，而东北也的确产草木樨。鉴于名字以及植物形态描述上的相似性，可以认定乾隆《镇江府志》和康熙《丹徒县志》中的水木犀就是《盛京通志》中的水桂花，即草木樨。

草木樨别名辟汗草，因为民间女子常在发髻中插戴草木樨辟汗，如吴其濬《植物名实图考》所记："辟汗草，处处有之。丛生，高尺余，一枝三叶，如小豆叶，夏开小黄花如水桂花，人多摘置发中辟汗气。"辟汗其实就是用草的香气掩盖汗臭。陈淏子《花镜》也提到了江浙妇女簪戴辟汗草的习惯："醒头香，亦名辟汗草，出自江、浙。开细小黄花，有似鱼子兰，而香劣不及。夏月汗气，妇女取置发中，则次日香燥可梳，且能助枕上幽香。"还有程瑶田《释草小记》也说"女人束之（草木樨）发髻下以解汗湿者也"。可知江南民间妇女有簪戴草木樨的习俗，与簪戴散沫花同理。

虽然开黄花的散沫花和草木樨在植株外形上迥然有别，但是它们的黄花都细碎如木樨，又都有簪戴于发髻香身辟臭的用途，古人很有可能混淆这两种植物，导致它们都有水木樨之名。

如果水木樨的确就是草木樨，也很有必要讨论一下"水"与草木樨的关系。虽然草木樨是一种耐碱性及耐干旱的植物，很适应贫瘠土壤。但如果可以选择，草木樨还是更愿意生长在潮湿环境。《浙江植物志》说黄香草木樨"生于较潮湿海滨及旷野上"。车俊义《陕西麦田杂草识别与防除》则说草木樨"全省分布，以滩地和较湿润的山地较多"。王秉衡《重庆堂随笔》记录的省头草（草木樨）就喜欢"生江塘沙岸旁"。我在北京奥林匹克森林公园找到的野生草木樨，也都是在水边湿地。可见不管南方北方，草木樨都是喜欢生长在水边的，这也许就是草木樨有水木樨别名的一个原因。

明末清初彭孙贻有一首《水木樨》诗，绘声绘色地描述了女子头戴水木樨的情形："水木樨开香满头，花奴菊婢尽风流。微飙不惜珍珠坠，辟暑长看冷翠收。黄吐犀梳云畔月，凉生兔杵树中秋。何须金粟堆边去，到处闲葩绕成楼。"我认为这里的水木樨应该就是草木樨。"黄吐犀梳云畔月"描写发髻簪戴黄色花枝如犀梳吐黄，如云边月，这对于黄散沫花和草木樨都是成立的，但是“辟暑长看冷翠收”更像草木樨，因为妇女簪戴草木樨就是“辟汗”（《植物名实图考》）、“解汗湿”（《释草小记》），而簪戴散沫花只是为了香气。更有说服力的是“到处闲葩绕戍楼”句，这不可能是散沫花。散沫花只能栽培于南方热带地方，而草木樨除了在吴越之地，还能在西北、东北等地野生，是一种常见的野生植物。只有草木樨才能像野花一样环绕边地的瞭望楼。

前引彭孙贻诗云“蛮娘蛋妇髻如雪，笑杀吴侬水木樨”是说头戴茉莉的妇人大声取笑戴水木樨的人。散沫花不输茉莉花，不至引人嘲笑，只有插戴吴地常见野草草木樨，才会被戴茉莉的人“笑杀”。

草木樨的香气微弱，只有晒干后才有香甜之气，又只是一种生长在荒郊野地的野草，远不如木樨香远高贵。然而吴其濬把辟汗草（草木樨）放在《植物名实图考》中的芳草类，江浙人称草木樨为醒头香、省头草，安徽人称其为草木樨，这些都说明人们认可草木樨是一种香草。然而，这就能说明草木樨就是杭州香草吗？

汪绂说水木樨是杭州香草和芸香草，西湖花隐翁陈淏子在《花镜》中记录的水木樨和醒头香曾被学者认为是草木樨，在《遵生八笺》中记录水木樨花的高濂，以及说芸草“江南极多”的沈括都是杭州人，等等，这些有关芸草和草木樨的资料都跟杭州有点或远或近的关系，所以某年初夏我专程去了一趟杭州寻找草木樨。在西溪湿地细雨中的木栈道上摔了个大马趴之后，终于在一处堤岸上发现了一个草木樨的小群落，但是尚未开花，我既高兴又失落。后来我又骑着共享单车在杭州城外巡视，皮肤被烈日晒得像几近熟透的小龙虾，就在绝望得几乎要放弃的时候，我在马路边一块农家搬迁之后的荒地上发现很多开着小黄花的草木樨。这些兀自迎风招展、花朵细小的草木樨，设若骑车速度稍快，距离远上那么几米，那些本来不起眼的黄色花穗恐怕就会隐身到一片绿色中。

这貌不惊人的草木樨真是杭州香草吗？

为了验证草木樨子是否可以带出眼中杂物，我也曾经用水浸泡草木樨子，没有浸泡出什么特殊的东西来，我又把几粒草木樨子直接放进眼睛，也没观察到草木樨子有裹挟异物的能力。《本草纲目》说罗勒种子放进眼睛，就会湿胀，生出一层胶膜，可以用来带出眼睛中的尘芒。难道种子别称为兰香子、光明子的罗勒才是汪绂说的杭州香草和芸香草？草木樨与罗勒植株外形相差极大，不太可能混淆，它们唯一的共同点，或者说可能混淆的地方，就是它们都有省头草、醒头香、零陵香这样的地方别名。

尾声

某日偶然翻看鲁迅的《朝花夕拾》，看到《阿长与<山海经>》中的“我那时最爱看的是《花镜》，上面有许多图”一句，好似醍醐灌顶，随即想到古本《花镜》可能有水木樨的插图，于是赶紧在网上搜寻，很幸运地找到了文治堂刊刻的《秘传花镜》六卷并图，其中就有我最感兴趣的水木樨、指甲花和凤仙。凤仙有锯齿状对生或互生叶，虽然没有画叶腋间的花，也算传神了。指甲花画得既不像散沫花也不像凤仙，两根花梗直立于丛生的歪斜枝条根部，一团小花呈球形聚在花梗，非草非木的，就像想象中的植物。水木樨有三根直立的茎，茎端各有一簇花，花为四瓣或呈蝶形，完全不像草木樨那样小花在花穗上形成长长一串。然而令人欣慰的是，这个“身份不明”的水木樨有草木樨那样的羽状三出复叶！

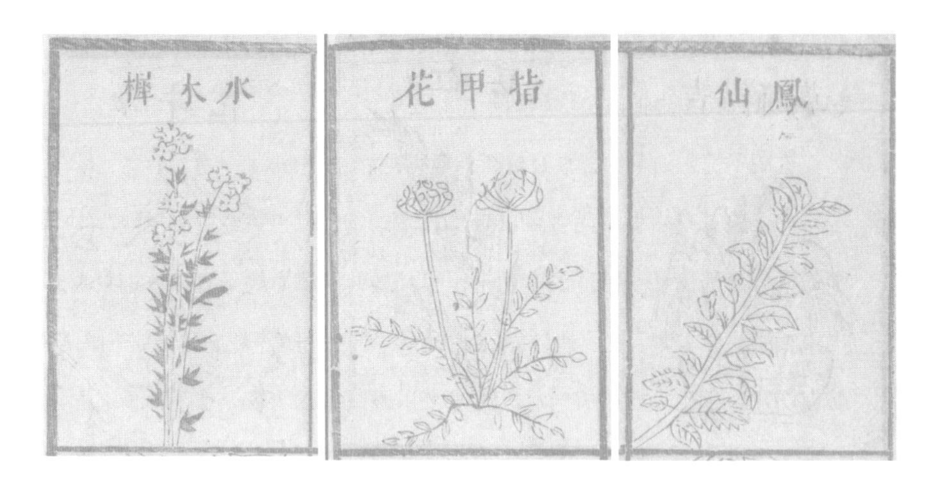

图 26　文治堂本《秘传花镜》中的水木樨、指甲花和凤仙。

南宋《格物粗谈》说水木樨可以染指甲，明代风雅之士种植和歌咏过水木樨，然而清初学者已经搞不清水木樨为何物，乾隆朝水木樨已明确失传。后人猜测水木樨是开黄花的散沫花、黄凤仙和草木樨，甚至还有学者说是柳穿鱼。考据来去，现在我也不知道水木樨是什么植物，只知道它就像某种倏忽出现，又倏忽消失了的神秘植物，“水木樨”不过是它金蝉脱壳后留下的一个空壳。

杂书馆和草木樨地方名

从文献上看到民国时期《江苏植物名录》（祁天锡著，钱雨农译，中国科学社，民国十年［1922］刊行）中草木樨有“香草木樨”名，于是很想查阅此条目下是否有更多细节。中国科学院文献情报中心和国家图书馆均无此书（我可是在这两家图书馆办了借书证的啊），反而是小小的公益图书馆“杂书馆”有，不知道这算是幸运还是讽刺。

兴冲冲在网上预约了借阅日期。几天后坐 15 号地铁半小时就到了马泉营，出站看到唯一的一辆小黄车被人锁上了，边上有黑车招徕。看地图也就 1 公里多的路，走过去也不算远，权当春游。到了红厂设计创意产业园，照着门卫的指示，就可以找到几座围在一起的办公楼。其中一栋三层楼，一层中间某扇窗户被人穿墙打洞凿出了一扇门，简陋的铁皮防盗门上有一面黑底金子的匾额——“杂书馆”，就是这了。也不能说没有一点失落，但我毕竟是来查资料的，可不是来拍照打卡的，虽然我也拍了几张大楼的照片。

国学馆工作人员接过我的身份证核查预约情况，然后当头浇我一盆冷水：“你这是预约了新书馆，不能在这里借阅。”又告诉我今天国学馆的预约名额已经满了，而且我想借阅的这本书也只有前 50 名预约者可以借阅。总之我明白了，这次白来了。她又劝慰我说：“你可以登记到楼上参观。”我说我是来查阅这本书的，拒绝了她的好意。

然后忙别的事，半月后才有空再次来到杂书馆。我是快十点半到的，验证存包，填写借书单。书不外借，只能在阅览室看，书桌上小牌子有三行提示：

手机请静音

请勿拍照，欢迎抄写

本馆书籍仅限馆内阅读，请勿带出馆

书桌上整齐摆放着供抄写用的铅笔和信纸，我自己带了笔记本和签字笔。等了大约七八分钟，随着一阵下楼的脚步声，书就送过来了，这速度比国图快很多。书包在塑料袋中，有些黄旧但是干净，并无明显的污损，只是后面几页有些脱落。赶紧翻到第 81 页豆科草木樨属，结果“*Melilotus* 草木樨属”只有三条拉丁文和中文名录，此外再无更多的文字说明，如下：

1. *M. alba*, Desr.	白草木樨	上海
2. *M. officinalis*, Lam.	香草木樨	
3. *M. parviflora*, Desr.	郎日巴花	江阴

对此我也有心理准备，并不失望。何况得知草木樨还有郎日巴花之名，这也算一个收获吧。虽然也知道这郎日巴大概是外来名词的音译，不一定有多大用。只是不知道后面两个地名是指植物产地还是中文名的来源之地。

又翻到前边读祁氏前言和钱氏翻译附志，觉得有一些参考价值，且文字不多，干脆抄到笔记本上。不急不慢地抄写了大约 40 分钟，两页多文字也对得住来回一个小时的地铁了，并不觉得累。

祁氏前言介绍了此名录所依据的书籍和资料来源，目录编订次序的考虑，以及中文翻译相关的情况等，对我来说并没有太多用处。钱氏翻译附志讲到了植物名称翻译中的问题，很有价值，附志全文如下：

> 此名录为东吴大学祁天锡教授所编集，江苏一省所有植物略具于是。所参考之书，类皆名人之作，切实可信者也。祁君先已刊印单行小册，今修正重印，属余为之订正中名。惟中国植物之已有名者固多，而无名者亦不少，已有名者名复不一。今将植物之仅有一名者，则记其原名，一植物而有数名者，则用其名之典雅而通行者，余均废弃之，或皆弃而不用。凡植物之本无中国名字者，则依其形态性质或本其学名之意义而拟一新名，其无名义可寻者则暂付阙如。初刊之小册，于植物之各科下均有英文注释，以记各科之性质状态，今皆译为中文，检查表亦中英并列以期用时之便利。各植物所采得之地名，亦皆译为中文。

本草学或植物学中一物多名和一名多物的现象非常多，不可避免地引起各种混乱和矛盾，当然有必要通过科学的方法来给各种植物修订不宜混淆的学名。钱氏附志说的是他修订《江苏植物名录》中植物中文名的原则。

以此来考察钱氏拟定的三个草木樨中文名，前两个应该属于植物有多个地方名（谢宗万和余友芩编撰的《全国中草药名鉴》收有草木樨各种地方名40余个）。只是因为这些地方名不够典雅，而且也并非大范围流行，所以钱氏以草木樨中文名为词根，根据这两种草木樨的植物形态或拉丁学名重新拟定了两个中文名。根据拉丁文 alba（labus）的铅白之义定为白草木樨，根据officin的药房之义定名香草木樨(台湾地区定名为药草樨,更符合拉丁名本义)。第三个中文名郎日巴花大概是 *M. parviflora*, Desr. 当时已有且唯一的中文名，所以钱氏把它保留下来，并没有根据 parviflora 的小花之义把它译成小花草木樨。后来查到郎日巴花也是台湾地区的叫法，怎么流传到大陆这边来的不太清楚。台湾音乐人狗毛是我老友，他自己以及他的台湾朋友也都不清楚郎日巴到底是什么意思。台湾地区杨恭毅撰著的《杨氏园艺植物大名典》说“此是以花株性状形象名之”，那么郎日巴应该是描述草木樨花株的某种特征属性的一个词，具体什么特性只能暂时存疑了。

郎日巴花这个词地域性明显，并非各地通用，后来的植物学家更愿意将 *M. parviflora*, Desr. 称为小花草木樨。五六十年代的植物学家则更倾向于把上述三种草木樨分别译成白花草木樨（或白香草木樨）、黄花草木樨（或黄香草木樨）和小花草木樨，三个中文学名取得了一种对称和平衡。在 1988 年出版的《中国植物志》中，这三种草木樨又变成白花草木樨、草木樨和印度草木樨。其中草木樨包括东亚产的 *M. suaveolens* Ledeb.（香草木樨，在《江苏植物名录》中被指认为 *M. officinalis*, Lam.）和 欧洲产的 *M. officinialis* (Linn.) Pall.（黄香草木樨，黄花草木樨，台湾地区译为药草樨），这两种草木樨实无明显区别，故合为一种。从科学性上说，拟定的中文名总归是越来越准确了。

然而为了追求科学性和准确性，把那些看起来不够文雅、也不够准确的地方名统统摒弃而不提，似乎也不是一种好的做法。一个地方名，或多或少总能提供这种植物的一些信息，这些信息可以为植物名物考证提供旁证。

20 世纪各省市出版的中草药书籍收集有草木樨的各个地方名，这些地方名加起来达数十个之多，绝大多数地方名被谢宗万和余友芩编入《全国中草药名鉴》中。对这些地方名做一些简单的分析，足让我们确信草木樨就是文献中的芸草。

草木樨以苜蓿命名的地方名最多：臭苜蓿（陕西、内蒙古），野苜蓿（黑龙江、吉林、陕西、浙江），野木樨（黑龙江、山东，木樨与苜蓿谐音，以下同），臭苜蓿根（陕西、湖北），菔萩（商县，与苜蓿谐音），马苜蓿（甘肃），洋苜蓿（甘肃），木樨草（湖北、沂山），草苜蓿（安徽），草木樨（江苏如东），天蓝楷（江苏），天蓝杆（江苏启东）等。最后两个地方名应该来自天蓝苜蓿。据《安徽中草药》（安徽人民出版社，1975年）一书可知，草木樨直接就有土名“苜蓿”。这些名字强烈说明草木樨植株最主要的特征就是跟苜蓿相像，这正是《说文》所言芸“似目宿”。

反映草木樨气味芳香的地方名有：臭苜蓿（陕西、内蒙古），臭老汉（陕西商县）、香马料（黑龙江），蓼香棵（山东沾化），芫香（上海），臭草（江苏射阳），山树兰（厦门）。而且这种香草还被妇人用来香身：辟汗草（湖北、陕西、贵州），省头草（黑龙江、上海、浙江、安徽），醒头草（安徽）。这当然符合人们对芸草的期待。

最关键的是草木樨的这两个地方名：臭虫草（西南），鸡虱子草（四川）。这两个土名说明西南地方的人们有用草木樨驱杀臭虫和鸡虱的习俗。

另外我注意到了只有两个地方名强调草木樨的黄花特征：黄花草（江苏、安徽），金花草（陕西）。这说明黄色花实在不是草木樨引人注目的特征。这大概也可以从某个侧面说明何以魏晋时期的两篇《芸香赋》没有描述芸香的花。

以马饲料命名：内蒙古称草木樨为马层子或马秦，义为马的饲料。另外，陕北呼麻前，音同马层子或马秦。

另据《上海常用中草药》（1970年）记载，上海草木樨有鸡头花草之土名，然而草木樨花与鸡头形态差异很大，此名或有讹误。

草木樨在欧洲

小姐，为什么送我这些

甜罗勒和草木樨？

他们所象征的爱情和健康

从不并存于同一个花环上。

——雪莱《给艾米莉亚·维维亚妮》

草木樨有两个原产地，除了包括中国在内的亚洲，另一个原产地是欧洲，主要在地中海区域和东欧。很早以前欧洲人就注意到草木樨这种植物，公元前6世纪的古希腊女诗人萨福，在一首怀念女友的诗中就提到了原野上的草木樨，这大概是欧洲最早有关草木樨的文献了。在诗中萨福把嫁去远方的昔日女友比作群星环绕的月亮，她光芒四射，照射到咸海以及繁花盛开的原野：

以及繁花的原野，那里可爱的

露珠横陈，玫瑰

献艳，细叶香芹和草木樨盛开

通常来讲，草木樨花朵细小，远不如玫瑰的鲜艳花朵、细叶芹的白色伞状花序显眼，十几米外看就会隐藏在绿色之中，除非是大片的草木樨花田。

萨福专门提到这种外表普通的植物，有什么道理呢？

有学者评论说，原野上的露珠以及玫瑰、香芹和草木樨这些花，在西方语境中象征着女性的情欲，萨福以此描写来刻画自己对远去女友的渴望和同性之爱。然而草木樨与女同性恋发生关联是很晚的事情。根据19世纪约翰·梅苏（John Mesué）医生的说法，女同性恋“源自哺育期妇女食用芹菜、芝麻菜、草木樨叶和酸橙树的花。当她食用这些植物，然后给她的小孩喂奶，它们会影响到乳儿的阴唇，产生一种乳儿将背负终身的渴望”。在萨福生活的古希腊，并没有这样的离奇说法。

其实，草木樨的特别之处从草木樨的古希腊文就可以看出来。

甜三叶草和蜜源植物

从草木樨的古希腊文来看，欧洲人最早是通过蜜蜂或蜂蜜来认识草木樨的。草木樨的古希腊文 μελιλωτος（melilotus）由两个词根组成，μελι（meli）是蜂蜜之义，λωτος（lotus）是莲花之义，前者说明古希腊人早已注意到蜜蜂非常喜欢采集草木樨的花蜜，后者大概是指草木樨的黄花与莲花的黄蕊相似。草木樨花多而密，花期长，蜜腺发达，蜜质良好，是优良的蜜源植物（honey plant），显然古希腊人明晓这一点，才会给草木樨取这样的名字。

草木樨也有诸多英文别称，最常见的是 sweet clover，翻译成甜三叶草或甜苜蓿。得名不知是因为草木樨具有一种香甜的气息，还是因为它是一种蜜源植物。

我看过一些讲述养蜂的书籍和资料，养蜂人往往会提到蜜蜂对草木樨花蜜的迷恋。《中国蜂王》提到养蜂人在内蒙古放蜂："草木樨开花的时候，空气中弥漫着一种特异的香味，招惹得蜜蜂十分兴奋。" 在新疆戈壁滩放蜂的陈渊也描述过草木樨对蜜蜂的强烈吸引："我蜂场前有十多公顷草木樨，到 6 月 20 日繁花满枝，香气扑鼻，蜜蜂如痴如狂争相奔采。"为此还写下过"草木樨上蜂若狂""群蜂恋采草木樨"之类的诗句（《蜜蜂杂志》，2014 年第 6 期，第 29 页）。苏联作家瓦·阿·苏霍姆林斯基《关于人的思考》描述了少年在自然科学实验中的发现："第一次向植物世界进军获益匪浅，并有新的发现。我们看到，所有的蜜蜂，不管它们在哪里采蜜，都在寻找几种野草。这几种野草中占首位的是一种不显眼的植物草木樨，在我们这一带它被人们当成杂草。"

我当然不怀疑蜜蜂对草木樨的痴狂，但是对草木樨"特异的香味"和"香气扑鼻"有所怀疑。我见过很多地方生长的草木樨，老实说，很难闻到什么特别的香气。即便眼前有一大丛怒放的草木樨，鼻子凑近了花朵，你也不会有香气扑鼻的感觉。如果摘下草木樨的嫩枝叶或者花来咀嚼，那么你马上就会品尝到一种堪比黄连的苦味。这实在是与香甜挨不上边啊。

其实，草木樨的香甜气息是因为它所含的香豆素。在植物活细胞中，香豆素通常是跟其他分子结合成没有香气的物质，所以生长中的草木樨很少散发香气。只有晒干的草木樨，香豆素才从被破坏的植物细胞中分解出来，散发出香气。香豆素虽然闻起来香，然而用舌头去品尝，却是苦的。这就导致草木樨不宜用作入口的食物调料，除非是为了追求某种特别的苦滋味。

虽然草木樨把自己的香气紧紧收藏在细胞中，但是古希腊人有办法让香气散发出来。古希腊哲学家提奥夫拉斯图斯（Theophrastus，约公元前372—前287）是亚里士多德的学生，他在《植物的本源》（*De Causis Plantarum*）一书中提到，干燥可以提升草木樨的香气，在干草木樨上洒酒可以进一步增香。后世之人的确采用这种办法来提升草木樨的香气。或许就是因为古希腊人很早发现了这个秘密，所以草木樨才早早地为古希腊人、古罗马人所用吧。

可能蜜蜂有不同于人类的灵敏嗅觉，它们直接可以闻到草木樨散发的微弱的香豆素气息。有资料说，草木樨的花蜜中可以含有高达52%的糖，而绝大多数其他植物的花蜜只有20%的糖，剩下的全是水。加上草木樨开花期正是蜜源缺乏的时刻，也是蜜蜂大量繁殖的阶段。如果你是饥肠辘辘的蜜蜂，你嗅到草木樨这样的花，能不欣喜若狂吗？有人甚至断言，草木樨是世界上最好的蜜源植物。

雄鹿三叶草和牧草

草木樨还是一种良好的牧草，所以有Deer's tongue（鹿舌）、hart's clover（雄鹿三叶草）、hart's tree（雄鹿树）、hay flower（牧草花）、heartwort（麦草）等别名。顾名思义，鹿大概尤其喜欢吃这种草。与苜蓿类似，草木樨用作牲畜饲料可能最早起源于波斯。在16世纪欧洲以及17世纪北美，草木樨是一种非常流行的饲料作物。

相比苜蓿之类的牧草，草木樨对土壤要求更低，特别适宜于干旱的盐碱地。无论在什么地方生长，草木樨都可以自由结籽，在野生环境下传播，正如约翰·杰拉德（John Gerard，1545—1612）在《药草志》（*Herball*）中所描写的：

> 毫无疑问，世界上没有哪个地方像英格兰，尤其是艾塞克斯享受那样多的草木樨，因为在萨福克的萨德伯里与艾塞克斯的克雷之间，从克雷到赫宁翰，从那里到奥温顿、布尔马雷和佩德马什，我看到了广大面积的可耕作牧场长满了草木樨，如此之多以至于它像恶草（cockle）或毒麦（darnell）一样不仅损害了土地，也破坏了庄稼，草木樨如杂草般遍布郡县各个角落。

17世纪，草木樨从欧洲侵入北美，后来北美农场主发现草木樨既可以作为牛羊的牧草，又可以改善土壤，因而广为种植，草木樨很快遍布北美大陆。《弗兰克·佩里1920蜜源植物书》讲述了巴顿（Barton）如何开始在贫穷的肯塔基州彭德尔顿县种植草木樨的故事。18世纪70年代，彭德尔顿县是丘陵地带，黏土地基上虽然有一层肥沃的土壤，但是暴雨很快就会冲去表面的肥土，导致大批农场主离开，数百个农场被抛弃。剩下的人勉强维持生计，倒霉透顶。有人偷偷地种植草木樨（很可能是养蜂人所为），因为那个时候草木樨被视作危险的杂草而被人清除。巴顿先生继承了一个尚在按揭中的农场，想出租但租户生活困难付不起租金。农场被撂荒后，他勉力继续清除农场的杂草，特别是草木樨。然后又是一年干旱，农场没有什么吃的，牛就被他赶到路边吃草。弗兰克·佩里记述了随后巴顿先生的偶然发现：

即使在那里也没有什么，除了甜三叶草——那个时候，三叶草在路边相当常见。（他）很快就注意到奶牛津津有味地吃那些甜三叶草，效果不错。然后巴顿尝试在牧场播种这种植物。它茁壮成长，奶牛喜欢吃，牛奶产量增加。这时巴顿先生已经完全准备好获利于这个试验，五年之内原本不能长草的农场生产出良好的作物。他大量收购废弃的农场，播种甜三叶草，他的邻居也有样学样。一个接一个，农人回到他们抛弃的农场，新移民进驻，每个人开始种植甜三叶草。

我国栽培草木樨大约起始于1943年，最早是作为绿肥植物播种的。1943年甘肃省天水县杨家沟一户农民将天水水土保持实验区引进的草木樨试种在一块瘠薄地上，发现它生长繁茂，能肥田增产，从此，草木樨在天水附近地区开始零星种植利用。1946年天水水土保持实验区第一次向附近地区推广草木樨。1952年后，经过中央农业部组织推动，草木樨迅速在全国多个省区试种推广。草木樨在肥田增产、提供饲料、水土保护、提供蜜源等方面显示出巨大作用，因而被西北地区的人们誉称为“宝贝草”。

国王三叶草和花冠

传说都铎王朝英王亨利七世用草木樨作草药，所以这种草得名国王三叶草（King’s clover）。还有文献说国王三叶草是因为草木樨的“黄色花朵就像给茎秆头戴上一顶金冠”。另外，在西班牙草木樨也有皇冠（Corona de rei，Coronilla）之名。然而草木樨的小花穗除了颜色可以比喻成黄金，其形态怎么看都跟皇冠不沾边。在我看来，草木樨跟国王的关系并不在于它的黄色花朵像黄金皇冠（根本就不像），倒可能是因为草木樨曾经被用来编织国王或神的花冠。

在古希腊和罗马，花冠是荣耀、力量和永恒的象征。古希腊奥林匹克运动会优胜者的奖品往往只是一顶用橄榄枝编成的花冠，希腊神话中太阳神阿波罗总戴着一顶象征爱情的月桂花冠，其他男神和女神也经常戴着另外一些特殊植物编成的花冠。

古埃及神话中的冥王俄赛里斯也是植物、农业和丰饶之神，他就喜欢戴草木樨花冠。古罗马的博学大才普鲁塔克（46—120）在《论埃及神学与哲学》一书中提到俄赛里斯的故事："实际上，当尼罗河冲出堤岸泛滥之时，河水湮灭了这些边缘地带，他们称这种覆盖为俄赛里斯与涅弗提斯（俄赛里斯的妻子之一）的秘密结合，从立即生长出来的植物中就可以看出这一点。在这些植物中有草木樨。据传说，堤丰正是看见掉在地上的草木樨花冠，才发现自己的妻子（与俄赛里斯）有私情。"

按照亚历山大·希斯录（Alexander Hislop）的说法，在很多宗教信仰中三叶草都是一种神秘力量的代表："在希腊，三叶草以这种或那种形式占据着一个重要的位置；默丘利的手杖，据称具有传导灵魂的潜能，被称为'三叶杖'（the three-leaved rod）……因此，俄赛里斯头戴的草木樨或者三叶草花冠就是三位一体王冠——'普天之下莫非王土'的永恒之冠。"代表宇宙主宰的草木樨花冠从俄赛里斯头上掉落了，也预言了他之后的死亡。与普通三叶草相比，同时具有香气和三叶特征的草木樨自然就更加引人注意了。生活在二三世纪之交的阿忒纳乌斯（Athenaeus）在《随谈录》（*The Deipnosophists*）卷3中也提到埃及人用草木樨制作花冠，并强调说草木樨"极香，夏时具有清凉之效”。可见草木樨的香气和清凉之效是其用于花冠编织的重要因素。

生活在罗马时代的老普林尼（Gaius Plinius Secundus，约23—79）流传下来37卷的百科全书巨著《自然史》，第21卷专门介绍与花冠相关的各种知识，其中第29章记录当时人们对草木樨花冠的认知：

> 草木樨，以“坎帕尼亚花冠”之名为我们所知，意大利最好的草木樨来自坎帕尼亚，希腊最好的则来自苏尼翁海岬，次之则来自哈尔基季基半岛和克利特岛。但无论这种植物生长在哪里，你只能在崎岖荒野之处找到它。草木樨名中的拉丁字“sertula”或英文字“garland”（注：两词均为花冠、花环之义），足以证明这种植物从前经常用来编织花冠。草木樨植株和花的气味非常接近番红花，尽管它的茎是白色的；叶子越短，越厚实，就越受尊崇。

图27　头戴三叶草的教皇形象（Didron，*Iconography*，vol. I. p.296）。

老普林尼也说草木樨从前经常被用来制作花冠。该卷第37章又介绍何处寻找编织花冠用的草木樨：

草木樨处处可见，然而阿提卡（古代希腊中东部一地区）的草木樨最受尊崇。在所有国家，新采集草木樨时，人们优先选择花色尽可能接近金黄色的，而非白色的。在意大利，反而是白色品种的草木樨更具香气。

不过，从老普林尼的文字中看不出来草木樨花冠比其他花冠更重要，老普林尼也没有提及三叶草与“三位一体”的象征关系（那时基督教应该正处于萌芽阶段），草木樨只是编织花冠的众多植物中的一种而已。

食品调味和食用

与很多香草不同，草木樨的香气综合了甜香、焦香和豆香等多种香味，非常好闻。古希腊戏剧家斐勒克拉忒斯（Pherecrates）在戏剧中描写过某人恭维一个有钱人：

啊 你叹息软似锦葵

呼吸闻如风信子

谈吐若草木樨

微笑如玫瑰

亲吻甜似马郁兰

行动果断如欧芹

我国古人形容女子说话、呼吸时的气息好闻则说吐气如兰，同上述的意思是一样的。正因为它的香气温馨怡人，草木樨非常适合用于食物和化妆品调香。

古罗马执政官老加图（Cato Maior，前234—前149）编撰过《农业志》，其中有用草木樨熬制的油灰“涂抹缸的边缘，以使其保有香味，并使酒毫不腐坏”。草木樨用来给酒调香好理解，防腐不知道是出于迷信还是真有实效，草木樨似乎并无杀菌防腐的功能。

公元80年左右一个不知名的希腊水手或船长写了本《红海漫游记》，可当作一本印度贸易旅行手册。这本手册说：“进入这两个港口（指印度的巴尔巴利昆和巴利加扎）的除了来自罗马的乘客，还包括各种进口货物，如金币和银币、银器、葡萄酒、草木樨、贵重香水、玻璃状珊瑚、锑、安息香和雌黄。”这里提到的草木樨与其他货物一样，都是来自罗马。既然草木樨已经是一种记录在册的出口商品，可以想象草木樨在当时罗马和印度生活中的地位是不低的。所列货品还有贵重香水和安息香，猜测印度进口草木樨也是作香料用。

瑞士东部生产一种很有名的塞普萨格（Schabzieger）干酪，据说加入了干草木樨磨成的粉，看起来是淡绿色的，所以又叫绿干酪，特别坚硬，风味独特，“让人联想到生菜叶、鼠尾草和混合型药草”（里奇韦编著《干酪鉴赏手册》）。将其磨碎后作调料用，可以给色拉汁、蘸料或者面食加味。也有人说他们加的不是草木樨，而是胡卢巴。这个说法似乎更有道理。伦敦Hibiscu餐厅推出过草木樨奶酪（Melilot panna cotta），建议用这种奶酪、黄苹果和肉桂酥饼来搭配餐馆自己酿制的土酒食用。品尝过这套酒食的美食家说：“草木樨是甜三叶草，具有一种精致微妙的花香，足以改变酒的味道，除了杏仁味，还会带来一种奇特的药草香。”这应该是真正的草木樨香味了。

至今仍然有餐馆和家庭使用草木樨作为调味品。也有餐厅自己调配蔬菜和草木樨汁，可以腌制羊肉、兔肉等肉类。雅典有家受人欢迎的素食餐厅，名字就叫草木樨（Melilotos），不知道他家的菜品里边是否有使用草木樨的。家庭可以用草木樨、牛奶、玉米淀粉和糖来制作草木樨奶冻，据说它的味道要比香子兰奶冻丰富很多，和任何水果都搭配得很好。据介绍方法很简单，可以尝试自己来做一下草木樨奶冻，看看这种布丁到底是怎样的复杂风味。

草木樨也可以作为酒的增香剂，同时给酒附带一定的保健功能。

俄罗斯人也喜欢把草木樨和很多其他植物一起浸泡到伏特加中，这有点像我们的药酒。不同的地方在于他们还增加了一步蒸馏工艺，最后从药酒蒸馏得到没有植物渣滓的“百草酒”。俄罗斯历史与文化研究专家闻一在俄罗斯布良斯克的农村喝到过这种“百草酒”，其中浸泡的有十八种植物，包括“金丝桃、草木犀、橡树树叶、大高良姜、香菜、蜜蜂花、香茅、车前子、松塔、千叶草、石竹花、旋覆花、椴树花、肉桂、薄荷、香辣椒等等”。他这样描述“百草酒”的色香味：

> 布良斯克的“百草酒”的酒色咖啡般红黑，有股扑鼻的香味。当地人用它来兑酒、兑茶、兑咖啡喝，也可以单喝。我喝了一小杯纯“百草酒”，就立刻喜欢上了它。我立即有一种少有的开胃、通气的感觉，顿时身心轻松、愉快起来。（闻一著《漫步白桦林》，花城出版社，2016 年）

我好奇的是这种酒是否还有香豆素带来的那种苦味。毕竟“百草酒”浸泡的植物中，除了草木樨，香茅（即茅香）、车前子、肉桂也都含有很高浓度的香豆素成分。中国在某个粮食缺乏时期，也曾经有人用草木樨籽酿造出 40 度的白酒，然而酒带有香豆素的苦味，并不适口。

这些具有草木樨特别风味的食物成不了社会主流，偶尔品尝到则可以当作一种意外惊喜，经常吃的话，大概总不如市面上掺入其他流行香料的食物更有持续的吸引力。事实上西方绝大多数烹饪书籍介绍西餐中必不可少的香草植物时很少有提到草木樨的。

值得指出的是，在所有这些食物中，草木樨只是一种香味调节剂，不能添加过多。事实上，香豆素通常不允许用作香味食品添加剂，因为动物实验表明香豆素可能会带来肝中毒的危险。因此，世界各国都不允许富含香豆素的草木樨制剂作为食品添加剂使用。

草木樨植株中富含蛋白质、碳水化合物和脂肪等，有时也会被人拿来食用。黄香草木樨的根曾被喀尔玛克人（Kalmuks）当作一种食物：嫩枝可以像芦笋一样烹食，嫩叶可以用作色拉，叶和荚果可以用作蔬菜。通常只食用新鲜的叶子，干叶有可能有毒性。这是因为草木樨干草腐败时，所含的香豆素可以转变成具有毒性的双香豆素。草木樨的花，可以生吃，或经过烹饪食用。

据杜福祥主编《中国保健食用野生植物百科全书》记载，我国民间一般于春夏季采摘草木樨的嫩苗叶或嫩叶食用。食前将洗净的嫩叶入沸水中焯透，再放入清水中浸泡，以去其苦味，然后可调味凉拌，或炒食，或做汤，皆清香味美，别有风味，且有清热解毒之功效。夏秋季采收其种子，碾碎磨细，去皮，掺入面粉中，或做烙饼，或擀面条，或做水饺食，均可改善面粉的黏性，且可强化面粉的矿物质含量，大大提高食品的营养价值。

化妆品

世界各地都有利用香草制作化妆品的传统，相对而言，体味浓重的欧洲人对香水则更为重视。老普林尼曾经说过：“香水的愉悦是生命中最优雅，也最体面的享受。”他的巨著《自然史》多处提到用草木樨来制作化妆品。卷 13 第 2 章讲述如何制造化妆用的膏乳，提到用黄花草木樨与其他五种香草和橄榄油、蜂蜜制作一种唇膏。这个制造方法当然是基于草木樨的甜香气息，与中国典籍中用苜蓿香（实为草木樨）等制作香泽的出发点完全一样。卷 15 第 7 章提及用草木樨和其他香草制作原始的精油：“先将植物浸泡在油中，然后压榨。”

从草木樨中提炼的精油，通常发出一种丰富、深厚的混合香，兼具甜香、花香、烟草香和顿加豆香，具有非常复杂的气味构成，通常用作香水后调，或深度中调。基于欧洲人对香水的狂热，相信很早以前他们就已经提炼出草木樨精油并用于香水的调制。然而由于调香师和生产香水的公司对香水配方的保密，过去有哪些香水使用了草木樨精油，好像很难找到可靠的文献。

随着 1820 年香豆素的发现和 1868 年香豆素的人工合成（这也标志着现代香水工业的开端），人们可以用廉价的人工合成香豆素和其他化学品来模拟草木樨的香调，从而代替了价格昂贵的草木樨精油。如果一款香水声称其中调或后调有草木樨香，其实这香多半来自香豆素，跟草木樨并没什么关系。尽管如此，也还是有一些香水品牌号称全部用天然植物的精油制成，比如 House of Matriarch 品牌 2013 年发布的“午夜”（Midnight）就是一款全天然的香水，其香调就包括草木樨。

香烟

从前的俄罗斯人很喜欢在香烟里添加草木樨来调节香气，我们可以从俄罗斯或苏联的文学作品中看到这一点。

弗·杜采金夫小说《被追捕的白衣人》中的伊万诺维奇打算戒烟，他把自制的烟卷分给同事时说了一段话：“我今天决定扔掉自己所有的存货。后来又想：应该带到这里来，也许，有人会喜欢。烟是我自己卷的，还带草木犀呢。”

蒲宁小说《扎鲍塔》也有一段文字：“阿弗杰伊穿着短皮袄，帽子拉得很低，腋下夹着鞭子，嘴里衔着烟斗，偶尔喷出一口甜滋滋的发出草木樨香的烟来，烟随即往他身后飘去，他按照赶远路的方式，不慌不忙地走在大车旁边。”很显然，“甜滋滋的发出草木樨香的烟”应该掺草木樨了，甜味是草木樨香气的主要特征。

屠格涅夫《猎人笔记》：“（库普里亚）从后边口袋里掏出鼻烟盒，瞪起眼睛，把掺着灰的草木樨末塞进鼻子。”这是把草木樨末掺进鼻烟灰。

俄罗斯人比较粗犷，只是简单地在烟丝中加入草木樨末，给香烟增加一些甜香之气就满意了。相比之下，土耳其人就讲究很多，他们生产的土耳其烟添加草木樨后还要经过特殊处理。因为土耳其烟香味独特浓郁，价格亦昂贵，世人都以吸土耳其烟为荣。桀骜不羁的法国女作家乔治·桑就很喜欢吸土耳其烟，被人称为“吸土耳其烟的女人”。据杨大金《现代中国实业志（上）》（商务印书馆，1938 年）记载土耳其烟的制作过程：

土耳其产之烟草有一种之烟味，此固土风使然，然亦因其处理得法，有以致之。故其制法，东西闻名。法将采收已干燥之烟叶，

> 润以软水，堆积于发酵床，层层叠积时，每层散布零陵香（为一种香草）水少许于其间。既堆积之后，则其中渐渐生热，三四日后发酵之作用起，烟草中遂得附着零陵香之佳香。嗣后温度渐低，至于冷却，足征知其发酵之终。于是收取装箱，临时更微洒以稀薄之蜂蜜溶液少量，此为土耳其烟草之处理法。若依法施诸一般普通之烟草，亦得收几分之效果也。

注意，这里的零陵香不是灵香草，而是草木樨。有一段时间，大致从民国一直到新中国成立后五六十年代，草木樨经常被国人称作零陵香，在翻译书籍中尤其常见，后面我们还会见到这样的例子。在现代烟草产业中，从草木樨中提炼出来的草木樨浸膏也仍旧是常用的调香香料之一。上世纪90年代初，江苏东台市新曹天然香料所从当地野生的黄花草木樨中提取得到深棕色的浸膏——稍带烟草气息的焦甜香和甜香——将之应用于卷烟调香后获得成功。按照他们的说法，草木樨浸膏用于烟草的加香加料，可显著减轻刺激性，明显增加烟气浓度，改善余味，增补烟香。

我很好奇香烟中添加草木樨之后会有什么特别的味道。我自己曾收集了不少草木樨花，晒干后应该可以和烟丝混合在一起，可惜我不会吸烟，也始终没有请吸烟的朋友鉴别一下。

驱虫剂

欧美也有用草木樨干草驱虫的传统，不过这样的文献资料并不好找。莱斯利·布伦涅斯著《功效植物完全指南》提到：“将（黄香草木樨）干燥叶撒在衣服间可制止衣蛾危害。”北美印第安人也有在床上用品中放置草木樨驱逐臭虫的习俗。

苏联作家诺索夫短篇小说《破晓》提到用草木樨给衣服辟蠹。小说讲述了当选为农场主席的谢夫卡在上任第一天早上的故事，他母亲想要谢夫卡穿他爸爸遗留下来的一件上衣，谢夫卡不愿意，让他妈妈放着，他妈妈回答：“还要放几年呀？说不定虫子要把它蛀坏的。我在衣服上又放烟草，又放草木樨，可现在还存着给谁穿呀？穿吧。”可见苏联人也用烟草和草木樨来避衣中蠹虫。（邓蜀平编选《苏联当代短篇小说（下）》，外语教学与研究出版社，1983 年）

膏药三叶草和药物

英国浪漫主义诗人雪莱曾写过一首著名的情诗《给艾米莉亚·维维亚尼》，表面上埋怨维维亚尼的爱情让诗人受伤不浅，实际上则是恭维或者说夸耀维维亚尼和诗人自己的爱情。诗歌的具体内容我们不去讨论，单看开头几句：

> 小姐，为什么送我这些
> 甜罗勒和草木樨？
> 他们所象征的爱情和健康
> 从不并存于同一个花环上。

从这几句诗来看，在欧洲，甜罗勒象征爱情，而草木樨象征健康。的确，除了用于化妆品调香和食物调味，草木樨在欧洲最大的用途就是用于医疗，这方面的文献非常多。其中最常见的应用是将草木樨制成膏药来治疗皮肤溃疡、关节肿胀等症状，所以草木樨也有膏药三叶草（plaster clover）的别名。

被西方尊为“医学之父”的希波克拉底（前460—前370）用草木樨花治疗脓毒性皮肤溃疡：“大腿前肢陈旧皮肤溃疡流血、发黑：捣碎草木樨花，与蜂蜜混合，用作膏药。”

古罗马另一位百科全书式作家塞尔萨斯（Aulus Cornelius Celsus，大约生活在公元前25—50年）留下一部八卷本医学著作《论医学》，卷五提到草木樨可以用来驱散体内邪毒，治疗皮肤溃疡，还详细描述了如何制作治疗皮肤溃疡用的草木樨膏药：“草木樨是同样处理办法，用蜂蜜酒煮过后捣碎，或者与石灰和蜡膏混合；或者与苦杏和大蒜按三比一的比例混合，另外加一点番红花。”卷六则提到用草木樨酊剂等来治疗眼病。

老普林尼在巨著《自然史》中提到了草木樨的诸多用途，其中第21卷第87章专门介绍了草木樨为主的一些药方，用来治疗眼病，缓解下颚痛和头痛，治疗耳痛、手臂肿胀、胃痛，以及子宫、睾丸相关的各种疾病和臀部下垂，尤其适合用来治疗“蜂窝状皮肤溃疡”。草木樨也可以配合其他药物用来消炎止痛等。

有文献说古希腊采用草木樨作为湿敷剂，给伤员的伤口扎绷带时使用，据称这种方法一直沿用到19世纪。虽然没有找到古希腊文献的出处，这种疗法显然被罗马药学之父盖伦（Claudius Galenus，129—199）继承并发扬光大了。盖伦将黄香草木樨捣碎制成膏药，外敷于达官贵人的病患处以治疗炎症和关节肿胀。陕西民间称草木樨为散血草，猜测这个名字也与此草的消肿化瘀功效有关。现代美容手术后往往会使用一种名为“草木犀流浸液片”的康复药，以治疗美容手术引起的软组织损伤肿胀。这种药的有效成分香豆素类化合物就是从草木樨中提炼出来的，其工作原理与草木樨用作湿敷剂本质上是一样的。

到了中世纪，西方医学陷入沉寂之中，有关草木樨的记录寥寥无几。阿维森纳（Avicenna，980—1037）是中世纪医学和阿拉伯医药学最高医药学成就的代表，与希波克拉底及盖伦并称为西方传统医学三巨匠，所著《医典》（*The Canon of Medicine*）被誉为公元12世纪西方医药学的百科全书（阿拉伯医学应该属于东方医学）。《医典》第1074条中列举了一些具有镇静、舒缓疼痛作用的药剂，其中就包括莳萝、亚麻子、草木樨、甘菊、芹菜籽、苦杏仁等。另外一条记录来自13世纪著名炼金士阿纳尔德（Arnoldus de Villa Nova）的一个返老还童秘方。这个秘方使用了各种各样的动物、植物和矿物材料，植物当中就有黄香草木樨。这个跟中国宋代炼丹家或道家使用草木樨等以求长生或成仙有异曲同工之妙。

直到14世纪文艺复兴开始之后，欧洲人探索自然的兴趣才重新被激发起来。富克斯（Fuchs，1543）提到外敷蜂蜜浸泡的草木樨来治疗胃痛或头痛以及真菌性皮疹；博克（Bock，1565）总结了草木樨的收缩剂、缓和剂和止痛药剂用途，外敷治疗眼睛溃疡、耳痛、子宫硬化和肿胀。

与李时珍同时代的英国人约翰·杰拉德在1597年出版了一本厚达1484页的《药草志》，此书后来成为17世纪英语世界中最为流行的植物学书籍。该书内容主要译自佛兰德人兰贝尔·多顿斯（Rembert Dodoens）的药草书，另外添加了自己种植的和北美的一些植物。书中每种药草都配有多幅高质量的插图，以区别不同的品种。得益于欧洲写实主义绘画传统，所绘制的药草图都非常清晰美观，其准确性远远胜过李时珍的《本草纲目》。《药草志》第488章“草木樨或膏药三叶草”对四种草木樨的植株形态进行了

图 28　（左）杰拉德《药草志》中的国王三叶草和（右）迪奥斯科里斯《药物学》西班牙译本（Andrés Laguna 译，1555 年）中的草木樨。

细致描述，并对草木樨的药用功效进行了总结：

> 在甜酒里煮草木樨直到它变软，往里边加入煎蛋的蛋黄、亚麻籽粉、锦葵根，并和猪脂捣在一起，用作抹膏或泥敷剂、膏药类，贴到发热部位，可以减轻和软化各种肿胀症状，特别是有关子宫、臀部和生殖器官的。用它的汁液、油、蜡、松香和松节油可以制造一种极好的康复和恢复膏药，称为草木樨膏。这种膏药同时保持草木樨所具有的颜色和香气，通常由技巧高超的外科医师来人工制备。酒中熬煮的草药利尿，粉碎结石，缓和肾脏、膀胱和肚

子的疼痛，使痰熟化易于咳出。汁滴入眼睛可以明目，消耗、溶解和清除眼睛中的丝网、灰尘和异物。单独草木樨和水可以治疗直肠瘤，所谓的一种瘤，如果与白垩、酒和凝胶混合，也治疗头部的持续溃疡。汁液混合酒滴入耳朵，它同样可以减轻耳痛。它也可以消除头痛，特别是混合一点醋和玫瑰油后用它来洗头。

杰拉德对草木樨药效的总结，有相当一部分内容来自公元 77 年前后希腊名医迪奥斯科里斯（Pedanius Dioscorides）编写的《药物学》（*De Materia Medica*）。该书记载了约 600 种生药（绝大多数为植物），是欧洲药学史上第一部药物学专著，直至 15 世纪在药物学及植物学上仍占重要地位。卷三有“草木樨”条：

它是强有力的收敛剂，和帕斯姆（passum，葡萄酒）煮后服用，缓解所有的炎症——特别是眼睛、子宫、臀部和肛门，以及石头（指睾丸）附近部位。有时与熟鸡蛋黄混合，或者胡卢巴粉、大麻籽、小麦面、罂粟头、菊苣等。水浸液也治疗新生的瘤（具有蜂蜜样渗出液的包被性瘤）；用开俄斯土（来自爱琴海中的西奥斯）和酒或汁液（橡树汁）擦涂，治疗头皮鳞屑。对付肚痛，与酒煮后使用，或者不加工直接与前面提到的东西一起用。榨出汁液，和帕斯姆滴入耳中，可以解除耳痛，如果与醋和玫瑰油轻滴（头上），它可以减轻头痛。

可以看到公元 1 世纪草木樨的功效在 1500 多年后杰拉德的医书中仍有对应，只是细节有些不同，这应该是书籍传抄和多重翻译过程所导致的不可避免的误差。

关于草木樨膏药的功效，英国人约翰·伍戴尔（John Woodall）有更为详细的介绍。他是东印度公司首任外科医生主管，曾经在1617年就航海医学、设备和药物等出版过一本专著《外科医生之友》（*The Surgions Mate*）。该书提到两种草木樨膏药，其中一种可以用来祛风止痛："这种贴膏促使肝脾心脏的肿块变软；祛风，消除风症——亦即疾病上的风湿腰痛，一种聚集在脾脏附近的气性或风性疼痛——导致的剧痛；也广泛用来抵御淤积或任何藏匿于肚子或肝脏中的寒性物质；这种膏药性温，特别令人舒适。"另一种膏药则用来治疗冻疮。约翰·伍戴尔说两种膏药都是古代作家梅瑟斯（Mesues）发明的。我很好奇一个作家怎么会发明这样的药物，可惜没有查到他的资料。

2013年出版的《本草药典：现代治疗验证》（*Herbal Simples: Approved for Modern Uses of Cure*）一书收集了英国流传下来的各种药方，其中有一段文字谈及草木樨酊剂在神经头痛和癫痫方面的疗效：

> 当甜三叶草（或黄花草木樨）浸泡在酒中制成酊剂，并大剂量施用于医疗时，会导致敏感人群严重的头痛，有时导致血液涌入头部，并从鼻子流出来。如果基于亲和力医疗原则（principle of curative affinity）进行监管，在更小剂量下服用，草木樨对于治疗神经头痛特别有效，辅以大脑按压，5分钟之内就会起效果。修斯博士写道："我非常看重这种药物在神经头痛上的价值，我总是把它装进我的携带包里——就像妈妈药酒——我通常通过嗅闻来施用它。"对于癫痫，据说在美国它是"一种重要的主流疗法"，发作时每5分钟给一滴药酒，每天5次，每次5滴，和水服用，持续数周。

总之，欧洲人曾经用草木樨来消炎祛肿、利尿、化痰、明目、治疗头痛和溃疡等，可见欧洲传统医学对草木樨医学价值的看重，难怪雪莱的诗用草木樨代表健康。

在医学更为发达的现代社会，草木樨仍旧是传统顺势医疗中一种极为重要的药草。20 世纪初，英国著名顺势疗法医生约翰·亨利·克拉克（John Henry Clarke）写过一本《药物》（*Materia Medica*），根据他的介绍，草木樨可以用来治疗红脸、瘀血、咳嗽、痛经、癫痫、鼻出血、恐惧、咯血、头痛、精神错乱、白带、抑郁症、卵巢神经痛、肺炎、害羞、痉挛等诸多病症，颇有点万灵药的样子。

在草木樨的诸多疗效中，我对明目一条尤其感兴趣。杰拉德《药草志》说草木樨汁液可以明目、除异物；约翰·伍戴尔《外科医生之友》则言明用草木樨花“明目”；尼古拉斯·卡尔佩珀《草药大全》在提到草木樨的明目功能之外，还说用酒煮草木樨得到的酊剂可以治疗眼睛炎症；莱斯利·布伦涅斯《功效植物完全指南》则说草木樨的干燥花“或用于眼药水”。这些大概都是基于草木樨的消炎功能。

有趣的是中国也有佐证文献。陶弘景《本草经集注》说过：“外国复别有苜蓿草，以治目，非此类也。”正如《苜蓿香考》一文考证，这种治目的苜蓿就是草木樨。由此可知南北朝时中国人已经知道西方人用草木樨来治疗眼病。至于为何我国没有用草木樨来治眼病，可能还是跟古人没有清楚区分草木樨和苜蓿有关。另外，清代汪绂《医林纂要探源》记载用芸香草籽来去除眼睛里的“飞丝芒尘”，如果芸香草的确就是草木樨，那这记载与杰拉德《药草志》草木樨汁去眼睛异物可谓异曲同工。

当然，典籍所流传的这些草木樨功效并没有经过现代医学的严格验证。

也有一些近现代学者试着对草木樨的功效进行验证和总结。马达斯(Madaus)总结了草木樨外敷治疗溃疡、肿瘤、风湿性关节肿痛以及哺乳期妇女乳房发炎；海格（Hager）提到草木樨外敷用作溃疡和风湿病的收缩剂，内服用作利尿剂兼芳香佐剂，治疗静脉曲张、血栓性疾病、痔疮、腿部溃疡、水肿和臂痛；勒克莱尔（Leclerc）把草木樨列为抗痉挛剂，推荐失眠儿童或老年人使用它。

欧洲药品局仔细审查了草木樨的药物历史和科学文献，考察了欧盟各成员国市场上流通的草木樨制剂，最后给出审查结论：

> 草木樨及其制剂被广泛用于不同欧盟成员国已达几十年之久。长久以来草木樨制剂的抗水肿效果已被经验确认；香豆素药理学数据和草木樨由来已久的应用使得所声称的药用貌似有理。由于草木樨作为单一制剂的临床记录缺乏，也没有控制的临床研究，草木樨草药制剂的应用不得不被认定为传统的。结论是草木樨草药及其制品可视为传统草药产品。

总而言之，所谓传统草药产品，就是说草木樨的各种功效并没有得到现代医学的证实，只是经验上似乎有效。按照欧洲药品局的这种标准，大概绝大多数中草药及其中成药也应该视为传统草药产品。

《埃伯斯莎草纸》的草木樨

北非沿地中海地区也是草木樨的原生地，据说古埃及人开发利用草木樨比欧洲人还早。迄今为止世界上保存年代最久远的书籍是古埃及的《埃伯斯莎草纸》（*The Ebers Papyrus*），大约成书于公元前1550年。这是一本20米长的医书卷本，记录了大量的古埃及医学知识，其中包括有700多个神奇配方和疗法。

《埃伯斯莎草纸》药方和疗法经常用到一种植物，其埃及图形文字的基本形式为，可以分成左、中、右三部分。左边和中间两部分应该是音符，而右边是限定符，加在单词最后以限定语意的范围，有点像我们中文形声字的形旁。根据埃及学专家的考证，左边上部"胳膊"符号对应a音，下边"毒蛇"符号对应f音，中间收翅站立的鹰也对应a音，这三个音号决定这个单词的发音，埃及文字学家记之为āfa（我并不知道这三个音怎么发）。单词最后的限定符是三片连在一起的叶子（很像三出复叶），通常还有三条短竖线，有时两条或者没有。三出复叶的限定符，通常表明这是一种草本植物，就像中文用"艸"来代表草本植物。

那么，是什么植物？无疑有很多争论。我们以1875年乔治·埃伯斯整理出版的《埃伯斯莎草纸》中的一个药方为例来说明：乔治·埃伯斯认为这个药方用来治疗肚子痛，所用两种药物之一就是，埃伯斯本人认为这是一种可以食用的植物，没有讨论具体是什么植物。德国学者海因里希·约阿希姆（Heinrich Joachim）认为是莴苣，该药方用于祛除肠胃病痛。法国学者马斯伯乐（G. Maspero）则相信该植物为草木樨，该药方用来治疗肠病。英国人布莱恩（Cyril P. Bryan）则把这种植物解释为南方番红花，该药方用于治疗泌尿系统疾病。

再查阅古埃及文字字典，《埃及象形文字词典》（*An Egyptian Hieroglyphic Dictionary*, by Ernest Alfred Wallis Budge）认为这是一种蔬菜，《中埃及词典：按加德纳分类顺序》（*Dictionary of Middle Egyptian: in Gardiner*

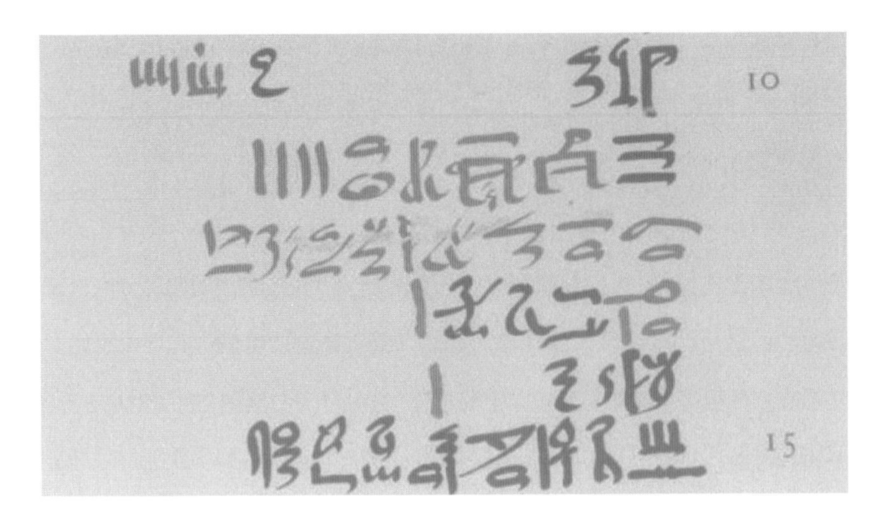

图 29 《埃伯斯莎草纸》的一段手写原文，从第 12 行到第 15 行包含了一个完整药方，乔治·埃伯斯认为这个药方用来治疗肚子痛。图摘自 *The Papyrus Ebers*, Tafel XIII, l.12—15。

图 30 沃尔特·雷辛斯基（Walter Wreszinski）对手写原文的象形文释读，圆圈内数字为手写原文的行数。从右往左读，第二行第一个字就是。摘自 *Der Papyrus Ebers*,by Walter Wreszinski（Leipzig, 1913 年）。

Classification Order，by Paul Dickson）则怀疑它是草木樨。

我自己倾向于就是草木樨。根据乔治·埃伯斯的分析，这种植物在《埃伯斯莎草纸》中被用来治疗肚痛、身体驱虫、治疗恶心、腿部疾病、溃疡、肿胀、淋巴结核、眼病等多种常见疾病，而欧洲药书也有草木樨被用来治疗这些疾病的记载。另外，其他有关埃及的古代文献也都记载了埃及的确有草木樨这种植物，甚至埃及神话中有冥王俄赛里斯喜欢草木樨花冠的故事，更是说明草木樨是埃及常见的植物。

俄罗斯的草木樨

对草木樨最为钟情的还是俄罗斯人，所以我很愿意单独拿出一小节来谈论这件事。其他地方的人多半把草木樨当一种药用植物或者香料，会在普通人根本不会去读的药书中的某个地方记下草木樨的名字。俄罗斯人不一样，他们常常把草木樨写进小说和诗歌，甚至画到图画中，足见他们对草木樨的喜爱，也说明草木樨在俄罗斯日常生活中极其常见。

俄罗斯或苏联小说中的人物经常吸掺入草木樨末的香烟，前边已经举过这样的例子，这里不再重复。也有小说描写环境景物时提及草木樨，肖洛霍夫《静静的顿河》就有几处这样的描写，如“奥丽加含笑目送着一声不响地在大路上方飞过的白嘴鸦，目送着往后跑去的一丛丛野蒿和草木樨”，还有“小小的坟堆上长出了车前草和嫩蒿，野燕麦在上面吐了穗，山芥菜在旁边开起好看的黄花儿，草木樨垂下一条条绒线一样的穗头，还有薄荷、大戟和珠果的气味”。这些例子都可以说明草木樨是俄罗斯常见的一种植物。

就像北美大陆，俄罗斯或苏联也有种植或逸为野生的大片草木樨。我看到过俄罗斯艺术家（Artem Chebokha RHADS）回忆西伯利亚童年生活时所画的一幅油画，题为《草木樨盛开》（*Bloom of Melilotus*），蓝天白云之下，金黄色的草木樨花田一望无际，其灿烂炫目堪比梵高画笔下乌鸦群飞的麦田。这大概是我找到的世界上唯一一幅以草木樨为主题的图画了。

诺贝尔奖获得者蒲宁专门写过一首关于草木樨的诗（葛崇岳把草木樨译成零陵香，原因我会在本书第四部分解释），把原野上的草木樨比喻成“干旱之花”，是饥馑之年的希望。全诗如下：

零陵香

弟弟蹬一双沾满尘土的靴子走来，
把一朵花扔到我的窗台上，
这是生长在休闲地里的一种花儿，
干旱之花——金色的零陵香。

我丢下书本立起身来，走向草原……
你看呀，满田满畈，一片金黄，
星星点点的蜜蜂儿从四面八方飞来，
在傍晚干燥的暑溽里不安地浮荡。

那些小昆虫飞来舞去织起了一张网，
红里透黄的光线在田野上空翱翔，
这说明，明儿的天气仍将很热，
并且仍将干旱，眼看庄稼正要成熟。

可不，庄稼在成熟，可贫困却来威胁，
说不定，又是一个饥馑之年……
但不管怎样，眼前这枝金黄的零陵香

对我来说一下子变得比什么都珍贵！

（葛崇岳译《蒲宁抒情诗选》）

总而言之，在贫瘠土地上茁壮生长的草木樨可以给蜜蜂提供花蜜，给牲畜提供饲料，在饥荒年代，甚至人也把它当作粮食食用。在劳动人民的眼里，草木樨这种“干旱之花”就代表着一种黄金般的希望。

我曾从网上订购了一瓶俄罗斯产的草木樨蜂蜜，蜂蜜是米黄色的。从瓶子里舀出一勺蜂蜜，总会拖着一根长长的蜜线，一下塞入口中，舌头在口腔里搅拌，甜蜜中隐隐约约有一点苦。又想起阿赫玛托娃组诗《手艺的秘密》中的几句：“这是蜜蜂，这是草木樨 / 这是酷热、黑暗和尘埃。”然而我不太容易理解这诗句，这么甜蜜美好的事物是如何与黑暗和尘埃联系到一起的？大概是自己很少阅读俄罗斯小说和诗歌，对俄罗斯的白银时代毫无了解的缘故吧。

草木樨在中国

与西方典籍中草木樨频繁出现的情况相比，草木樨在古代中国基本上就是悄无声息的，只是到了清代，才在一些植物类书籍中偶露峥嵘，如《植物名实图说》辟汗草和《释草小记》草木樨，《花镜》水木樨算是疑似。即便更进一步，认可芸草、芸香和《千金要方》等典籍中苜蓿香就是草木樨，那与草木樨在欧洲的广泛应用相比，中国的草木樨基本上只有香草的功用，或者用作驱虫剂，或者用来制作化妆品、卫生品，或者用于宗教祭礼，很少用于疾病治疗。

草木樨在古代欧洲一直享有盛名，在古代中国却无定名，名字一直在变，先是芸草、芸香，然后唐初变成苜蓿香，到了宋代，芸香和苜蓿香都失传，没人知道它们是什么，以至于明清时芸香被用作枫香脂的代称。清代出现的辟汗草、水木樨和草木樨几个地方名，也没有得到社会的广泛认可。这本身反映了一个事实——草木樨在古代中国并没有太大用途。

我认为原因有二，一是草木樨在中国一直没有得到正确的命名，名不正则言不顺，言不顺则容易被遗忘和忽视；二是在古代中国草木樨有替代植物。

先说草木樨的命名问题。

草木樨的希腊文 μελιλωτος（melilotus）的 μελι（meli）是蜂蜜之义，

λωτος（lotus）是莲之义，分别反映出草木樨的蜜源植物和花色特征；另一个常见名甜三叶草中的甜和三叶草，也符合草木樨的功用和外形特征。可以说，欧洲草木樨的这两个基本词汇，存有草木樨这种植物的基因，这个不变的文字基因给后人提供了该植物的重要信息。

相比之下，中国文字成熟得太早太快，除了少数象形字本身携带了指代对象的特征，剩下绝大多数文字是形声字，形旁过于宽泛粗糙，而声旁与字的指代对象多半没有关系。假如说汉代的芸草就是草木樨，从这个“芸”字我们无法看出草木樨的任何特征。“芸”字的草字头告诉我们这是一种草本植物，可是世上草本植物何止万千，这个特征过于宽泛。“芸”字声旁是“云”，这个“云”字指代了草木樨的什么特征呢？完全没有。

再加上中国古代喜欢用单个文字来指代事物，这也限制了文字的精确性。即便后来人们用两个字或三个字的词来指代事物，由于每个字本身就是模糊的，两个模糊的字加在一起组成一个词，新得到的词并不比单字提供更多更精确的信息。

芸香：从字面上可以看出是一种香草，或者某种草制成的香，但是仍旧很模糊，指代不清。

苜蓿香：这个词已经很不错了，但是不如香苜蓿。苜蓿香有可能被人误解成苜蓿制成的香料（有现代学者认为苜蓿香与苜蓿花有关，显然就被这个词本身误导了），而香苜蓿就只能是一种有香气的苜蓿，这与甜三叶草的名字本质上就一样了。由于普通苜蓿都不是香草，如果知道一种香草叫香苜蓿，有心人就会顾名思义去探寻一种长得像苜蓿的香草，这样草木樨就会很容易被认出来。念着“芸”字，草木樨在面前你不一定认得出（程瑶田就是一个典型例子），但念着“香苜蓿”，面前的草木樨很可能就会被你仔细揣摩研究，最终被识别出来。可惜创造“苜蓿香”的人，没有想到用“香苜蓿”这个词。

水木犀（樨）和草木犀（樨）：这两个名字不错，“木犀”两个字能够反映出草木樨的细碎黄花特征，“水”字还能反映草木樨喜欢在水边生长的特点。只可惜这两个名字清代才出现，缺乏悠久的历史积淀，终究使得人们（特别是文人）对这种香草并无多大兴趣。事实上也的确如此，草木樨和水木樨也只是分别在《释草小记》和《花镜》中昙花一现，并没有吸引其他人的注意。

辟汗草：根据草木樨功用取名的一个词，比“芸”和“芸香”好很多，但是可以醒头辟汗的香草又何止草木樨，所以还是有很大模糊性，人们无法根据这个词想象出这种香草的形态和生态特征。

总之，我认为，由于在中国历史上草木樨一直没有得到恰当的命名，导致其面目不清，容易被世人忽略。

再说草木樨是否有不可替代的功用。

草木樨在中国主要做香草、香料用，或者用于香身美体等，或者用于书籍辟蠹。这当然是挺好的应用，问题是草木樨的这些应用具有不可替代性吗?

草木樨作为香草或香料，其甜香气息虽然怡人可爱，但是毕竟微弱。就我自身体验而言，新鲜采集的草木樨，无论茎叶还是花，都没有明显的香气。通常菊科香草（如泽兰、佩兰等）和唇形科香草（如罗勒、薄荷、荆芥、藿香等），摘其茎叶稍稍揉搓，就可以闻到一股刺激性的气味。草木樨的茎叶和花，无论你怎么揉碎，也只是一种淡淡的青草气息。将草木樨晒干或者晾干后凑近闻，的确能闻到一些香甜之气，但是这些香气远不如灵香草等香草浓郁，也很快就会消散。总之，如果没有特殊处理和加工，简单用晒干的草木樨来做香草、香料或者辟蠹，效果应该不会太好。

其实魏晋之人就已经感叹芸香的香微命薄了。傅玄在《芸香赋》序言里说："始以微香进入，终于捐弃黄壤，吁可闵也。"大概是中国古人没有找到合适的办法将草木樨中的芳香成分（香豆素化合物）提取出来并加以浓缩，草木樨作为香草和香料的潜力很难发挥出来。

草木樨在西方最大的用途是药用，特别是古希腊人发现草木樨对腿部溃疡和脓肿的治疗作用，一直沿用至今。那么我们的先人是否也发现了草木樨的独特药用价值?

新中国成立后国家收集整理各地中草药药方，发现各地民众的确用草木樨来治疗多种疾病。比如，陕西人用草木樨（地方名为臭苜蓿、败毒草、臭老汉、辟汗草）来治疗痢疾和疟疾，毒杀臭虫；甘肃人用草木樨（地方名为马苜蓿、洋苜蓿）治疗瘰疬、疟疾、痢疾、尿路感染、痈肿疮毒等症；安徽人用草木樨（地方名为草苜蓿、苜蓿、黄花草）治疗暑热胸闷头胀、尿路感染、颈淋巴结结核、湿疮和疥癣；四川人（地方名为鸡虱子草、臭虫草）则发现草木樨可以驱虫，利小便，治疗皮肤疮、风丹和淋病等症。

很多书籍总结过草木樨的药用功效，比如《全国中草药名鉴》认为黄香草木樨全草具有解痉止痛的功效，用于哮喘、支气管炎和肠绞痛，外用于创伤和淋巴结肿痛，而草木樨全草具有芳香化浊、截疟的功效，可用于暑热胸闷、口臭、头胀、头痛、疟疾、痢疾，其根则有清热解毒之效，用于淋巴结结核。可以看到，草木樨的这些功效及可治疗的病痛与欧洲情况大体上是一样的。

尽管如此，应该承认草木樨并不能算作一种常见的传统中草药，所以中国本草典籍才看不到草木樨的踪迹。究其原因，是草木樨的这些药用功能被其他同样含有香豆素的植物包办了。其他含有较高香豆素成分的植物有茅香、白芷等香草，以及补骨脂、独活、前胡、蒿本、青蒿等药材，这些富含香豆素的香草和植物大量地出现在中国本草典籍的各种药方中，其作用类同西方草药中的草木樨。比如白芷这种香草，一方面常用于香身美容的医方中，另一方面也是跌打损伤药方常见的一味药。至于为何人们选用白芷等而不是草木樨，终归跟这些植物的栽培、加工和药效有关。

虽然汉地本草医家没有挖掘到草木樨的药用价值，与中医体系不同的藏医则较早就发现了草木樨的独特药效。著名藏地药学家帝玛尔·丹增彭措曾经对西藏地区流通的药物进行实地考察，对历代藏医药书籍中的药物记载做了考证，用二十年左右的时间写成《晶珠本草》（上海科学技术出版社，2012 年。大约于 1735 年完成，后于 1840 年刻印发行），此书就收录有草木樨，说它具有清热、解热、消炎、化瘀祛肿的功效，具体内容如下：

> 草木樨效同甘松，并且干涸四肢脓。《如意宝树》中说："草木樨根治炎症、脾脏病、绞肠痧、白喉、乳蛾，特别是干四肢浓水特效。"《图鉴》中说："草木樨生长在御花园，或生长在有

福气的田园中。叶如胡萝卜叶，状如三鉴分开呈品字状，花黄色有光泽，气味芳香。味苦，性凉，功效清热，解毒，消炎。”

所引《如意宝树》和《图鉴》也是藏医典籍。大丹增主编的《中国藏药材大全》对《图鉴》这段话的翻译更准确一些：“草木樨为草药王，生在花园有福地，叶片状如葫芦巴，三叶分生如宝鉴，花朵黄色有光泽，气香味苦其性凉，清解毒热瘟疫热。”胡卢巴也是一种具有三小叶的豆科植物，与草木樨很像。“干涸四肢脓”或“干四肢浓水”也就是化瘀祛肿，这与欧洲人用草木樨治疗四肢溃疡是一个意思。藏医视草木樨为草药王，而西人以草木樨为健康的象征，这种心有灵犀般的呼应也是有趣。

另外，藏医还用草木樨治疗鬼病。阿尼·哈咱和向·初称江初合著的《藏医精要》云：“鬼病的病因和病缘是作恶多端，孤独地久居在恐惧的地方亵渎了尖嘴利舌者，断绝了应供事宜，忧愁伤身，鬼魅作祟等原因致病。

图31 《蒙药正典》中的草木樨图。图中“苜蓿”二字左边为藏文注汉音，显然把草木樨和苜蓿弄混了。“苜蓿”上方记号②右边为蒙文名（读音：胡西样古日）。

鬼魅虽然有十八种，草木犀五味汤内服，野生乳香五味方薰疗是治疗鬼病的总措施。”鬼病当为精神方面的疾病，用草木樨来治疗，大概是精神作用。

19世纪中期占布拉·道尔吉所著的《蒙药正典》也收有“草木樨”条，其说法应该源自藏医：“草木樨，地上茎细长，叶似胡芦巴叶，花黄色，有光泽，果实似花苜蓿，气味芳香，味苦；能清陈热，中毒。”该条目同时绘有草木樨图，文字却标成了苜蓿，这再次说明草木樨很容易被误作苜蓿。

草木樨和香豆素

这可怜的馨香幻觉

是甜三叶草的灵魂

从她口中呼出就好像

啊，老天，偷自她盛开的心

——豪威尔斯《甜三叶草》

香豆素

草木樨干草的香甜气息、咀嚼草木樨时的苦味、传统医学中草木樨的诸多医学应用，其奥秘都在草木樨所含有的一种特殊物质，这就是香豆素（coumarin）。

香豆素是一类具有苯并 α- 吡喃酮母核的化合物的总称，最早从豆科植物顿加豆（Tonka Beans，法语名 *coumarou*）中制得，因其具有芳香气味而得名。目前已经知道的香豆素化合物有近两千种。最简单的香豆素化合物也叫香豆素，又名香豆精、香豆脑、蜜糖质等，具有香草醛香味。分子式为 $C_9H_6O_2$，无色晶体，难溶于水，可溶于沸水和酒精，易溶于热酒精、乙醚、

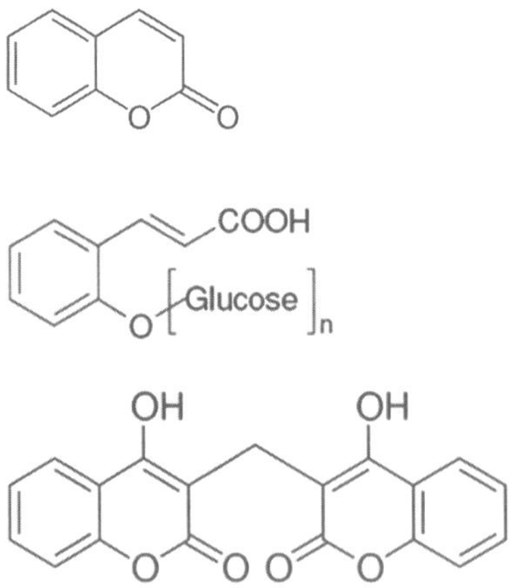

图 32 香豆素、香豆素苷（草木樨苷）和双香豆素的分子结构示意图。香豆素由两个分子环构成，左边是苯环，环上有 6 个碳原子；右边是 α－吡喃酮，环上有 1 个氧原子和 5 个碳原子。Glucose 为葡萄糖。含有两个羟基的双香豆素具有强力抗凝血作用。

氯仿、挥发油、脂肪油等。其他香豆素化合物都是这种简单香豆素的衍生物。

草木樨植株和提取物包含的香豆素化合物有香豆素、伞形花内酯（umbelliferone）、东莨菪素（东莨菪内脂，7－羟基－6－甲氧基香豆素），以及能够转化成香豆素的草木樨苷（melilotoside，亦称香豆素苷）。香豆素类化合物的香气主要取决于 α－吡喃酮，含这种结构的化合物普遍具有奶香气息。

除了草木樨，很多植物都含有香豆素及其衍生物。西方人常用的顿加豆（有时译为零陵香豆）、欧白芷、肉桂、薰衣草、香车叶草、车轴草等，中国人喜欢用的桂皮、白芷、茅香等，都含有大量的香豆素及其衍生物。另外，豆科的补骨脂、紫苜蓿；芸香科的佛手、花椒；木犀科的秦皮；伞形科的独活、前胡、蛇床子、防风、蒿本；茄科的东莨菪和颠茄；菊科的滨蒿、茵陈蒿、青蒿、艾草、菊花等中药材也富含香豆素类物质，其药效与所含的香豆素类物质密切相关。植物富含香豆素类物质的话，味道就会变得苦，对多数动物来说就不那么好吃。从本质上来说，香豆素类物质原本就是植物防止动物侵害的一种自卫武器。

植物体内的香豆素往往与糖结合成香豆素苷，存储在植物细胞的液泡中。香豆素苷大多数是没有香味的。所以，即便是含有大量香豆素的植物，从活着的植株上也很难闻到香豆素的香味。只有遇到外源性刺激时，比如割刈、研磨、干燥等，液泡被破坏，植物体内的水解酶被激活，香豆素苷才会酶解成香豆素酸，后者立即内脂化而生成游离的香豆素，从而散发出香气。草木樨等富含香豆素的植物用这种办法来抵御昆虫或食草动物的破坏，同时又避免香豆素对自身的毒害。简单加热也可以促成香豆素苷的水解反应，生成游离的香豆素。据说烈日下草木樨花田的香气会比平时浓郁一些，这本质上是草木樨植株被太阳晒伤以及加热促进香豆素苷水解反应的综合效果。

夏、秋季草木樨开花期香豆素含量最高，此时割刈晒干，干草木樨的香豆素含量最高。游离的香豆素化合物往往具有完好的结晶，无色或淡黄色，大多数具有香味，属于脂溶性物质，易溶于甲醇、乙醇、乙醚、苯等有机溶剂，而难溶于水。小分子游离香豆素具有挥发性，很容易从植株体内散发出来，它的香气相对容易闻到。

人们通常把香豆素的气味描述成新割刈的草香，有些人闻到这种香气会联想到“腐烂的干草”，这是香豆素浓度低时人所感受到的气息。揉搓刚摘的草木樨花叶，闻到的就是这种气味，这种气味可能会让一些人感到恶心。晒干的草木樨可以散发出更高含量的香豆素，此时香豆素则具有一种温馨的甜香和焦香气息。经过适当方式处理过的草木樨能散发出浓郁的甜香和焦香气味。

因为香豆素这种令人舒适的甜香和焦香气息，无论是古代欧洲还是古代中国，人们都喜欢用草木樨或其他含有大量香豆素的植物来制作化妆品和卫生保健用品。崔寔《四时月令》作香泽法用了泽兰、藿香、丁香和苜蓿叶（草木樨叶）四种香草，其中草木樨含有大量香豆素，泽兰和藿香也都含有香豆素。东晋葛洪的"傅用方，头不光泽，腊泽饰发方"则用青木香、白芷、零陵香、甘松香、泽兰五种香草，其中零陵香（灵香草）和白芷都含有大量的香豆素类物质，青木香、甘松香、泽兰也都含香豆素。

除了选择香豆素含量高的植物，还得有合适的办法把香豆素提取出来。崔寔《四时月令》写得比较简略，葛洪腊泽饰发方和《齐民要术》润发香膏则描述得很清楚，都是先用酒浸泡，然后再用油和猪脂来煎。这种酒浸油煎的处理方法暗合了香豆素和香豆素苷的溶解特性，可以将植物中的香豆素最有效地提取出来。下面以《齐民要术》润发香膏的制法为例进行说明。第一步是浸香：用新棉包裹鸡舌香、藿香、苜蓿（即草木樨）、泽兰四种香草，浸泡到清酒中，足够长时间后（葛洪说浸两晚）可以得到香酒。因为香豆素和香豆素苷都溶于酒，这一步可以把香料植物中的香豆素和香豆素苷都溶解到酒里。第二步是煎香：用香酒和胡麻油及猪脂，小火慢煎，水尽膏成。这一步的目的，一是通过加热把溶在酒里的香豆素苷转化成香豆素，二把酒精蒸发掉，让香豆素溶解到猪脂里。含有大量香豆素的猪脂冷却后即成便于使用的香膏。

古代埃及、阿拉伯和欧洲大概采用四种方法来制作芳香化妆品。一是染香法，将动物脂肪（如牛、羊、鹅等的脂肪）批削成薄片状敷在木板上，再将具有芳香气味的花瓣一层一层地铺在脂肪上，隔一定时间更换花瓣，直到脂肪吸入足够的香味，然后脂肪就可以制成香膏。这个方法只适用于易溶于脂肪的芳香物质。二是热煮法，将香花或香草放在水中煮，然后投入脂肪，让脂肪融化后与芳香物质结合，凝结后做成香膏或香油。这个办法本质上与中国的酒浸油煎两步法是一样的。只不过他们第一步用的是水，而我们用的是酒。酒里有水和乙醇，能够溶解的芳香物质应该比水多很多。三是油浸法，就是用油（通常是橄榄油）直接浸渍香料来制作化妆用的香油。有时辅以加热，加快制作过程。《出埃及记》中供奉上帝的圣油就是用橄榄油浸渍没药、肉桂、菖蒲和桂皮制成。肉桂和桂皮都含有丰富的香豆素。四是压榨法，将芳香植物的花、叶或种子进行压榨绞汁，以获取香水和香油。

从原理上说，这四种方法都可以用来提取草木樨中的香豆素。像草木樨这种植物，花朵和种子都非常小，用油浸法来提取芳香物质比用其他方法更方便。古罗马百科全书式作家老普林尼《自然史》卷十三第二章讲述如何制造化妆用的膏乳，提到用黄花草木樨与其他五种香草和橄榄油、蜂蜜制作一种唇膏；卷十五第七章提及用草木樨和其他香草制作精油："先将植物浸泡在油中，然后压榨。"

从植物中提炼香豆素等芳香物质的传统办法，产量低，成本高，只有权贵阶层才用得起，无法满足社会对香豆素的大量需求。公元10世纪左右，阿拉伯哲学家兼药学家奥维山达发明了蒸馏法，可以把香料中的挥发油单独提取出来制成精油。蒸馏法可以大大增加香的浓度，使香味更加纯正，成为后来制造香水的首选办法。现代化工技术的发展彻底解决了大批量生产香水的问题。1820年，奥古斯特·沃格尔（August Vogel）从顿加豆中首次分离和提纯出了香豆素，发现香豆素是顿加豆香味的来源。1868年，威廉·亨利·珀金（William Henry Perkin）人工合成了这种物质，十年后他实现了这种物质的工业化生产，为香豆素的大规模应用奠定了基础。

人工合成的香豆素首先用于利润丰厚的香水业。1884年，调香师巴尔奎（Paul Parquet）成功调制出含有10%香豆素的皇家馥奇（Fougère Royale）香水。这种香水具有薰衣草、橡苔和香豆素混合而成的香调，是第一款使用了人工合成原料的香水，标志现代香水业的开始。现在，大约90%的香水都含有香豆素类物质，其中半数香水的香豆素含量超过1%，可见香豆素在香水工业中的重要地位。香豆素含量多的香水往往令人联想到美食，人们常用顿加豆、香草、杏仁糖或是烟草这类的词汇来描绘它的香调。香水成品中香豆素类物质的用量被限制在1.6%以内。

香豆素还广泛用于人造香荚兰（Vanilla，其香气来自香兰素，又名香草醛），在许多人造香荚兰香精中，富含香豆素的顿加豆浸膏是最常使用的。香豆素还广泛应用于食品烘焙，因为它能赋予糕饼等点心一种清香可口的香草奶油风味。烟草业也利用香豆素来给予烟叶一种可爱的芳香。另外，很多化工产品如橡胶和塑料等，也会添加香豆素来中和化工材料中的恶臭。

当然，工业制造的香豆素类化合物成分简单很多，导致其香味比较单调，给人一种廉价的感觉（也的确廉价）；而从天然植物中提炼得到的香料则成分复杂，往往包括很多种香豆素类化合物以及具有其他特殊气息的化合物，其香气丰富多变，具有深度感。因此也有商家和个人打着“古法制作”或“回到自然”的旗号，采用草木樨、顿加豆、香荚兰等植物制成品或提取物来制作香水、香烟和点心等，为追求精致生活的现代人提供一种更高级也更昂贵的香气服务。

如果有时间和精力的话，我们自己也可以用这些芳香植物来制作美食和香物。只是顿加豆和香荚兰中国不产，只能进口，价格比较昂贵。而草木樨在全国很多地方都有，采集很方便。从采集香草开始，一直到最后美食和香物的完成，从头到尾都由自己亲手操办，也许会更有成就感。

有关草木樨中香豆素的一些说法

● 草木樨中香豆素含量与蛋白质含量成反比。蛋白质含量高的草木樨，其香豆素含量低，不适合作香料和药，更适合作牲畜饲料。

● 草木樨属植物都含有香豆素，其含量高低因种类不同而异。白花草木樨和草木樨香豆素含量最高，印度草木樨次之，细齿草木樨最低。

● 香豆素含量还与植株部位有关，花中最多，叶和种子中次之，茎秆和根中较少。

● 花期时草木樨植株内香豆素含量往往是最高的，目的是抵御动物和虫子侵害。

● 生长在干旱之地的草木樨，其香豆素含量较高，湿地上的草木樨，其香豆素含量较低。

● 草木樨中香豆素含量在一天当中也会发生变化，中午前后，光照强、温度高时含量最高，早晨或傍晚光照弱、温度低时含量较低。

● 加工处理草木樨的温度条件对香豆素含量也有重要影响。据报道，在30℃条件下干燥草木樨叶子，香豆素苷一半以上被破坏，并且只产生少量的游离态香豆素；当在40℃条件下干燥处理叶子时，则其中90%以至更多香豆素苷，由于酵母和糖苷酶的作用，转变成游离态香豆素。

除了具有芳香气味，香豆素衍生物中相当一部分具有生物活性，在植物和动物体内都有重要的生理作用，可以用作药物，另外还用作驱虫剂、杀虫剂、麻醉剂等。例如，羟基香豆素有防御紫外线烧伤作用，双香豆素有抗凝血和抗菌作用，伞形科前胡属植物所含的呋喃香豆素则有抗痉挛的作用等。草木樨作为一种富含香豆素的典型植物，相关药品和保健品所声称的功效，主要也都源自香豆素衍生物。

欧洲药品管理局详细调查了欧洲市场上的草木樨制品，发现草木樨制品往往被用于静脉功能不全、痔疮、淋巴水肿、擦伤和扭伤等钝伤、乳腺疼痛等症状的治疗。近些年来，各国学者对草木樨提取物的药理作用进行了深入研究，涉及消炎镇痛、抗水肿、减轻软组织水肿、预防和治疗血栓和栓塞的形成、利尿、免疫调节、抗氧化、清除自由基作用等。

尽管如此，按照欧洲药品管理局的看法，虽然诸多文献记录有草木樨的广泛用途，也有一些证据证实含草木樨的复方在某些症状上的有效性，但是以草木樨制品为单一成分的临床数据很少，绝大多数发表文章对所研究药物的成分清单语焉不详，是在不同剂量和多种症状下对制剂进行的研究，研究中也缺乏可控的临床参比设置。在大部分研究中药物有效的客观测量缺乏或者没有提及。因此，草木樨作为单一制剂的已有临床研究并不令人信服，不足以证实为公认的应用。总之，欧洲药品管理局还是坚持认为草木樨制品的疗效没有经过严格的科学验证，只能当作传统草药看待和使用。

对于草木樨药品，欧洲药品管理局推荐的“功能主治”包括三种：缓解与静脉循环障碍有关的腿部不适和粗大症状（口服或外用）、瘀伤和扭伤治疗（外用）和昆虫叮咬治疗（外用）。由于缺少数据，无法评估草木樨滴眼液的安全性，欧洲药品管理局不支持滴眼液用来治疗各种原因（吸烟环境、用眼过度、海水或游泳池中游泳等）造成的眼睛发炎或不适。

国内草木樨制品临床应用主要涉及治疗痔疮、皮肤擦伤、外伤性软组织肿胀、慢性下肢静脉功能不全、腰椎间盘突出神经根炎症水肿及辅助治疗急性脑梗死等方面。临床应用中最常见的一款药是所谓从日本进口的草木犀流浸液片（消脱止 -M）。

草木犀流浸液片

草木犀流浸液片是一种内服的处方药，为黄花草木犀（*Melilotus oficinalis*）的流浸液提取物，主要含有香豆素类、酚酸类、黄酮类和三萜皂苷类以及脂肪油类等多种化合物。所含香豆素不同于具有强力抗凝血作用的羟基香豆素，其主要成分是香豆素、香豆素苷、二氢香豆素等。

药品说明书列出的功能主治有两项：一是治疗因创伤、外科手术等引起的软组织损伤肿胀，一是治疗各种类型痔引起的出血、脱出、疼痛、肿胀、瘙痒等。草木樨这两项功能主治也被一些欧洲国家认可。德国、西班牙等用草木樨制品来治疗静脉功能不全相关症状（软组织损伤肿胀和下肢粗大应该都属于这一类），法国和意大利则用草木樨来治疗痔疮。不过，与欧洲药品管理局推荐的草木樨功能主治略有差别。

不管怎样，草木犀流浸液片在国内挺流行，网上有很多这款药的广告，看起来主要用于消肿（特别是美容手术后）和治疗痔疮。我的微信朋友圈里就有不少人说自己或者朋友用过这个药，据说效果还可以。

网上药商宣称“这是一种纯天然中草药制成的肠胃药，对于人体无毒副作用”，产品说明书也说 “至今为止尚未发现明显不良反应” 。关于草木樨药物过量是否有副作用，《福建药物志》（1983 年）有这样的描述：

“印度草木樨含香豆精，小量毒性不大，大量可导致恶心、呕吐、眩晕、心脏抑制及四肢发冷。”欧洲药品管理局的描述略有不同，看起来相当严谨或者也可以说是滑头：“从科学文献来看，‘恶心、呕吐、头痛、虚弱’副作用看起来指的是香豆素过量而非草木樨草药过量。”意思就是没有草木樨草药过量导致不良反应的科学报道。道理也简单，草木樨草药中香豆素含量比较低，需要大量服用草木樨草药才有可能产生香豆素过量导致的副作用。然而对于草木樨制剂来说，提炼加工的确可以使得药品中香豆素的含量大为增加，应该存在过量服用的危险。

即便日本这款草木樨制剂没有科学意义上的副作用，但是也免不了个别患者服用后出现明显的不良反应。《中国药物流行病学杂志》在 2013 年报道过一名 46 岁患者服用草木犀流浸液片后出现面部肿胀和头痛不适的症状，停药后不适症状完全消失。《中国现代应用医学》在 2015 年报道过另外一例更为严重的不良反应。一名无食物、药物过敏史的 25 岁女患者在医院治疗车祸导致左膝外侧疼痛肿胀，遵医嘱服用草木犀流浸液片 100mg（4 片），30 分钟后即出现“突然昏厥，全身抽搐，面色苍白”的过敏性休克症状。这两例不良反应都被归结为流浸液片所致，可能“与患者个体差异有关”。可见，即便是号称安全的药（“至今为止尚未发现明显不良反应”），使用时仍须谨慎，如草木犀流浸液片说明书所言，“请仔细阅读说明书并在医师指导下使用”。

中国人口众多，这款药用量想必很大，那么生产这个药的日本生晃荣养药品株式会社（Seiko Eiyo Yakuhin Co.LTD）很可能会从中国大量进口草木樨，我感兴趣于他们会使用什么品种的草木樨，哪个地方产，于是去查该株式会社的网站，希望能找到一些介绍。这个成立于 1947 年、位于大阪的药企有三百来个雇员，算是规模很小的药企，日文网页上只有寥寥几款药品的介绍，然而当中并无草木犀流浸液片。此药在中国药监局有备案，显示的确是来自日本的进口西药。在日本药监局网站（http://www.pmda.go.jp）输入药企名“生晃荣养”，可以检索到12款一般药品，都是各类维生素药品，跟草木樨毫无关系。更奇怪的是，网络上也找不到日本本土销售这个药的广告或其他信息，似乎草木犀流浸液片是专门为中国生产的一款药。

瘦腿用品

欧洲药品管理局推荐的草木樨“功能主治”有一项是缓解与静脉循环障碍有关的腿部不适和粗大症状，包括常说的静脉曲张和下肢肿胀（所谓象腿）。这应该是利用了草木樨或者说香豆素的抗水肿作用，亦即改善动脉、静脉血流，使毛细血管内压回复正常，阻止血清的丧失，维持正常的胶体渗透压，从而起到抗水肿作用。

嗅觉灵敏的药商抓住现代女性爱美的心理，推出草木樨瘦腿口服片。中国市场上比较流行的是日本DHC瘦腿丸，最主要的成分是草木樨，另外还用到了爪哇茶、银杏叶、辣椒三种植物。根据网上真假难辨的资料来看，DHC瘦腿丸对久坐办公室导致的下肢水肿有一定效果。有人现身说法：“我的腿非常容易水肿，早晚差别特别大，早上还细细的到了晚上就粗得像萝卜一样，而且还涨得疼。吃了这个水肿还是有改善的，而且不会有那种肿胀的疼痛感了，视觉上还是会觉得有瘦。”我不太清楚，如果是香豆素抗水肿作用使得腿部变细的话，这算是真正的瘦身减肥吗？日本丸荣（Maruei）

也生产过类似的草木樨瘦身产品。

另外还有一些其他瘦身产品也都含有草木樨，但是草木樨含量不是很高，如日本 Graphico 公司的白芸豆瘦身酵素，泰国然禧瘦身霜（Yanhee Beauty Skin）等。如果说这些产品确实有瘦身效果，应该也与草木樨关系不大。

草木樨中毒

现代女性为了在美容手术后消肿，或者为了瘦腿而服用草木樨药片，如果遵照说明书上的用法用量，应该不会出现什么异常的身体反应。如果有人想加强效果而超量服用，会有什么不好的后果呢？

20世纪初，一个名叫鲍文（Bowen）的医生与患者共同验证草木樨的药效，他记录了服药后的情况：

> 除我之外，所有的试验者都有可怕的头痛和鼻子大出血。我鼻子没有出血，只感受到压力导致的充血，但这显然使得血管扩大，因为那个时候我的大脑比之前更为活跃。我吃得少睡得少，一周可以两三晚不睡也没觉得损失什么。我的神经系统像任何人那样完好无损，除了交感神经。后者可以说是完全被破坏了，如此之严重以至于我不能胜任任何法医学活动。我相信这种异常是草木樨所致。这个事实表明，草木樨对某些精神错乱和神经病的可能疗效理应加以确定。（译自约翰·亨利·克拉克《药物》）

一方面草木樨促进血液循环，带来一种充血（血管扩充）的感受，包括精神兴奋引起的无饥饿感、无睡眠感。另一方面，草木樨又影响交感神经的正常工作，恶心、呕吐、眩晕大概都是交感神经功能失常的表现。

20世纪初布莱尔（Thomas S. Blair）在《植物药物，它们的药品、药理和疗法》（*Botanic Drugs, Their Materia Medica, Pharmacology and Therapeutics*）的“草木樨”一节中说“香豆素是一种明显的麻醉剂，可产生脑部陶醉。它也会影响心脏，大剂量时使心脏麻痹”。这和《福建植物志》所说的“大量可导致……眩晕、心脏抑制”是类似的意思。

布莱尔还注意到了在香烟中添加富含香豆素的植物可以让吸烟者更加兴奋。他在该书中说：“香蛇鞭菊、香子兰、鹿舌，在被人称为香豆素载体以前，据我个人所知，就大量用于烟草和我们劣质美洲纸烟。这些杂草被收集并装运到烟草货仓——我曾经在那儿看到过，并可以证明它出现在十四种烟斗和纸烟的烟草品牌中——它被掺入烟叶以释放一种精细的香气，就像给产品添加了兴奋剂。”

事实上1884年出版的《北美药用植物手册》（*A Manual of the Medical Botany of North America*）第170—171页就已经提及抽这种掺有香蛇鞭菊的香烟的危害：“根据个人经验和观察，笔者深信，吸这种掺杂烟草所造成的有害影响要远大于过量吸纯烟。从这种掺杂烟草制成的香烟中吸进一丁点烟，假如连续不断快速地吸，会产生一连串具有陶醉特征的脑部感觉，远不同于你能想象的抽纯烟的效果；持续抽这种烟无不导致消化器官的严重紊乱（与过量吸烟导致的消化不良很不一样），并伴随一种令人痛苦的心脏病症状。以这种形式吸香豆素的习惯看起来比单独抽烟更容易上瘾，更要求细致小心，以至于不幸的牺牲品——他就应该如此被人称呼——在放纵时刻之外永远不会感到舒服。”

该书作者劳伦斯·杰森（Laurence Johnson）警告世人，掺有香蛇鞭菊的香烟更令人陶醉，因而更让人上瘾，过量吸食会导致消化系统紊乱和心脏麻痹。香蛇鞭菊是北美特有的一种含有大量香豆素的植物。大概 20 世纪前后北美才开始大规模种植草木樨作为牧草或绿肥植物，杰森和布莱尔各自写书的时候草木樨在北美还不常见，因此香烟中掺入的是香蛇鞭菊，而不是草木樨。喜欢在香烟中掺入草木樨的是俄罗斯人，因为俄罗斯原野有大量野生的草木樨。我一直想知道俄罗斯人抽这种烟是什么样的感受，可惜不懂俄文，没有去查找这方面的资料。

虽然这些学者早就呼吁禁止在香烟中添加香豆素以保护国民健康，烟草公司却以保护商业秘密为由不愿公开烟草调香配方，自然不会主动去掉配方中的香豆素。直到 1985 年，香豆素才被禁止添加到卷烟中，而烟斗用烟草直到 1996 年还可以添加香豆素。

欧洲药品管理局也做过有关草木樨副作用的研究。从已有科学文献来看，老鼠实验表明大剂量服用香豆素可能引发肝脏受损，亦即肝中毒，然而香豆素剂量与肝中毒病症之间的清晰关系尚未建立。人体中与香豆素代谢有关的基因不同于鼠类，因此原则上从老鼠实验得出的结论不一定适用于人类。草木樨制剂或制品中香豆素含量通常很低，服用它们不会有肝中毒危险，但是也有报道说服用过量的话可以引发恶心、呕吐、头痛和虚弱等症状。对于草木樨的副作用没有给出明确的结论。

欧洲食物安全局（EFSA）则规定每人每日可容忍摄入量为每公斤体重 0.1 毫克。根据这个数字，一个 70 公斤体重的人每天可摄入 7 毫克香豆素，对应于 1.5 克左右的草木樨草药。再考虑日常食物中也含有香豆素（欧洲人喜欢食用香草和香料，其中多含有香豆素），那么通过传统草药摄入的香豆素应该控制在每天 5 毫克以内，这样才足以保证安全。

我国对香豆素副作用的研究并不多。《福建药物志》提到过香豆素副作用："可导致恶心、呕吐、眩晕、心脏抑制及四肢发冷。附注马、羊等牲畜，食此草过多可发生麻痹。"《福建药物志》的说法应该是有根据的。据甘肃农大1980年的一个调查："甘肃省古浪县某乡某村农民在小麦地套种草木犀，夏天收割小麦时，将少量草木犀混杂在麦捆中，堆垛放置，打碾后又未进行处理，使小麦与草木犀籽种掺合，小麦磨成面粉后，凡食者均发生呕吐、眩晕。"混杂在麦粒中的少量草木樨籽就足以导致食用者呕吐和眩晕，看起来香豆素的毒性还真不小。不过也可能是草木樨与麦捆堆垛放置时发生了霉变，香豆素转变成毒性很大的双香豆素。

华法林

有些书籍称草木樨为有毒植物，这是因为牛、羊等牲畜吃了腐败的草木樨很容易得可以致死的"草木樨病"，也称之为"草木樨中毒"。《阿司匹林大战》描述了1933年美国某养牛场发生"草木樨中毒"时的情形："原本健康的牲畜身上突然出现内出血引起的暗红色斑点，从鼻子、耳朵和肛门往外渗血。牛会在几天之内肿胀成一个血口袋，并在没有伤口的情况下渗血至死。"从病牛身体流出的血液即便在寒冷的冬天也不会凝固。面对带着病牛、无法凝固的病牛血以及变质的草木樨干草找上门来的养牛场场主，无能为力的美国农业化学家林克和他的同事舍费尔非常沮丧，"舍费尔不止一次把双手伸进装血的桶内，语无伦次地高喊'这血中没有血块！血，血，该死的血'"。这也促使林克将他的研究方向从糖化学转向寻求治愈草木樨中毒的方法。

出血不止或者血液不凝是草木樨中毒的一大特征。当时的科学家已经知道流血不止的原因在于血液中缺乏凝血酶原，是腐败草木樨中所含的某种化学成分导致牲畜凝血酶原产生不足。凝血酶原不足时，血液就不会在血管破损处凝固以止血。

林克团队努力从养牛场腐败的草木樨中寻找这种化学物质。用林克的话说，那腐败的饲料就像一个“生物化学摸彩袋”，里面有数十种甚至数百种化合物，需要把它们一样一样地分离出来加以归类，一一验证它们对血液凝固的作用。经过六年的努力，1939年他们最终寻找到了这种物质——双香豆素，也被称为紫苜蓿酚、败坏翘摇素。这个研究小组随后确定了双香豆素的分子结构，并弄清楚了它是如何形成的——草木樨腐败时，香豆素便会在微生物的作用下同氧气和甲醛结合，生成双香豆素。1940年以及随后两年，林克课题组成功合成了双香豆素和100多个双香豆素类似物。

双香豆素既然可以阻碍血液凝固，人们自然期望它可以用作临床使用的抗凝血药，用来防止或治疗血管栓塞、肺栓塞、急性动脉血栓塞等心血管疾病。在随后的几年时间里，人们做了很多临床实验来检验双香豆素的抗凝血作用，有些研究者甚至以“死马当活马医”的态度竞相对病情严重的患者使用此药，以探索双香豆素的疗效。比如有研究者提议给新近发作过心脏病的人施用双香豆素，认为在心脏病发作的过程中使用抗凝血药能防止最初的血栓扩大。在心脏病发作过后继续治疗几天，就能减少其后发生血栓的机会。然而双香豆素的抗凝血药效始终有争议，因而一直没有成药。

1945年林克外出旅行感染了肺结核，在疗养院休养时因为无聊而阅读有关灭鼠历史的书籍，突然想到用双香豆素类化合物来灭鼠。他们发现双香豆素作用太慢，效果不好，但第42号双香豆素类似物则表现完美，他们给这种化学药物起名为华法林（warfarin）。就像牛浑然不知地嚼食腐败草木樨直至突然流血而死一样，老鼠毫无怀疑地偷吃掺有华法林的诱饵，以至于引起致命的出血。华法林是当时所知的最安全的灭鼠药，得到了广泛应用而未见致人死亡事件。

图 33　以华法林为主要成分的灭鼠药。

临床医生乐于进行双香豆素的人体实验，但是对于将灭鼠药华法林用作抗凝血药却顾虑重重，毕竟杀灭老鼠的药物对于人类来说也同样很毒，我国现在还有很多人因为误吃或主动吃灭鼠药而死亡。1951 年，美国一个陆军应征者企图吞服含有华法林的灭鼠药自杀，连续吞服多日却始终无法毒死自己。这一意外事件却证明了华法林对人的毒害作用有限，促成了华法林由灭鼠药向人用的抗凝血药的转变。1955 年，美国艾森豪威尔总统使用了林克的华法林来治疗冠状动脉血栓（心肌梗死）。世界上最重要的人物服用抗凝血药华法林——不胫而走的传言显然可以消除人们对灭鼠药华法林的抵触心理，大大地推动了华法林的临床应用。时至今日，华法林仍然是使用最多的口服抗凝血药之一。华法林价格低廉，服用过量时，也很容易用维生素 K 来解毒。不过华法林也并非没有缺点，它偶尔会引发皮肤坏死和脱发等副作用。另外华法林的使用剂量取决于患者年龄、体重和特定基因等因素，不容易准确估测。估测不准、剂量不够则无法有效防止血液凝固，剂量过高则可能导致危险的内出血。

零陵香草满郊坰

丹阳草

离乡草

茅山香草

蓝胡卢巴

矮糠和胡卢巴

叁

疑芸

重重·零陵香及其他

零陵香草满郊坰

低头久立向蔷薇，

爱似零陵香惹衣。

——薛涛《春郊游眺寄孙处士二首》

零陵香

我是很多年以后才知道零陵香，这个以自己家乡命名的香草。少年时道听途说家乡出产一种珍贵的香草，芳香馥郁，是向皇帝进贡的贡品。至于香草是什么，说的人不清楚，听的人也无意追问。只不过此后自己在草地上玩闹时，总爱下意识地揪下一把草来嗅闻。秋天枯黄的草总会散发出一种别样的草香，我心里就会想，这是不是进贡给皇帝的那种香草呢。几年前因为一时兴起开始寻找芸香的踪迹，在天一阁猛然撞到了零陵香这个名字，我才恍然大悟，少时听闻的香草原来就是零陵香。

唐代诗人刘禹锡（772—842）听说友人要去永州（零陵府治所在）任职，或许在脑海中浮现过永州郊野遍地零陵香的画面，兴冲冲地写下了“零陵香草满郊坰”这样的句子。然而我在永州度过了从小学到高中的青少年生活，时时在永州的山间水涯游荡玩耍，从没有见过什么特别的香草，更别提“满郊垧”了。

我就读的永州三中有一水池，名为碧云池，是清代乾隆时期群玉书院旧址。碧云池中有一方台，两石桥连到池边呈“中”字形。池中种荷，亭亭玉立，夏日盛开，香气扑鼻。因宋时池边曾建有思范堂，又称报恩院，故此处有“恩院风荷”之称，为永州八景之一。我们念书时，就曾经在方台上除草，在池边种柳。前些年回母校去看，除了池边合抱之树浓荫蔽日，池中碧荷，方台草木，一切都还是三十年前的模样。

群玉书院有讲堂，名为“香苓讲社”。当时群玉书院的山长宗绩辰在《保总督阮公香苓讲社题额小序》中记录了取名的来由，宗绩辰认为“零”本同“苓”，零陵本名苓陵，即香草之陵，所以零陵本来就得名于香草。

按照宗绩辰的“零即苓”说法，永州三中东边不远潇水河上的香零山就等同于香苓山，也与零陵香脱不了干系。的确，康熙时期修纂的《零陵县志》卷二《山川》有“香零山”条，它引明代曹学佺《名胜志》云：“香零山在城东五里，郡以此名。地产香草，其叶如罗勒，香闻数十步。”这里说零陵郡以盛产香草的香零山命名，或者就是宗绩辰“零即苓”说法的一个来源。

图 34　细雨中的香零山。

香零山其实是潇水河中的一座石灰岩小岛，高约 20 米，最宽也不超过 20 米。永州三中离潇水河并不太远，有时上劳动课还要为学校到河边挑沙子。课后不时独自或与班上同学在潇水河边玩耍，不知有多少次眺望过高耸于河面上的这座石岛。石岛上草木葱茏，瓦顶飞檐掩映其中，总让人好奇岛上的事物。高中同学有来自水边人家的，操一叶扁舟，袒胸赤足，摇橹呼啸来去，令人羡慕不已。我那时不会游泳，对河水有莫名的恐惧，根本不敢登上那晃动不已的小舟，更不用说乘舟登岛了。几年前回家给父亲拜寿，我特意去了一趟香零山。那天下着小雨，石岛掩映在云雾和水波之中，好一幅“香零烟雨”图（也是永州八景之一）。照着岸边墙上的电话号码，唤来船夫送我们上岛，只可惜石阶尽头有铁门把守，驻守之人不知哪里去了，只能遗憾而去。如果那时我已经开始芸香之旅，一定会想办法登岛一游吧。

虽然我没有登岛，但康熙《零陵县志》修纂者之一蒋本厚曾经亲自考察过香零山（很可能是因修纂县志而登岛），写有一篇短文《香零山小记》：“方春流汤汤，如贴水芙蓉，与波明灭；至秋高水落，亭亭孤峙，不可攀跻。予曾泊舟其下，明月东来，江水莹白。独坐揽袂，觉草木皆有香气，知古人命名，殊不草草。”对不同季节水涨水落的石岛，此文描述得非常精炼准确。蒋本厚认为香零山之名得自岛上草木香气，并没有明确说明这些有香气的草中是否有零陵香。我猜测他并没有看到“其叶如罗勒，香闻数十步”的香草，否则应该会记录下来。

零陵香一词最早出现在东晋葛洪所著的《肘后备急方》一书中，卷六“治面疱发秃身臭心惛鄙丑方第五十二”是迄今为止国内文献最早的美容笺谱专篇，其中“传用方，头不光泽，腊泽饰发方”用到了青木香、白芷、零陵香、甘松香、泽兰五种香料。南朝沈怀远《南越志》也提到这种香草：“零陵香，土人谓为燕草。”在药王孙思邈撰写的本草药书《千金要方》和《千金翼方》中，更是有数十个药方用到了零陵香，绝大多数是与藿香、丁香、檀香、茅香等香料配伍使用，用来熏衣香衣，或者制作美颜香体的唇膏、澡豆之类。自此以后，历朝历代的本草书籍，从唐代的《外台秘要》到宋代的《证类本草》，再到明代李时珍《本草纲目》，零陵香都作为一味著名的香药，屡屡出现在美容美颜、香身护肤的药方中。

这些药方多半来自宫廷，再逐渐传及民间。例如王焘《外台秘要》收有一个“备急裛衣香方”，因为是唐太宗李世民三女儿南平公主用的，所以又称“南平公主方”，此香方非常简单：“藿香、零陵香、甘松香各一两，丁香二两，上四味细锉如米粒，微捣，以绢袋盛衣箱中。”

零陵香也是零陵地方进贡朝廷的一种重要贡品。据《古今图书集成》第一百八十五卷记载，唐太宗贞观元年（627）分天下为十道，确定各道贡品，零陵地区所在的江南道的十余项贡物中就有零陵香。《新唐书·地理志》亦记载永州零陵郡和道州江华郡（两地均属古零陵）土贡零陵香。《新唐书·循吏》记载了永州刺史韦宙奏罢零陵香贡之事："湘源生零陵香，岁市上供，人苦之，宙为奏罢。"

除了岁贡，唐代后期地方官员在元正、冬至、端午和降诞四节还要贺表贺仪，进献各地特产，其中也有以零陵香为贺礼的。《全唐文》收有令狐楚（766或768—837）《降诞日进银器物及零陵香等状》和李商隐（约813—858）《为荥阳公进贺寿昌节银零陵香鹿靴竹靴状》。李商隐状文云："前件物等或洁凝圭锡，芳厕兰芜，可传御器之间，傥助薰风之末。其余则攻皮合巧，截竹呈能。岂纳职于屦人，愿永康于天步。"根据"芳厕兰芜……傥助薰风之末"之句，可知零陵香主要用于熏香。

零陵香在唐代诗歌中也有反映。谪居洞庭之滨朗州（今湖南常德）长达10年的刘禹锡有两首诗提到了零陵香，《潇湘神二曲》："湘水流，湘水流，九疑云物至今愁。君问二妃何处所，零陵香草露中秋。"《闻韩宾擢第归觐以诗美之兼贺韩十五曹长时韩牧永州》："零陵香草满郊坰，丹穴雏飞入翠屏。"身居成都的传奇女诗人薛涛也有"低头久立向蔷薇，爱似零陵香惹衣"之句（《春郊游眺寄孙处士二首》）。可见零陵香之名也已经流行于宫廷贵族和文人雅士等社会上层，而不仅局限于医药圈子。

有趣的是，这些零陵香事件（进贡和入诗）似乎都是在相去不远的一段时间之内发生的。引零陵香入诗的两位诗人，刘禹锡和薛涛年岁相差不大，他们的出生和去世时间分别为772—842（刘禹锡）、768—832（薛涛），他们的零陵香诗句很大可能作于公元800年之后。稍加查证，可知刘禹锡《闻韩宾擢第归觐以诗美之兼贺韩十五曹长时韩牧永州》作于长庆三年（823），《潇湘神二曲》大抵是刘禹锡谪居朗州（805—815）或夔州（821—824）期间所作。薛涛《春郊游眺寄孙处士二首》的写作确年不可考，但诗中有“何事碧鸡孙处士，伯劳东去燕西飞”之句，猜测是薛涛晚年移居碧鸡坊（今成都金丝街附近）时期所作，孙处士大约是时常往来的街坊邻居。令狐楚降诞日进银器物及零陵香应该发生在令狐楚任河东节度使之时，也就是大和六年（832）。《为荥阳公进贺寿昌节银零陵香麂靴竹靴状》则写于李商隐随桂管观察使郑亚往桂林任职的大中元年（847）。而韦宙任永州刺史是在宣宗朝，亦即在847—860年之间（董佳贝考证韦宙任永州刺史在大中六年至大中十二年之间，即852—858年之间）。可以看到，涉及零陵香的这几篇诗文就出现在文宗朝（826—840）前后的四五十年间。这个小小的零陵香风潮刮过之后，一直到清代的一千多年时间中，零陵香就只是偶尔出现在文人骚客的诗文和传奇故事中（就我所知，零陵香在南宋洪迈的《夷坚志》和元代方回的一首诗中各出现过一次，另外明代沈周写过一篇《零陵香怪》的志怪小说，也许还有我没查到的，但是应该不会很多）。零陵香这个名字更多还是出现在本草和地理名物之类的子部书籍当中，似乎只有药物方家才关注零陵香这种香料或者香草。

零陵香风潮可能是某个皇帝偏爱这种香料所致，后来的皇帝并不那么喜欢，所以韦宙罢零陵香贡的建议才会很容易被唐宣宗所接纳，这些并不让人感到奇怪。最让人奇怪的是处于零陵香风潮中心的柳宗元丝毫没有提及零陵香。

柳宗元和刘禹锡二人同登进士，共同参加永贞革新，又同时被贬南荒，刘禹锡谪居洞庭之滨的10年，也正是柳宗元谪居永州的10年，两人诗书往来唱和极多，并称“刘柳”。在潇湘之滨的这座古城，柳宗元写下他一生中数量最多、最为重要的诗文（《柳河东全集》的540余篇诗文中有300多篇创作于永州），然而这些诗文却完全没有提及零陵香这个唐初即已进贡的当地著名香草，实在是让人难以理解。事实上柳宗元写过很多以花草树木为题材的诗，流传下来的花木诗有近二十首，如《茅檐下始栽竹》《种仙灵毗》《种术》《种白蘘荷》《早梅》《红蕉》《自衡阳移桂十馀本植零陵所住精舍》等，由此可知他不仅是欣赏花木，还往往亲自种植，他对植物的热情可见一斑。柳宗元还收集过当地药方，并结合自身患病治疗经历，编写过《柳州救三死方》，也应该会对这种既可做香料又具祛风寒、辟秽浊功效的零陵香感兴趣。柳宗元没有提到零陵香，难道是他在永州并没有看到向朝廷进贡的零陵香？

柳宗元诗文提到的当地贡品不是植物，而是蛇。他在《捕蛇者说》中说：“永州之野产异蛇，黑质而白章，触草木尽死；以啮人，无御之者。”这种毒蛇可为良药，朝廷每年征两条蛇，捕蛇者可免其他租税。捕蛇虽危险，永州人竞相捕之，实在是税赋太重毒于蛇，让柳宗元大发“苛政猛于虎”的感慨。然而查唐史，永州并无进贡异蛇之事，只是岁贡石燕和零陵香。石燕是一种可用来治病的动物化石，和零陵香一样都只出现在深山老林中，寻觅、采集石燕和零陵香大概都是危险的事情。也有可能是柳宗元担心直接写石燕和零陵香会触怒皇帝，所以换用毒蛇来讲故事。这当然有道理，但是无法解释柳宗元在其他并无讽喻之义的诗文中也不提零陵香。所以，很大可能是柳宗元没有看到零陵香，或者更准确地说，没有看到自然生长中的零陵香。

有一些文献明确记载永州没有零陵香。南宋范成大（1126—1193）曾于南宋孝宗乾道八年（1172）至淳熙二年（1175）知广南西路静江府（今广西桂林），非常熟悉广西的风土人情。他将广南西路方志未载之风物土宜及边远地区的一些传闻加以合编，撰写成《桂海虞衡志》一书。据该书《志香》篇记载："零陵香，宜、融等州多有之。土人编以为席荐坐褥，性暖宜人。零陵今永州，实无此香。"宜州今广西河池市，融州今广西融安、融水。

清代著名植物学家吴其濬在各地为官之时特别留心观察各地植物，他在《植物名实图考》"零陵香"条中说："余至湖南，遍访无知有零陵香者，以状求之，则即醒头香，京师呼为矮糠，亦名香草，摘其尖梢置发中者也。"他考察到的零陵香其实是一种罗勒。江浙地区习惯称罗勒为零陵香、省头草、醒头香等。

沈括在《梦溪笔谈》给出了一个零陵香得名的推测："唐人谓之铃铃香，亦谓之铃子香，谓花倒悬枝间如小铃也，至今京师人买零陵香须择有铃子者。铃子乃其花也，此本鄙语，文士以湖南零陵郡，遂附会名之。"按照沈括的说法，零陵香是文士以零陵郡附会铃铃香的结果。然而唐代传世文献中并没有铃铃香或铃子香的说法，不知沈括此说的根据何在。如果零陵香真与零陵郡无关，为何从唐至宋至明三朝，零陵或永州都有零陵香的土贡？

其实答案早已经写在南宋周去非（1134—1189）《岭外代答》一书中。与范成大《桂海虞衡志》成书过程相似，周去非曾在静江府任小官，东归后于淳熙五年（1178）撰成此书。周去非在《岭外代答》记载："零陵香，出猺洞及静江、融州、象州。凡深山木阴沮洳之地，皆可种也。逐节断之，而栽其节，随手生矣。春暮开花结子即可割，薰以烟火而阴干之。商人贩之，好事者以为座褥卧荐。相传言在岭南不香，出岭则香。谓之零陵香者，静江旧属零陵郡也。”

至此事情已然清楚，永州大概不产零陵香，而是周边旧时零陵郡属地所产。零陵香主要由大山里的瑶族所种植（周去非“出猺洞”之语），范成大所言宜州和融州，周去非所说静江、融州和象州，其州中大山也多为瑶民聚集之地。

灵香草

至于零陵香是什么植物，根据宋代马志《开宝本草》“零陵香生零陵山谷，叶如罗勒”之言来指认的话，大概很难确认，“叶如罗勒”的芳香植物实在太多了。

苏颂《图经本草》云：“零陵香，生零陵山谷，今湖岭诸州皆有之，多生下湿地。叶如麻，两两相对，茎方，气如蘼芜，常以七月中旬开花，至香，古所谓薰草是也。或云蕙草，亦此也。又云：其茎、叶谓之蕙，其根谓之熏，三月采，脱节者良。今岭南收之，皆作窑灶以火炭焙干，令黄色乃佳。江淮亦有土生者，作香亦可用，但不及湖岭者芬熏耳。古方但用薰草，不用零陵香。今合香家及面膏、澡豆诸法皆用之，都下市肆货之甚多。”虽然提供了更多的植物信息，仍旧难以指认。可惜的是该书佚失，所附插图也无保留。

艾晟《大观经史证类备用本草》（简称《大观本草》）“零陵香”条，除了引用苏颂的文字，还附有两幅零陵香插图，分别为“蒙州零陵香”和“濠州零陵香”。濠州零陵香画得很简单，叶如罗勒，互生。这样的植物太多，无法作为鉴定依据。蒙州零陵香除了叶如罗勒，还有小花如铃子，生叶腋间，正如《梦溪笔谈》所说的“花倒悬枝间如小铃也”。根据这些植物形态特征以及生态分布，现代学者多认定蒙州零陵香为报春花科的灵香草（也称为广零陵香）。蒙州辖境相当于今广西壮族自治区蒙山县地，附近的广西金秀瑶族自治县现在仍是灵香草的主要产地。

濠州治所在今安徽省凤阳县，所产濠州零陵香，应该就是苏颂《图经本草》所言江淮土生、香不及湖岭者。事实上，很多学者认为濠州零陵香就是罗勒，吴其濬在湖南找到的零陵香也是这种，而江浙地区至今仍称罗勒为零陵香。我推测这是不良商贩拿罗勒充当零陵香售卖的结果。

灵香草，报春花科珍珠菜属多年生草本植物，株高几十厘米，茎具纵棱，单叶互生，呈长卵形至椭圆形，花单出腋生，呈黄色。这些特征都非常贴近典籍对零陵香的描述。就产地来说，零陵香“产于云南东南部、广西、广东北部和湖南西南部。生于山谷溪边和林下的腐殖质土壤中，海拔800—

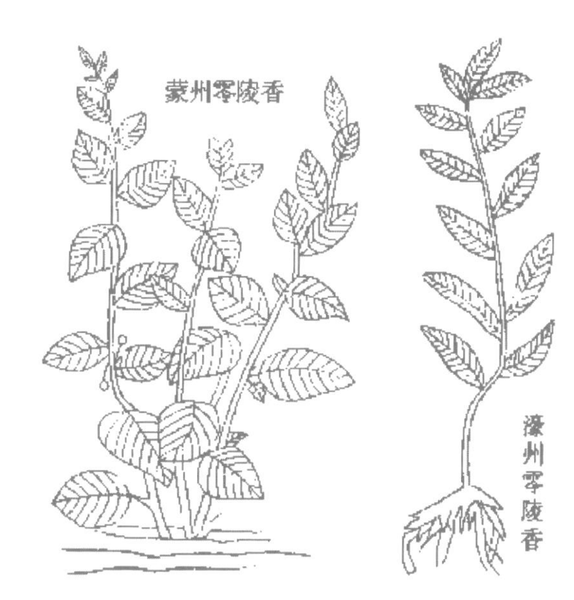

图35　艾晟《大观本草》中的零陵香（安徽科技出版社，2002年）。学者多认为蒙州零陵香为报春花科的灵香草，濠州零陵香为唇形科的罗勒。

1700 米”（《中国植物志》）。这也与《图经本草》“生零陵山谷，今湖岭诸州皆有之”之说相吻合。

更重要的是，虽然灵香草生长全无香气，但是烤干后，香气浓烈，也符合《图经本草》“以火炭焙干”的加工方法，是中国本土出产的一种重要的香草。清道光《义宁县志》明确记载了灵香草的用途：“蓤香草，生黄沙诸岭中，暴干，其香经年不散，置衣笥中，皆有芳气，亦能辟蠹。”义宁县位于广西桂林，是一个已经被撤销的县。《中国植物志》总结了灵香草的香药和药物功用：“全草干后芳香，旧时民间妇女用以浸油梳发或置入箱柜中薰衣物，香气经久不散，并可防虫。全草含芳香油 0.21%，可提炼香精，用作加工烟草及化妆品的香料；又供药用；民间用以治感冒头痛、齿痛、胸闷腹胀、驱蛔虫。”古人用灵香草作荐褥（《桂海虞衡志》“土人编以为席荐坐褥”，《岭外代答》“好事者以为座褥卧荐”），除了香气宜人，更重要的是灵香草能驱除虱蚤。

《中国植物志》没有说明的是，灵香草主要种植于广西瑶族地区，是瑶族的一种传统经济作物。清嘉庆《广西通志》载：“苓香，出平南朋化里内瑶山。”清光绪《浔州府志》载：“灵香草，产平南瑶山。茎叶如麻相对生，七月开赤花，刈下曝干，以酒制，芳馥胜丹阳所产。”清道光《平南县志》载：“苓香草，出瑶山，矮脚者良。”广西平南出产的灵香草还被称为平南草或平南香。

现在灵香草以广西金秀瑶族自治县大瑶山产量最大、质量最好。金秀瑶族自治县西部在唐代永隆以前为蒙州（今广西蒙山）管辖，也正合《大观本草》所说的蒙州零陵香。上世纪 80 年代以来，天一阁用来辟书蠹的所谓芸香就是来自金秀的灵香草。

图 36　（左）排草（《植物名实图考》）和（右）灵香草（《湖南药物志（第三辑）》，湖南省中医药研究所编，1979 年）。排草被《中国植物志》定为报春花科珍珠菜属假排草。

虽然零陵地区首府永州市现在不产灵香草，其南部属县却还是出产的。事实上，湖南省零陵香产区就在零陵地区的道县、江华瑶族自治县山区。这两个县身处南岭深处，地理环境非常适合灵香草的生长，应该也是唐代土贡零陵香的地方。

范成大、周去非和吴其濬在零陵没有找到零陵香，其中一个原因很可能是零陵当地人并不把灵香草称为零陵香，而是另有其名。光绪年间的《续修零陵县志》的确有“零陵香，俗称排草”的记载。而吴其濬确实遇到一种名为“排草”的香草，有《植物名实图考》记录为证：“排草，生湖南永昌府（今湖南祁东，三国为永昌县，也属零陵郡）。独茎，长叶长根，叶参差生，淡绿，与茎同色，偏反下垂，微似凤仙花叶，光泽无锯齿。夏时开细柄黄花，五瓣尖长，有淡黄蕊一簇。花罢结细角，长二寸许。枯时束以为把售之，妇女浸油刷发。”《中国植物志》断定此排草为报春花科珍珠菜属假排草。假排草与同为珍珠菜属的灵香草外形很像，并且也是一种“妇女浸油刷发”的香草。只不过假排草干后的香气不如灵香草浓郁。古人对这两种草不加区分，一概称之为零陵香，或排草。

零陵香茅

除了零陵香，古零陵还出产另外一种名为“香茅”的香草，其历史似乎比零陵香更为悠久，其宫廷地位也远比零陵香尊贵。宋代类书《太平御览》卷九百九十六收录了三则有关零陵香茅的记载：

> 《吴录·地理志》：零陵泉陵有香茅，古贡之缩酒。
>
> 《晋书·地理志》：零陵县有香茅，气甚芬香，古贡之以缩酒。
>
> 盛弘之《荆州记》：零陵郡有香茅，桓公所以责楚。

这三个记载都跟先秦时期的苞茅缩酒仪礼有关。《周礼·天官·甸师》载：“祭祀，共萧茅，共野果蓏之荐。”郑玄注曰：“郑大夫云：‘萧字或为茜，茜读为缩。束茅立之，祭前沃酒其上，酒渗下去，若神饮之，故谓之缩。缩，浚也。故齐桓公责楚不贡苞茅，王祭不共，无以缩酒。’”《说文解字》释茜：“茜：礼祭，束茅，加于祼圭，而灌鬯酒，是为茜。象神歆之也。”注意茜的金文（雍工壶，战国晚期），上有草，下有酒坛，正是苞茅缩酒之形。缩酒就是用成束的茅草过滤酒中的酒糟，让酒澄清以便饮用或飨神。苞茅缩酒在祭祀活动中象征神灵饮酒，具有神圣的象征意义。

《禹贡》有荆楚地区进贡苞茅的记载:“荆及衡阳惟荆州……包匦菁茅。”孔安国注曰:“匦,匣也。菁以为菹,茅以缩酒。”桓公责楚不贡苞茅的故事与成语“风马牛不相及”来自《左传·僖公四年》同一个记载:

> 四年春,齐侯以诸侯之师侵蔡。蔡溃。遂伐楚。楚子使与师言曰:“君处北海,寡人处南海,唯是风马牛不相及也。不虞君之涉吾地也,何故?”管仲对曰:“昔召康公命我先君大公曰:‘五侯九伯,女实征之,以夹辅周室。’赐我先君履,东至于海,西至于河,南至于穆陵,北至于无棣。尔贡包茅不入,王祭不共,无以缩酒,寡人是征。昭王南征而不复,寡人是问。”对曰:“贡之不入,寡君之罪也,敢不共给。昭王之不复,君其问诸水滨。”师进,次于陉。

楚国不贡苞茅,就成为齐桓公伐楚的一个理由,可见楚国进贡苞茅已成为周王朝祭祀典礼中必不可少的重要物品。产茅之地很多,之所以责楚进贡苞茅,应该是荆楚苞茅特异于他地。《管子·轻重》提及周天子封禅泰山所用菁茅为三脊茅:“江淮之间,有一茅而三脊,毌(即贯)至其本,名之曰菁茅。”《史记·封禅书》记载,管仲为了打消齐桓公封禅泰山的念头,举出各种理由,其中一项就是需要江淮的三脊茅为籍:“江淮之间,一茅三脊,所以为籍也。”最终齐桓公知难而退。值得指出的是,三脊茅在泰山封禅中只作包籍之用,并不用于缩酒,而且并无记载说三脊茅是香草。

至晋代张勃《吴录·地理志》才有零陵贡香茅缩酒的说法,强调楚地贡茅的芳香特征。南朝梁(或北朝齐)萧祗则认为三脊茅就是香茅,写有《香茅诗》:“鶗鴂芳不歇,霜繁绿更滋。擢本同三脊,流芳有四时。粗根缩酒易,结解舞蚕迟。终当入楚贡，岂羡咏陈诗。”自此以后，诗文所言荆楚贡茅，或为三脊茅，或为香茅，或二者得兼，不再一一列举。

不管是叶有三脊，还是茎分三棱，三脊茅这种祥瑞之物不过是帝王用来昭明自己太平盛世的一种统治术，总是披着神秘的面纱存在于传说之中。若真在某地找到了所谓的三脊茅，多半是心领神会的地方官员为讨皇帝欢心而穿凿附会出来的东西，并不值得认真对待。

相比之下，香茅却是实实在在存在于自然界的植物。在《开宝本草》《图经本草》《本草衍义》《大观本草》以及《本草纲目》等诸多本草书籍中，似茅而香的植物被称为香茅、茅香或香麻（“麻”音近“茅”）。从本草记载来看，古代香茅或茅香不只是一种，存在异物同名或一物异名现象。香茅植物主要分为两种：一种学名为柠檬草（*Cymbopogon citratus*），《开宝本草》称香茅，俗称香茅草，为禾本科香茅属多年生植物，广泛种植于热带地区，我国主要分布于福建、台湾、广东、广西、四川、云南等省区；另一种学名为茅香（*Hierochloe odorata*），为禾本科茅香属多年生植物，产于辽宁、河北、山西、山东、陕西、新疆等北方地区（中国暖温带地区），生于低山带平原河岸草地、沙质草甸、荒漠与海滨。

柠檬草带有柠檬香气，茎叶提取柠檬香精油，供制香水、肥皂，并可食用，嫩茎叶为制咖喱调香料的原料。在云南餐馆中经常可以遇到柠檬草作香料的菜肴，如香茅排骨、香茅烤鱼等等。我曾经特意品味过这些菜肴里的香茅草，特有的柠檬香气让人开胃。不过香茅草叶子硬且粗糙，叶缘还带有细齿，咀嚼的口感很差，的确只能作为香料调味而不适合直接入口为菜。另外在东南亚地区，不少菜肴和冷饮甜品中也常会加入香茅草。

与柠檬草相比，茅香因所含香豆素而带有怡人的甜香气。然而香豆素吃起来是苦的，茅香虽然非常好闻，但是很少用于饮食，更多地用于香身美容等方面。寇宗奭《本草衍义》“茅香根如茅，但明洁而长，可作浴汤，同藁本尤佳”说的就是茅香。很多香身美容的本草药方中都有茅香这味香药。

然而无论是倾向暖温带气候的茅香还是偏爱热带气候的柠檬草（香茅草），处于亚热带气候带的湖南省基本上都不出产。据《湖南植物名录》，只是在郴州市莽山地区有香茅属扭鞘香茅。这样的话，籍载贡以缩酒的零陵香茅究竟是什么植物？有一种可能，就像零陵香一样，零陵香茅指的也是古代零陵地区产的香茅，比如与现在零陵地区接壤的广西诸县市所产的柠檬草。查《广西药用植物名录》，广西并无茅香出产，而包括柠檬草在内的香茅属植物也主要产于广西南部，与零陵接壤的县市似乎并无出产。还有一种可能，古代气候与现在不同，也许《吴录·地理志》《晋书·地理志》和《荆州记》成书年代（两晋南北朝时期）零陵地区可以出产茅香属或香茅属植物。三国两晋南北朝处于中国的第二个寒冷期，气候带往南偏移，包括古零陵郡在内的荆楚地区都可能处于暖温带之中，这样原本只产于北方的茅香就有可能出现在湖南。当然，这只是一种看来比较合理的猜测，是否如此还需要证据。

还有一种可能，我觉得比较有趣，值得一说。吴其濬怀疑湖南永昌府的排草（就是前面所说与灵香草非常相似的同属植物假排草）有可能是白茅香。他在《植物名实图考》“排草”条说：“考《本草拾遗》：白茅香生岭南如茅根，道家用以作浴汤。李时珍以为今排香之类。此草（指排草）干时，花叶脱尽，宛如茅根，殆即此欤？”因为排草花叶落尽后很像茅根，他怀疑这是道家用来做浴汤的白茅香。然而传世典籍都没有描述茅香的花果特征，他也不敢肯定茅香是否就是他所看到的排草。

如果吴其濬的怀疑是真的，那零陵香茅不过就是去掉花叶的零陵香，零陵香茅和零陵香是同一回事。有趣的是，宋代朝廷的确曾经用零陵香代替香茅来缩酒祭祀。《宋会要辑稿》记载庆历七年（1047）太常礼院就祭祀礼仪进言："按礼，祀昊天上帝、日月星辰，并用槁秸，五人帝用莞，至唐始加褥。今南郊配位各设席加褥，而无槁秸与莞。又礼，以茅缩酒，今但供零陵香灌其上，殊无所稽。将来奉祠郊庙，宜更制槁秸、莞席为藉，而缩酒用茅。"可见北宋朝廷祭祀时采用零陵香来缩酒，而不是菁茅之类。这显然不符合传统，所以太常礼院的官员建议"缩酒用茅"。至于用什么茅，去什么地方征取，这里没有记载。不过，从几年后邵必的一个奏言可以对此有所了解。

皇祐四年（1052），邵必进《乞缩酒用茅取于近地奏》："宗庙行礼皆以零陵香缩酒，议者欲以茅缩酒，乞下沅、湘间取者。"很显然此时宗庙行礼仍旧用零陵香缩酒，故而有人（也许还是太常礼院官员）建议征取沅湘之茅，以茅缩酒。随后邵必表示了反对。他引经据典，认为没有必要远取沅湘之茅，"臣等欲乞今后缩酒用茅，止于近便所有之地取之，务在精洁，乃为得礼"。

从朝廷命官的这两个奏言可以明确知道，北宋朝廷的确有一段时间用零陵香来缩酒。为何用零陵香而不是传统的茅，史籍未载，猜测在零陵找不到香茅（根本就不出产），所以就用来自同一地区的零陵香来代替。如果宋代官员甚至皇帝自己也有吴其濬那样的想法，觉得零陵香去掉花叶之后类似茅根，那零陵香简直就是零陵香茅独一无二的替代品了。

我将购置来的零陵香去掉叶子，留下孤茎。零陵香茎叶的凸痕看起来有点点像茅根的节，但零陵香的茎有纵棱并且是扁的（中空的茎被压扁晒

图 37 《植物名实图考》中的三种茅香，实为《大观本草》茅香的重绘，略有变动。谢宗万认为淄州茅香就是茅香属茅香。

干），这与饱满的柱状茅根并不相像。所以，去掉花叶的零陵香到底有多像茅根，这个还真不好说。

永州薄荷

零陵香也好，零陵香茅也好，我在永州度过的十年时间里都没有见到。至今依然记得的是另外一种普通得多的香草，就是薄荷。那时候小贩挑着木桶沿街叫卖凉粉（某种植物淀粉凝成的冻状物），我很喜欢吃。除了往碗里凉粉加些红糖水，小贩还会用小棍往小瓶子里沾一下，然后往凉粉上戳几下，变魔术似的，凉粉顿时有了一种清凉爽喉的感觉。后来我才知道那小瓶子装的就是从薄荷中提炼出来的精油。现在回老家，街上遇到凉粉，我也总是会买一碗。不过总觉得没有以前的好喝，大概是现在的凉粉没有加薄荷油的缘故吧。

《本草纲目》载，薄荷“茎叶气味辛、温、无毒。主治贼风伤寒、发汗恶气心腹胀满、霍乱、宿食不消、下气，煮汁服之，发汗、大解劳乏”。用薄荷做饮料，芬芳四溢，清凉可口，醒脑提神。我们每天用的牙膏就含有薄荷。薄荷还可以制成香料，并具有一定的医学效用。晒干的薄荷茎叶也常用作食品的矫味剂和做清凉食品饮料，有祛风、兴奋、发汗等功效。

永州薄荷，也叫零陵薄荷，是永州市远近驰名的土特产，每年有大量出口，远销东南亚等地。上世纪90年代，还流行这样一句地方谚语：“广东广西的广锅，湖南永州的薄荷。”永州薄荷与两广的锅齐名。民国陈仁山《药物出产辨》评论道地药材：“薄荷油，西药名拔兰油。英、美、日均有出，但不如中国江西省吉安府所产之佳，湖南允州、河南禹州、江苏苏州尤佳。”吉安今属江西；允州实为永州，因音致误；禹州今属河南。《本草纲目》李时珍评论薄荷：“吴、越、川、湖人多以代茶。苏州所莳者，茎小而气芳，江西者，稍粗，川蜀者更粗，入药以苏产为胜。”苏州出产著名的龙脑薄荷。陈仁山把永州薄荷与苏州薄荷同列为最优，可见永州薄荷质量之好。不过，道光时期《永州府志》还是谦虚地说：“府境出薄荷、荆芥最多，薄荷茎粗，不如苏产。”这是采用李时珍的标准，以茎的粗细来判断薄荷的优劣。

因为只见薄荷不见零陵香，永州本地的文化人难免忍不住把二者联系在一起。胆大的文人直接或者借他人之口杜撰薄荷即零陵香的故事（薄荷也的确符合“叶如罗勒”的特征），而且最喜欢与韦宙奏罢零陵香贡联系起来，说“韦宙奏罢香草之贡以后，零陵香就改名永州薄荷了，以免再被征”，云云。这当然是不登大雅之堂的闲谈，笑笑就好。

零陵香草何处寻

刘禹锡听说友人要去永州任职，脑海里就浮现出“零陵香草满郊坰”的画面。然而现实很骨感，在永州郊野，除了全国各处常见的薄荷这种并不起眼的香草以外，鼎鼎大名的零陵香和香茅却是杳无踪影。

如果现实世界找不到，地方著名香草最可能现身的地方就是地方志了。像零陵香、香茅这种用来进贡的著名土特产，在当地官府主导修纂的地方志中通常会有所记录。我查阅了康熙时期的《零陵县志》、道光时期的《永州府志》，以及光绪时期的《续修零陵县志》。除了前边提到过的零陵香有排草之别名以外（《永州府志》和《续修零陵县志》都提到这点），康熙《零陵县志》在“草之属”中还列有“零陵香”和“苓草”。其实苓草就是灵香草的一个别名，修纂者不知，所以把二者并置。这些说明，至少在清代，零陵本地很可能并不称灵香草为零陵香，而是称其为排草或苓草等。

除此之外，道光《永州府志》卷 7 食货志还收录了两段有意思的文字。

一个有关芸香：“有官道州者以芸香见赠，细审之乃木脂凝结而成，询知果由枫木上采取。陈藏器言：‘高山有毕栗香，其木可辟书中白鱼，香以芸名。’疑此颇近。若芸为香草，生溪涧边，不应结此胶脂也。”

另一个有关零陵香：“又《铁围山丛谈》云：‘零陵香生九疑间，实产舜墓。’产墓之说虽诞，然今九疑樵人颇有得之者。道州作贡，殆鲧之始也。”

两段文字都引自《湘侨闻见偶记》，作者钱塘（今杭州）人姜绍湘在雍正年间曾任永州知府，该书是他任永州知府期间的所见所闻，记录了大量永州及周边地区的风土人情。明清时期芸香通常都是指枫香树的树脂，姜绍湘的这段文字也证实了这一点。关于零陵香，他说有不少樵夫曾经在九疑山得过零陵香，这应该是道听途说，并非亲耳闻自九嶷（疑）樵夫。姜绍湘由此作结论说道州贡零陵香始于鲧，这显然是想当然了。

《铁围山丛谈》是宋朝蔡京季子蔡絛流放白州（今广西博白县）时所作笔记，有关零陵香的全文如下："零陵香生九疑间，实产舜墓。然今二广所向多有之。在岭南，初不大香，一时出岭北，则气顿馨烈。南方至易得，富者往往组以为床荐也。"细细揣摩蔡絛的文字，他实际上认为零陵香原产于舜帝之墓。这种想法自然是有原因的。

《史记·五帝本纪》载："舜南巡狩，崩于苍梧之野，葬于江南九疑，是为零陵。"大家公认这是零陵地名得来之始，但为什么称舜帝之陵为零陵？舜帝陵生香草的传说可以是零陵得名的一种解释。苓为香草，产香草的舜帝之陵自然就可以称作苓陵，"苓"与"零"音同，最后就变成了零陵，舜陵上的香草自然就是零陵香。

这看起来不过是对零陵和零陵香两个名字来源的主观臆测，那么九嶷山舜帝陵到底是否有零陵香或者说灵香草呢？九嶷山属南岭山脉之萌渚岭，北部周边有今永州市下辖的江华（瑶族自治县）、道县、宁远、蓝山等县。在宁远县境内九嶷山有修葺一新的舜帝陵，不知是否是先秦的舜帝陵。查光绪时期的《宁远县志》，没有零陵香的记载，但是有"满山香等药随处皆有"之语，不知道这满山香是什么香草，又云："昔人所云九疑山多产瑶草琪花，讬于仙灵之说，恐未易见也。"瑶（蘨）草是传说中的一种香草。《山海经》说姑摇之山帝女死后化为瑶草，"其叶胥成，其华黄，其实如菟丘，服之媚于人"。长江三峡也多有瑶草媚人的传说。县志修纂者怀疑九嶷山的瑶草也来自传说，这当然也很合理。如果说瑶草是九嶷山上瑶族人所植之草，那么这个瑶草很有可能就是现实生活中的灵香草了。

九嶷山九峰之首舜峰传说为舜墓之所在，“舜峰在县南百里三分石也。三峰并峙，高诸山之表”（《宁远县志》）。据蒋镄《九疑山志》：“三峰并峙如玉笋，如珊瑚，其上有仙桃石、棋盘石、步履石、马蹄石。还有香炉石，有足有耳，形质天然。其间有冢，以铜为碑，字迹泯灭不可认，疑为舜冢。”三分石一石分三水，其一为潇水的源头。徐霞客探访过三分石，并无零陵香的记载，只提到在山上采到过兰花，“九头花，共七枝，但叶不长耸，不如建兰”。今九嶷山三分石西侧有香草源，属江华瑶族自治县湘江乡庙子源村，是一个传统瑶族村落。传说娥皇、女英二妃死后化作了这里漫山遍野的香草，故名香草源。很显然，这传说脱胎于《山海经》帝女化瑶草的故事。

2018年《潇湘晨报》报道过记者前往香草源探寻零陵香的经历，读来兴趣盎然，其中有一段对零陵香香气的描述，我觉得挺有意思，抄来如下：“当我们置身在香草之中，并没有闻到香味，甚至于凑近香草，也难闻见香气……我们采摘了一些香草下山，放置一个晚上之后，香草的香气慢慢从背篓中散发出来，是一股淡淡的药味。晾干之后的香草，香气变得浓烈，做成香囊，几个月香气犹存……其实，香草的气味并不十分让人喜欢，药味过于浓郁了。所以，香草并不像艾草一样可以直接做成艾香，多作为合香的一味香药，经过制香师的调配，跟其他香药的香气混合，散发出让皇家念念不忘的香气。”这种浓烈的药香气味就是我在天一阁所感受到的，不过我倒喜欢。

庙子源村制香历史悠久。庙子源村盘上仁是江华瑶香制作技艺的传承人，自述是第33代传人。因为盘家制香技艺是隔代传承的，如此推算，盘家制香已经有一千多年的时间，可以上溯到宋代，也就是《铁围山丛谈》《岭外代答》《桂海虞衡志》的成书年代。庙子源村所在的大瑶山有上百种芳香植物，都是制作瑶香的香药。这些植物各有专名，唯独灵香草没有专名，当地人只是简单地称之为香草。盘上仁保存有他的祖父去世之前写下的八个香方。《潇湘晨报》记者报道："奇怪的是，自古被宫廷制香师青睐，一度作为贡品的零陵香，在本地的制香工艺中却没有一席之地，盘上仁祖传的八个香方，没有一个用到零陵香。"盘上仁的解释是："用零陵香制香，你闻线香时，能闻到零陵香的香味，但是在燃香时，零陵香的香味却发不出来。"另有制香人认为，只有与特定的香药搭配，零陵香才能发挥出蕴含的香气，香药之间相生相克，跟玄妙的中医相通。

我对香药之间的相互作用毫无概念，只是知道香味中的化学变化繁复并且玄妙，但是《潇湘晨报》的这个专题报道还是让人怀疑，会不会香草源的零陵香是当地为了推动文化旅游产业而从广西等地移植过来的呢？查找文献，发现 1949 年以前江华瑶山就有香草或香草源的地名，可见香草源这个地名并不是 21 世纪炒作旅游文化产业风潮的产物。1979 年出版的《湖南药物志（第三辑）》"灵香草"（零陵香）条清楚写着："分布江华、吉首。"

江华瑶族自治县离我的家乡永州零陵并不太远，我也可以找个机会去探访一下九嶷山中的香草源。应该可以看到种植在山上的零陵香草，可以验证它的香气，但是我怎么知道这些香草是否已经种植了千年？

附录：《本草纲目》"薰草""零陵香"条

《本草纲目》草部卷十四 / 草之三

薰草（别录中品）零陵香（宋《开宝》）

【释名】蕙草（别录）、香草（开宝）、燕草（纲目）、黄零草（玉册）。[时珍曰]古者烧香草以降神，故曰薰，曰蕙。薰者熏也，蕙者和也。《汉书》云，薰以香自烧，是矣。或云，古人祓除，以此草熏之，故谓之薰，亦通。范成大《虞衡志》言，零陵即今永州，不出此香。惟融、宜等州甚多，土人以编席荐，性暖宜人。谨按：零陵旧治在今全州。全乃湘水之源，多生此香，今人呼为广零陵香者，乃真薰草也。若永州、道州、武冈州，皆零陵属地也。今镇江、丹阳皆莳而刈之，以酒洒制货之，芬香更烈，谓之香草，与兰草同称。《楚辞》云：既滋兰之九畹，又树蕙之百亩。则古人皆栽之矣。张揖《广雅》云：卤，薰也，其叶谓之蕙。而黄山谷言一干数花者为蕙。盖因不识兰草、蕙草，强以兰花为分别也。郑樵修本草，言兰即蕙，蕙即零陵香，亦是臆见，殊欠分明。但兰草、蕙草，乃一类二种耳。

【集解】

[《别录》曰]薰草，一名蕙草，生下湿地，三月采阴干，脱节者良。又曰：蕙实，生鲁山平泽。

[弘景曰]《桐君药录》：薰草叶如麻，两两相对。《山海经》云：浮山有草，麻叶而方茎，赤华而黑实，气如蘼芜，名曰薰草，可以已疠。今俗人皆呼燕草状如茅而香者为薰草，人家颇种之者，非也。诗书家多用蕙，而竟不知是何草，尚其名而迷其实，皆此类也。

[藏器曰]薰草即是零陵香，薰乃蕙草根。

[志曰]零陵香生零陵山谷，叶如罗勒。《南越志》云：土人名燕草，又名薰草，即香草也。《山海经》薰草即是此。

[颂曰]零陵香今湖岭诸州皆有之，多生下湿地，叶如麻，两两相对，

茎方，常以七月中旬开花至香，古云薰草是也。岭南人皆作窑灶，以火炭焙干，令黄色乃佳。江淮亦有土生者，亦可作香，但不及湖岭者，至枯槁香尤芬熏耳。古方但用薰草，不用零陵香。今合香家及面脂、澡豆诸法皆用之。都下市肆货之甚便。

［时珍曰］今惟吴人栽造，货之亦广。

丹阳草

岱岳祠边柳絮飞，东城罗袜踏青归。

人人买得丹阳草，暗惹浓香汗湿衣。

——曹尔堪《覃怀竹枝词》

从唐代开始，零陵香逐渐成为一种著名的香草，广泛用于熏香和妇人容饰等，正如苏颂《本草图经》所说："今合香家及面膏、澡豆诸法皆用之，都下市肆货之甚多。"很可能是零陵香用量太大，原产地的零陵香无法满足需求，因此人们也想方设法在其他地区进行栽培。

李时珍《本草纲目》"薰草""零陵香"条提到了镇江和丹阳两地栽种零陵香的事情："今镇江、丹阳皆莳而刈之，以酒洒制货之，芬香更烈，谓之香草。"莳是移植，刈是收割，零陵香加工处理过程中可以用酒提香。李时珍后面又说"今惟吴人栽造，货之亦广"，强调当时只有吴地之人栽种这种香草，将它售卖到广大地区。

外地人也称镇江和丹阳产的零陵香为丹阳草。乾隆《镇江府志》记录了这种地方特产："零陵香出丹阳之埤城，丹徒亦有之。远人亦呼为丹阳草，即古之兰蕙也。"明清时丹徒县为镇江辖县，现在属于镇江的一个区。

清代曹尔堪有《覃怀竹枝词》："岱岳祠边柳絮飞，东城罗袜踏青归。

人人买得丹阳草，暗惹浓香汗湿衣。”覃怀大致在今河南沁阳市、温县所辖地域，可见丹阳草售卖得相当远了。“暗惹浓香汗湿衣”句也表明丹阳草主要是用来香身香衣的。

现在江苏省丹阳市还有一条香草河，旧说沿河生有一种香草，所以得名。清代董兆熊《丹阳竹枝词》云：“小姑十五双髻丫，青丝一绺绾夭斜。芳兰气袅鬓云里，香草湖边是妾家。”自注提到香草河边的香草：“邑有香草河，以河边草香得名。妇人常取其草，捣为头油。”妇人将香草河边的香草捣烂浸制头油，这香草也应该是丹阳草。

清张芸璈也有一首《丹阳竹枝词》，也提到了河边的香草：“九里铺前流水长，柳条日日送人忙。不愿郎身似香草，生来只是爱离乡。”自注云：“丹阳有草类，零陵离其故处始香，俗号离乡草。”可见丹阳香草就是所谓的零陵香，因为当地种植香草都是为了售卖外地，所以又得离乡草之名。从此诗的前两句也知道，这种香草也是生长在河边的，最可能的当然还是香草河。香草河连接苏南运河与通济河，是丹阳境内的一条重要商贸航道，登船即离乡，将河边的香草称为离乡草，很是自然。

1949年《江苏省及六十四县市志略》记载，丹阳县“香草河畔盛产香草，置于衣箱之内，其香经久不散，多由乡民运至茅山出售”。可见丹阳的确有使用香草并售卖的传统。

然而丹阳草真的是零陵香吗?

我们知道零陵香是报春花科的灵香草，它通常生长在高山阴湿之地，如《中国植物志》所说：“（灵香草）生于山谷溪边和林下的腐殖质土壤中，海拔800—1700米。”《岭外代答》的说法是：“凡深山木阴沮洳之地，皆可种也。”然而镇江和丹阳地处长江三角洲，域内只有低山丘陵，句容境内宁镇山脉的最高峰大华山，海拔也就 437 米，这一片地区似乎没有适宜灵香草生长的高山环境。更何况各种文史资料所说的丹阳草都是生长在河边的，所以李时珍所谓在镇江和丹阳移植的零陵香（更准确地说应该是丹阳草），不可能是灵香草，只能是其他香草。

事实上，古人也认识到丹阳草并非零陵香。明王象晋收集整理各种经方、验方和单方，撰成《保安堂三补简便验方》一书。该书“透体合香方”使用了九种香料：“檀香、排草各三两，麝香三分，木香、陵零香、丹阳草各一两，丁香、甘松、松仁各二钱，为细末，生蜜二两，化入瓶内封口，勿泄气，滚水中滚四五十沸，冷定封纸袋。”陵零香应是零陵香之误。此香方中零陵香与丹阳草并举，可知零陵香、丹阳草并非一物。

明宋诩《竹屿山房杂部》对丹阳所产的香草有更多的描述：“香草，小叶，柔茎，结细子。出丹阳。八月种，四月刈，以汤焊之，以稻穰覆五七日，晒干甚香，能匹零陵香。”很显然，宋诩认为丹阳出产的香草是香气可与零陵香匹敌的另外一种香草。

那么被李时珍错误归为零陵香的丹阳草究竟是什么香草？

《竹屿山房杂部》所描述的丹阳草：小叶，结细子，这两条很符合草木樨。草木樨也可以跨年种植，秋天播种，农历四月开始开花，此时植株中香豆素含量最高，也正是收割的时候。但是草木樨的茎会木质化，用剪刀都很难剪断，显然不能称作“柔茎”。如果忽略这一点，《竹屿山房杂部》中的丹阳香草还是很像草木樨的。

中国生药学先驱者赵燏黄曾经对华北一带药市及药肆之药材的本草药品名实进行过考察，撰有《本草药品实地之观察》一书。他细致考察了丹阳草，认为丹阳草属于草木樨属植物。该书“丹阳草”条全文如下：

> 市品之呼为丹阳草者，禹州、祁州及北平、上海药肆均备之，据云产于河南、安徽等省，又称阳草或丹草，其外形似胡芦巴（另详），且其芳香性之气味亦相似，但其短小之荚果不逭远甚。本品盖为豆科 *Melilotus Poriflorz* Desf 属植物之一种（*M.sp.*），与《救荒》卷三之草零陵香 *Melilotus coerulea* Lam.[又称香草（H.F.）] 为近缘植物。药市用其干燥全草称丹阳草，名见《镇江府志》零陵香条下，府志谓“出丹阳之埤城，丹徒亦有之，远人亦呼为丹阳草”云。本品全长 40—60cm 上下，茎干中空，外有不定形之棱线，略呈麦秆黄色而较淡白，有 3 片长椭圆形之小叶而成羽状复叶，枝端各戴 3—4cm 长之总状花序，荚果幼小，荷包形，戴弯曲之锐尖，全长约 6mm，径约 2mm，内藏一个灰色或灰黑色扁圆形之种子，有芳香性之药气，乡人作薰香料，避秽气用之（欧产之 Herba meliloti 含有 Kumarin 等芳香成分）。

很显然，赵燏黄所考察的是丹阳草干燥全草，他看到丹阳草外形和香气都像胡卢巴，有三出羽状复叶和总状花序，还有只含一粒种子的短小荚果。因为荚果短小，赵燏黄认为它绝非具有狭长荚果的胡卢巴，而是一种草木樨属植物。可惜的是，大概因为观察的是干燥全草，赵燏黄并没有提到丹阳草的花色。

我没有查到 *Melilotus Poriflorz* Desf 的中文植物名字，怀疑 Poriflorz 为 parviflora 之讹误，*Melilotus parviflora* Desf 为小花草木樨。不管怎样，从这个拉丁学名可以清楚看到，赵燏黄先生认定丹阳草属于草木樨属植物。有趣的是，他还认为丹阳草与明代朱橚《救荒本草》中草零陵香 *Melilotus coerulea* Lam. 是近缘植物，都属于草木樨属。

《救荒本草》云："草零陵香，又名芫香。人家园圃中多种之。叶似苜蓿叶而长大微尖。茎叶间开小淡粉紫花，作小短穗。其子小如粟粒。苗叶味苦，性平。救饥：采苗叶煠熟，换水淘净，油盐调食。治病：今人遇零陵香缺，多以此物代用。"朱橚还绘制了一幅草零陵香的插图，图中草零陵香的叶子确是羽状三复叶，很像苜蓿，总状花序的长花穗生于叶腋间。既然说"人家园圃中多种之"，草零陵香该是一种常见的栽培植物。然而除了《救荒本草》，我也没有看到其他文献中有草零陵香。大概草零陵香这个名字是文人雅士所起，并非农人所用的通行之名。

有人认为草零陵香是豆科胡卢巴属的胡卢巴，反对者认为所绘草零陵香有总状花序，而胡卢巴是一两朵花生于叶腋，根本没有花梗，所以不可能是胡卢巴。从植物形态（尤其是所绘的草零陵香图）来看，人们倾向于认为草零陵香为豆科草木樨属植物。

图 38　草零陵香（明鲍山编《野菜博录》，山东画报出版社，2007 年）。该图与《救荒本草》草零陵香图无别，只是线条更为清晰细致。

《本草药品实地之观察》中就把草零陵香的拉丁学名写成 *Melilotus coerulea* Lam.，显然认为草零陵香为草木樨属。松村任三《植物名汇》也定草零陵香为蓝香草木樨。浅紫色与浅蓝色相近，把开浅紫色花的草零陵香命名为蓝香草木樨，也算合情合理。

擅长鉴定药用植物的生药学专家叶三多则反过来用零陵香来命名草木樨，他的《生药学》（下册）以草木樨属的黄香草木樨为黄零陵香，以白香草木樨为白零陵香，以蓝香草木樨为蓝零陵香。这大概没有特别的理由，只是出自叶三多对零陵香一词的偏爱吧。

我国草木樨开花虽然多为黄色和白色，但据说也有淡紫色花的。1966年编写的《草木樨》小册子介绍了我国六种草木樨，最后一种就是零陵香草木樨，其实就是《救荒本草》中的草零陵香："零陵香草木樨，一年生，花浅紫色，头状花序。在我国广西、云南等地很多，它的利用价值不大。"

然而查看广西和云南两省的植物志以及《中国植物志》，并没有找到开浅紫色或蓝色花的草木樨属植物，《中国植物志》也没有拉丁学名为 *Melilotus coerulea* Lam. 或 *Melilotus coerules* Desr. 的植物，这究竟是怎么一回事？

19 世纪初日本本草学家岩崎常正编有《本草图汇》，该书被认为是日本首部全面介绍药用植物的图集，其"零陵香"条绘有两种开黄色花的植物，一种是叶腋间开花的灵香草，另一种是枝梢开花的未知植物。后者具有三出羽状复叶，很像草木樨，然而花序及其位置都与草木樨严重不合。似乎是岩崎常正根据文字想象出来的。另外一个版本题为《本草图谱》，其零陵香就只描绘了一种植物，花和叶正是草木樨的样子。

目前能够得出的结论：镇江、丹阳两地种植的零陵香，就是丹阳草，不可能是真正的零陵香；这是一种外形和香气很像胡卢巴的香草，具三出

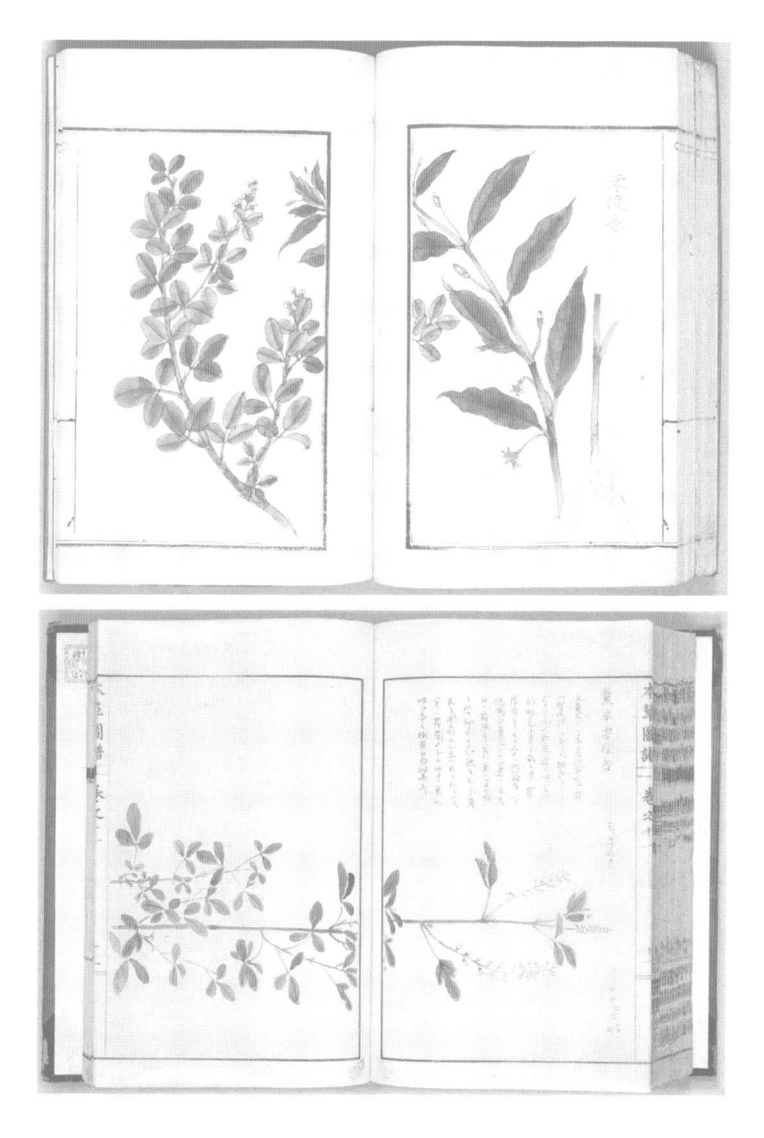

图 39 （上）日本岩崎常正《本草图汇》和（下）《本草图谱》绘本中的零陵香。

羽状复叶总状花序，荚果狭小，只有一粒种子。赵燏黄认为丹阳草就是一种草木樨属植物，与《救荒本草》草零陵香为近缘植物。

离乡草

除了冒名零陵香，丹阳草还有离乡草之称。前边提到清张芸璈《丹阳竹枝词》，诗有自注："丹阳有草类，零陵离其故处始香，俗号离乡草。""乡"与"香"音同，所以也称离香草。光绪《丹阳县志》云："香草，一名离香草，以其离乡而香，故名。"

零陵香"离土始香"的说法肇始于北宋蔡绦《铁围山丛谈》："（零陵香）在岭南，初不大香，一时出岭北，则气顿馨烈。"其后南宋周去非《岭外代答》也有类似之言："相传在岭南不香，出岭则香，谓之零陵香。"不过，他们没有说零陵香有离乡草的别名。

在我看来，影响香草香气（也就是香草中挥发油的散发）的环境因素主要是温度和湿度。岭南和岭北气候固然有别，但是温度和湿度差还不至于使得零陵草的香气产生那么明显的差别。零陵香"离土始香"更多地来自"人离乡贱，物离乡贵"（南宋民间读物《名贤集》）这种人生感悟。本地生长的香草再香，由于日常生活屡屡见闻，在本地人的眼里它的香气就显得普通。运送到了异国他乡后，植物及其香气因为在当地少见而变得珍贵，更容易产生香气馥郁的印象。

"离土始香"的内涵使得"离乡草"一词不仅用于香草，更用来指代背井离乡始得芳名的人和物。晚清湖北崇阳出产的一种名为"离乡草"的出口红碎茶，其名称得自“茶出山则香”的说法（同治《崇阳县志》）。药物在当地不被珍重，到了远处似乎更有特效，而且是愈远愈佳，所以药物也有俗名“离乡草”（清葛元煦《沪游杂记》）。

无论是古人还是现代人，也往往需要远离家乡到陌生的世界打拼，才能寻找到自身的价值（功名利禄），获得芳名，本质上更是“离乡草”。所以清代龚炜在《巢林笔谈续编》感叹：“诗云‘惟桑与梓，必恭敬止’，而世人只爱离乡草。”固守桑梓故土只会被世人看作没有出息，只有衣锦还乡的离乡草才被尊重。如果把故乡引申为精神的故乡，这“离乡草”一词就更让逆旅之人惆怅了。

丹阳邻县武进县（今江苏常州市武进区）也出产离乡草。光绪《武进阳湖县志》卷二“土产中草属”仅列有“香草”一条：“香草，又名离乡草，产武进通江乡，离其地益香。”通江乡在今孟城、万绥一带。《中华民国史料丛编·江苏（第四期）》也载有“离香草出武邑”之言。可见从清末到民国，离乡草一直是武进的重要特产。

1986年出版的《武进县科技志》记载了武进香草的生产和功效：“解放前，孟城镇巢义源香草行，年收购量达三四十万斤，远销华北五省。江南最大的香草市场是每年四月间的茅山庙会。离乡草属樟脑型香料植物，可辟秽气、除蝎、驱虫、防蠹。种子可入药，有温肾壮阳、祛痰、除寒湿的功能。十年动乱中，全部砍光。万绥乡经几年来的努力，逐步恢复栽培。”可以看到，武进香草除了普通香草所具有的除秽辟蠹功用以外，尤其还有温肾壮阳的功效。然而遍查古今中外文献，似乎草木樨并无温肾壮阳的功效，这个说法暂且存疑。

学者盛成在20世纪30年代写过有关茅山香会上的香草：“香草据说‘在山不香离山香’，所以叫作离山香，产于武进县西30里奔牛镇东南之孟河。茎方作四角柱形，鲜黄色，花茎集成穗状，叶轮生，早已枯萎，当为唇形花科，是否香薷，尚是疑问。每个香客，必买一二把带回家去避邪。香草的市价，每年不同。产量少的话，每提可值80元，每把可值半元。去年因为丰收，今年花二百文铜钱便可得到一把草了。”（《盛成文集·散文随笔卷》，安徽文艺出版社，1998年）唇形科有很多著名香草，如罗勒、藿香、香薷、薄荷等，其典型特征是方茎，所以盛成认定“茎方作四角柱形”的武进香草应属唇形科，但不一定是香薷。

丹阳、武进西去300公里的寿县（今安徽淮南市寿县）也产离乡草，名为寿县香草或寿州香草，是当地有名的土特产。端午节时，当地人常用这种香草与其他香药缝制香荷包，随身佩戴以驱邪避灾。寿县地方志、风土志和旅游书籍等通常会专门介绍这种香草，其中《寿县志》（寿县地方志编纂委员会，1996年）“名土特产篇”的介绍简明扼要：

> 香草是一种植物，碎叶方茎，有异香，秋苗夏枯。据传可以辟邪祛病，故民间常在端午节取一束悬于床前，或碾末制成荷包佩于身；远游者随带一束，既能消灾避祸，又可免思乡之苦，故

又称离乡草。县城东北隅，以报恩寺西侧二、三亩地所产质地最佳。端午节前数日市场有售。

寿县香草或离乡草最早的记载出自清代嘉庆年间编纂的《凤台县志》：“土人谓之离乡草，惟报恩寺后产之，或种以为业。十月布子，四月而刈，镬汤煮之，纳诸坎，蹈以出汁，经宿而暴之，气类苏荏。妇女以渍油膏发，远方多来售之者。其草出境乃香，故谓之离乡草云。”有趣的是，“十月布子，四月而刈，镬汤煮之”与《竹屿山房杂部》描写丹阳草的“八月种，四月刈，以汤焊之”非常相似，强烈暗示这两种香草存在关联。

《凤台县志》编纂者指认离乡草为江蓠。江蓠是蘼芜之别名，是伞形科植物川芎的幼苗，叶子有香，风干可作香料。古诗中经常出现蘼芜这种香草，如《楚辞·少司命》：“秋兰兮蘼芜，罗生兮堂下。绿叶兮素枝，芳菲菲兮袭予。”然而《凤台县志》中的那些描写不足以让人确认寿县离乡草就是江蓠或是其他香草。幸亏还有不少描述寿县香草的资料，足以让我们进行验证和比对。

《中国历史文化名城词典续编》（1997年）寿县风物特产有“寿县香草”条：“香草秋播夏收，茎中空，高约1米，分枝三叶一花，叶呈椭圆形光滑而无毛。”

寿县地方志编纂委员会编《寿县志》（1996年）：“香草是一种植物，碎叶方茎，有异香，秋苗夏枯。”

武占坤主编《中华风土谚志》（1997年）收有一条谚语“寿州香草羞，不离城下土”，下面有解释：“安徽寿县（古寿州）城内，古城墙脚下出产一种香草，茎圆，中空，高1米左右，叶对生，花柄长。植株形似芝麻秸，为二年生草本植物，头年农历九月下种，次年四月收割，届时满城皆香。”

如果忽略“方茎”“叶对生”这些不太主要的特征，这些文字（尤其是“三叶一花”）所描述的植物非常接近草木樨和胡卢巴，而绝对不可能是蘼芜。这样看来，县志编纂者定寿县香草为江蓠，大概是因为离乡草与江蓠同含“离”字。

由于香草已经成为寿县非物质文化遗产，网络上寿县香草的照片还挺多。这些照片或者来自媒体的采访报道，或者来自当地香草爱好者的栽培种植，远比文字更加直截了当地反映这种香草的植株特征。从照片来看，茎的方圆无法判断，但是明显可以看出香草的羽状三出复叶是互生的，叶腋生出一长花梗，顶端开一簇球状小花，花色为蓝色或者白中带蓝，很像苜蓿的头状花序。

查阅植物学书籍，发现杂交苜蓿有可能会开这样颜色的花，而草木樨开白色或黄色花，绝无蓝色的花，而且是总状花序的；至于胡卢巴，一般是叶腋间开一两朵黄白色的花，并且没有花梗，与寿县香草差别更大。然而苜蓿属植物并不散发香气，不可能用作香草。那么这种长得像杂交苜蓿的香草能是什么植物呢?

想起老友许秋汉在《博物》杂志做主编，他那里应该有植物学方面的编辑，于是发香草照片过去询问。秋汉告诉我杂志植物学编辑的意见：“这些图片就是杂交苜蓿。苜蓿开蓝紫色花，或有黄花品种，有可能杂交出白色花的。香气的问题刚才三个编辑也在讨论，也不知道能不能杂交出香气，或者在某种特殊地域种出来就有香气。”

看来大家都认为像杂交苜蓿，但是我不相信原本没有香气的两种苜蓿杂交后会得到有香气的品种，也不相信原本不能生成香气物质（如香豆素之类）的苜蓿生长在特殊地域时就能够合成特定的香气物质。这太不科学了。

后来我注意到《凤台县志》编纂者是“江南名解元”李兆洛。嘉庆十三年（1808）李兆洛任凤台县令，嘉庆十九年（1814）以父忧去职。李兆洛擅长舆地之学，编纂过很多这方面的书籍，在凤台任职期间编纂的《凤台县志》，采访周详，叙事赅备，体例精善，是清代有名的地方志。

出产香草的报恩寺始建于唐贞观年间，属凤台县管辖，凤台县令李兆洛对这座千年古刹青眼有加。他曾计划将北门的唐佛顶尊胜陀罗尼经幢“移报恩寺建亭以护之”，还主持过报恩寺的修缮。他去职后因交接问题滞留凤台县一年，其间就寓居在报恩寺，足见他对报恩寺的喜爱。这样看来，报恩寺香草应该是他亲眼所见亲耳所闻，所记不虚。

更有趣的是，李兆洛本就是武进人。寿县和武进都有离乡草，或许这只是巧合，也有可能武进的离乡草是李兆洛带回去的。李兆洛在寿县为官时，武进应该没有这种香草，否则他会在县志中提到这点。

如果这个猜测是对的，那么武进的离乡草与寿县报恩寺的香草就应该是同一种植物，而不仅仅是同名而已。于是我又回过头来仔细查找与武进香草相关的文献。很幸运，我找到了一篇短文《绿肥资源蓝花胡芦巴》，它发表在1996年第2期《作物品种资源》上，摘录相关的文字如下：

> 1993年我们在江苏省武进县首次发现栽培着一种称为“香草”的作物，经引种实验并请江苏植物所共同鉴定为蓝花胡芦巴（*Trigonella caerulea* [L.] Ser.），当地农民将盛花期植株加工成干草作香草出售，种植面积不大，尚未引起有关部门的注意，在国内也迄未查到对该种的报道……蓝花胡芦巴为豆科一年生草

本……茎直立，方形中空，高可达 1m……叶腋生总状花序，序柄长 4—4.5cm，每序有小花 15—25 朵，花小，花冠蓝色……干草及种子具有一定香味……据调查，蓝花胡芦巴在武进县种植已有上百年历史，来源不详。

图 40　蓝胡卢巴（《中国植物志》）。

根据这些文字，立即可以确认寿县香草，或者说报恩寺的离乡草，就是文中报道的这种香草，亦即豆科胡卢巴属的蓝胡卢巴，拉丁学名为 *Trigonella coerulea* (L.) Ser.。我国胡卢巴属植物一共有 9 种，其中蓝胡卢巴的花和荚果最为特殊，跟其他胡卢巴属植物差别极大。蓝胡卢巴很少见，难怪大家都想不起来。

除了西藏高原的胡卢巴，我国其他地区的胡卢巴属植物（包括蓝胡卢巴）都是一年生草本植物。一年生的胡卢巴可以春播，也可以秋播。秋播的胡卢巴，生长期长，胡卢巴子的药性应该会好一些。这正是李兆洛《凤台县志》所言“十月布子，四月而刈”。

现在再来看丹阳草，前边说过它的种植、收获以及加工方法都与寿县离乡草很相似，所以也可能是蓝胡卢巴。再细查赵燏黄对丹阳草花序和荚果的描写，也完全符合蓝胡卢巴的特征。我们看赵燏黄对丹阳草荚果的描述：“荚果幼小，荷包形，戴弯曲之锐尖，全长约6mm，径约2mm，内藏一个灰色或灰黑色扁圆形之种子。”《中国植物志》对蓝胡卢巴荚果的描述：“荚果小，卵圆形，长2.5—5毫米，径约2.5毫米，顶端具长尖喙，表面具长网眼；有种子1—2粒。”所用词汇不同，实质完全一样。

尽管如此，因为不知道丹阳草是否开蓝色或近似蓝色的花，现在不好立即判定丹阳草就是蓝胡卢巴。

附：离乡草的迁徙

在查阅离乡草资料的时候，我注意到一个现象，给香草冠以离乡草（或离香草）之名，多半发生在江南一带。除了前边说到的江苏武进香草、丹阳香草、安徽寿县香草，另外还有五个文献——

清人诸联《明斋小识》卷九《春秋纪游》：“九峰为云间胜地，春秋佳日，足供眺赏，而三峰、七峰独擅其胜。佘山自二月初八至四月初八止，游人不绝；四八两期，喧阗尤甚。画船箫鼓，填溢中流；绣幰钿钗，纷纶满道。又有知止山庄，可以息足其间。村女狡童之买离乡草、不倒翁者，交错于道。重九集横云山下，士女颁斌，不减二佘，而荻花夹岸，枫叶满山，更饶清幽之趣。”青浦县今属上海青浦区，九峰为青浦境内九座山峰之统称。

张南庄著《何典》是一部用吴方言写的借鬼说事的清代讽刺小说。第八回“鬼谷先生白日升天、畔房小姐黑夜打鬼”提到“一只抄急兔子正在树脚根头吃那离乡草”。张南庄是清代上海人，小说也是用吴方言写的，这离乡草应该也是生长在吴地。

清潘宗鼎《金陵岁时记》：“若钟山之茅草坳，俗称小茅山，山有香草，编为香篮，游者售归，俗称离香草。”金陵今是江苏省会南京。

清高秉钧《疡科心得集》内伤膏药方采用了离乡草。高秉钧为江苏无锡人。

阿木《观音山敬香》：“再一件，是选择一些摆满了山道口的，来自各乡镇的小摊贩用木头或泥巴、铁片做的土工艺品，买了给亲友、邻居的孩子，或自家留着顽耍。还有一种自发香味的离香草，每人都会买上几把，香气迎人，成为敬过香的标志。”（《广陵文史》，1992年第11辑）观音山在扬州西北郊，为佛家胜地。

这五处离乡草也都出在江南之地。

无论是人离乡贱，还是物离乡贵，这样的事情各地都是一样，为何唯独江南人感叹出离乡草？一种可能是，唐宋以后江南日益变成全国的经济中心，物流人流远远超过其他地方，江南人有更多更深的“离乡草”之感。但还有一种更具历史深意的可能：离乡草可能与魏晋时期中原士族“衣冠南渡”有关，是中原人带到南方的香草。

东汉、西晋末年，永嘉之乱，衣冠南渡，中原士族带领族人南迁避难，多徙居于长江中下游一带。东晋时期，根据侨民迁出之地，侨置兰陵郡、兰陵县于今江苏武进县境（郡、县皆无实土，称南兰陵），置南梁郡睢阳县于今安徽寿县境内。现在江苏武进和安徽寿县不少地名还都带有兰陵和睢阳的旧时痕迹。

据《家庭实用中草药典》《安徽中草药》等书记载，胡卢巴主要产于河南商丘、夏邑、睢县，安徽亳州、阜阳、涡阳、太和，另外还有四川和甘肃等省。由此猜测胡卢巴南迁的路线：从河南商丘（包括夏邑、睢县）到亳州，再到涡阳、阜阳（含太和），最后到达寿县。至于蓝胡卢巴，由于可查的文献太少，主要产地其实并不太清楚。既然胡卢巴和蓝胡卢巴同属胡卢巴属，猜测能种植胡卢巴的地方也能种植蓝胡卢巴。

武进的离乡草则可能是山东兰陵（今山东临沂市兰陵县）萧氏族人一路南迁带到武进的。《苍山文史资料（第七辑）》有一篇田兵回忆山东兰陵的文章，提到兰陵的一种香草："我小时候，常见温陵附近的农民到集镇上卖香草，五月端午的时候，姑娘们争着买香草，缝香荷包，送给父母和兄弟姊妹们，带在身上防毒虫。这个香草人称都梁香或孩儿菊。叶像菊科植物，但结子如小豆荚。"

学者多认为都梁香为唇形科的泽兰（地瓜儿苗），孩儿菊则是菊科泽兰属的白头婆之类，前者叶不似菊，后者叶似菊但不结荚果。如果胡卢巴和草木樨的羽状复叶大体上算得上似菊，那么"叶像菊科植物，但结子如小豆荚"的香草就可能是草木樨或胡卢巴。又查《临沂地区中药资源调查报告》（1986 年），临沂地区出产唇形科泽兰和草木樨，但是并不产蓝胡卢巴。如此，田兵看到的兰陵香草不是都梁香（地瓜儿苗），就是草木樨。

还有可能就是武进离乡草来自寿县香草的东迁，先到南京，再到丹阳，最后到武进。南京和丹阳都有离乡草的说法，也许就是这种香草迁徙的足迹。

不管怎样，离乡草源自衣冠南渡的想法并无确凿证据，提出来可供方家一笑。

茅山香草

山中何所有，岭上多白云。

只可自怡悦，不堪持赠君。

——陶弘景《诏问山中所有赋诗以答》

文献中的茅山香草

句容县在丹阳西南和武进西百里，境内有道教名山茅山。先秦时就有人在茅山修炼；东晋时茅山人葛洪在茅山抱朴峰修炼，并著书立说，杨羲、许谧制作了《上清大洞真经》，在茅山创立道教上清派；南朝齐梁著名道士陶弘景隐居茅山 40 余年，为茅山上清派的主要传承者。茅山由于汇聚过这么多著名的道教人物，在中国道教史上享有很高的声望和地位，被誉为“第一福地，第八洞天”，也因此一直以来香火就十分旺盛。民国期间，一年一度的茅山香会，据称是江南最大的香会。每年农历正月十五至三月十八，方圆数百里的进香还愿者，或乘车或坐船，从四面八方涌向茅山。茅山香会同时也是庙会，商贩云集，经营小吃、杂物、农具、百货者满山遍野。最为畅销的货物可以从当时的民间谚语看出来：“茅山香会有三宝，喇叭、戒指和香草。” 铜制的戒指和松木喇叭（也称“茅山叫叫”）是儿童玩具，香草可驱虫防蛀，香客们买来这些旅游纪念品，带回去作为礼物送给孩童或亲友。

有人说茅山香会上的香草产自茅山本地。吕美津《茅山的三大奇事》有记：“茅山上出产一种气味浓郁芬芳的香草，故香客们把香袋内盛的檀香线香，奉献于庙内的巨鼎后，归途总将原香袋装满了香草，及各式各样的孩童玩具，带回家中作为纪念。”

《句容茅山志》（黄山书社，1998年）也提到了茅山香草：“香草，俗称茅山香草。其茎黄褐色，长约30公分，细如粉丝。香味浓郁，可防湿驱虫。为香客、游客喜购的茅山物品。”从行文语气来看，编撰者认为香草是茅山本地产的。文字后附有一张不太清晰的黑白照片，照片里香草的样子大体上正如文字所描绘的。由于照片非常模糊，很难辨认出香草是什么植物。

然而更多的资料表明，茅山香草来自其他地方。据《江苏省志·民俗志》载：“茅山香期，东南各地香客和游客乘车乘船前来，茅山河中桅立如林，河为之塞。届时商贩云集，玩具如茅山喇叭、茅山太子（手捏面人）最为畅销，人人必买若干回去送人结缘；其次为香草，防蛀用物，武进特产。”

这里说茅山香草实为武进特产。另外，前边《离乡草》所引的《武进县科技志》、盛成回忆文章《香草丹篮》也都说茅山香会上的香草来自武进。又据民国《江苏省及六十四县市志略》记载，丹阳香草河畔盛产的香草，“多由乡民运至茅山出售”。可见茅山售卖的香草也有来自丹阳的。

这也符合情理。茅山香会既然是江南最大的香会，香会期间，周围州县的商贩自然也都会将各地出产的香草运来贩卖。

由于商贩宣称，或香客误解，香客每每购买“当地特产”茅山香草自用或送人。茅山香草这个名字于是主要为祈神敬香的香客们所用。香客也只是顺便带一些香草回去作为纪念或者防虫辟邪用，并没有当作什么珍稀的物品或药物。可能就是因为茅山香草并非茅山本地所产，所以句容也好，茅山也好，并没有大张旗鼓地将香草作为本地特产向外地宣传推广。刘大彬《茅山志》也无香草的记载，只有那些神乎其神的灵芝和耳熟能详的中药材。

如果茅山香草来自武进和丹阳，那茅山香草很可能是蓝胡卢巴。

茅山寻香草

2019年暮春，我在苏州办完事情后顺访句容茅山，一探茅山香草的究竟。长途客车在丹阳下了高速路，走县级公路前往句容。看高德地图，途中应过香草河。据说以前河边生长有香草，故名。可惜没有时间，否则真想到河边走走，看看是否有混作零陵香的丹阳草。

路旁时见开小黄花的植物，与草木樨在似与不似之间。句容境内，标有“华阳”字样的招牌时不时一晃而过，想起句容就是所谓“华阳之地”。

《韩非子》提到过“菜之美者，华阳之芸”，有学者说芸就是油菜。的确，在飞驰的车上，也可以见到田间野地中已经收获和待收获的油菜。不知道什么原因，这客车在县里公路开得比在高速路还快，频频超车，喇叭摁得山响。窗外的一切都是一晃而过，无法看得真切。

在句容客运站的沙县小吃吃了黄焖鸡米饭，然后叫出租车去茅山。路旁绿植如同高墙，出租车在没有尽头的绿墙中间开，周围什么都看不到。司机师傅是本地人，我问茅山有什么特产，司机摸摸头说：“老鹅。”我也就没有继续问香草的事情了。

不是周末和节假日，茅山景区的游客不多。乘景区观光车直达顶宫，下车处有几家卖纪念品的商户。看到有“茅山叫叫”卖，松木削制，非常简陋，应该就是传统制法，于是买了一个，顺势跟商贩打听香草的事情。摊主说二月香会时候香草多，现在很少了。给她看手机里草木樨的照片，她认不出来，说只见过晒干的香草，没见过开花的。她和旁边几个商户异口同声地说不喜欢香草的那种味道。又问她香草是本地的吗？她说是从别处贩来的，之后又跟其他人确认，说是扬州来的。我说不是镇江？她说各处香草不一样。然后又说六月十九请香之类，大意是那时应该有香草卖。临走时，摊主又说下面印宫可能有卖，要我去那问问。

顶宫的殿宇看起来有点新，应该最近修缮过，年代久远的东西似乎很少。好在游人寥寥，环境清幽，也可以一观。茅山四周多为平野，葱茏绿色，延隐天际，屋舍道路，聚散其间。

只是当日阴天，没有蓝天白云，感受不到陶弘景“岭上多白云”的那种自在惬意，加上心里挂念着香草，在山顶上匆匆转一圈就乘电瓶车下到元符万宁宫，也就是印宫。验票口前也有一圈小商户，我打算一家一家问过去。第一家摊主说他没有香草，有一家可能有，就扯起嗓子向另一头喊话确认，果真尽头的商家有。

女摊主踩着板凳去货架顶上取下一个塑料袋，我接过来打开，一股药香气味扑鼻而来，并不太令人愉悦。塑料袋里是用红纸扎成小把的香草，每把有粗细不均的四五根香草，大约两巴掌长（45 厘米左右），茎枯黄色，叶蜷曲看不出形状，整个样子看起来跟《句容茅山志》上的茅山香草照片很像。香草每把 2.5 元，我买了 4 把，折断了包好放进背包。在号称“世界上最大”的老子持扇青铜坐像前转一圈出来时，又回去买了 8 把香草，这回不折了，讨要了一个盛香的包装袋，整株放进去正合适。向摊主打听香草来源，只说香草是朋友寄售，其他事情并不清楚。我加了她微信，希望她过后帮我问一下香草的来历，然后就一路手拎香草，取道华阳洞而返。

华阳洞被栅栏封着，洞口草木葳蕤。心里叨念“寻隐者不遇”，在栅栏前张望二三，就被洞口一小蝇缠上，“嗡嗡嗡”一直在我耳朵边飞来飞去，同溪水一道送我下山。

香草已经到手，无心游览茅山其他景点。直接经句容赴南京，入住南京南站附近的酒店。

在酒店细查茅山香草，蜷曲的叶子实在看不出三小叶形状，茎上还有二三枝花穗。当然，现在没有花，只剩下荚果，荚果在花梗上端聚集，有点像麦芒。从荚果分布来看，茅山香草的花序既不像蓝胡卢巴那种球状分布，也不像草木樨那种线状排列，而是处于二者之间的样子。茎有纵棱，很容易折断，茎中空但是壁薄（不像草木樨），没有木质化（也不像草木樨）。难道这茅山香草又是另外一种植物？

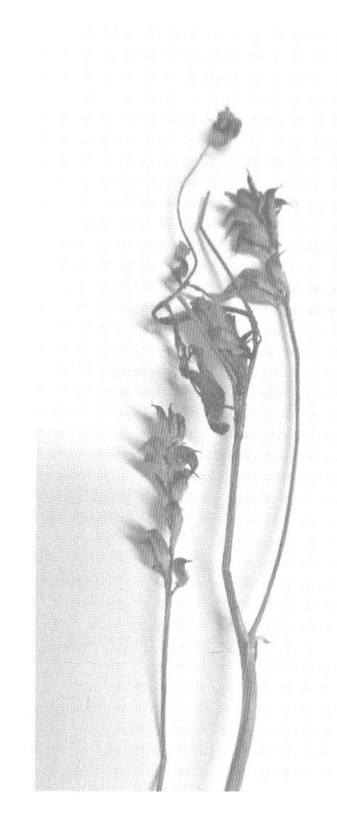

图 41　茅山香草处理前后的照片。处理前，叶片蜷曲，看不出形状；处理后，三小叶清晰可见。

第二天回到北京，有条件进一步观察。用水把一枝香草泡半天以后，用镊子小心拨开蜷曲成团的叶子，果然是三片小叶。小叶披针形，长约 14 毫米，宽 2—3 毫米，边缘有锯齿。另一枝香草有长达 20 毫米、宽达 10 毫米的小叶。这下心里有数了，叶子既然是三小叶组成的羽状复叶，茅山香草不是草木樨就是蓝胡卢巴。

蓝胡卢巴与草木樨在外形上非常接近，它们最明显的差别来自花的颜色。我国本土出产的草木樨通常开黄色的花（白花草木樨是 19 世纪 40 年代才引进来的），而蓝胡卢巴的花色通常为蓝色，两种植物的颜色相差巨大。对于处在花期中的两种植物，要区分二者是非常简单的事情。比如《救荒本草》中开淡粉紫色花的草零陵香，就应该是蓝胡卢巴。武进和寿县的香草开蓝色的花，自然也是蓝胡卢巴。

如果面对的不是处于花期中的植物，或者面对的是药材市场上的干草，干草有花的话也早已失去颜色，通过花色来辨别二者的办法就不可行了。比如赵燏黄考察丹阳草，就没有提及它的花色；我从茅山带回来的香草，也只能看到荚果而观察不到花，就更不用说花色了。这种情况下，怎么来区分二者？

我查看了很多文献，仔细比较草木樨属植物和蓝胡卢巴的不同，发现

图 42　左图为草木樨和茅山香草的荚果对比照片。草木樨荚果阵列长度大约 5 厘米，荚果棕黑色。茅山香草荚果聚集长度约 1.5 厘米。右图为茅山香草的荚果。荚果失去水分后变为扁口袋形，有长尖喙，棕黄色。每个荚果含两粒籽。

可以通过荚果来区分二者。就单个荚果来看，蓝胡卢巴“荚果小，卵圆形，长 2.5—5 毫米，径约 2.5 毫米，顶端具长尖喙”（《中国植物志》），而草木樨“荚果卵形，长 3—5 毫米，宽约 2 毫米，先端具宿存花柱，表面具凹凸不平的横向细网纹，棕黑色”（《中国植物志》），二者在颜色和形状上都有差别。成熟的蓝胡卢巴荚果呈黄色，有一个明显的长尖喙，晒干后荚果会变得很扁；而草木樨荚果是棕黑色，荚果先端的宿存花柱非常细小，看起来就像一根细毛，晒干后荚果形状变化不大，还是卵球形。

更大的差别是荚果在总花梗上的排列方式。虽然草木樨和蓝胡卢巴都是总状花序，都开数十多小花，但是二者小花（荚果）排列很不同。蓝胡卢巴具长尖喙的扁荚果直立向上，密集排列在总花梗的枝端，大约 2—3 厘米长，压扁后看起来很像麦芒；而草木樨荚果就像黑色或绿色的小灯笼，稀密不定地悬垂在总花梗上，分布长度往往超过 5 厘米，有些甚至长达十多厘米。比较我所买到的茅山香草，其荚果形如微小的鸡毛掸子，确实像麦芒，由此可以断定茅山香草应该是蓝胡卢巴。

还有一种方法用来区分两种植物，就是检查植物茎叶中香豆素的含量。已经知道，草木樨富含香豆素，胡卢巴属植物虽然也含有香豆素，但是其含量远低于草木樨。我们可以通过咀嚼茎叶来简单检测香豆素含量的高低。如果植物茎叶带有明显的苦味，这可以判定它含有较多的香豆素，应该是草木樨属植物；如果苦味不明显，应该就是胡卢巴属植物。我咀嚼了茅山香草的茎，就是普通干草的滋味，略有甘，隐约带一点点苦，但绝不是草木樨香豆素那种明显的苦。由此也可以断定茅山香草不是草木樨。

事实上，我发现茅山香草与赵燏黄观察的丹阳草极为相似。《本草药品实地之观察》如此描述丹阳草干草：“本品全长 40—60cm 上下，茎干中空，外有不定形之棱线，略呈麦秆黄色而较淡白，有 3 片长椭圆形之小叶而成羽状复叶，枝端各戴 3—4cm 长之总状花序，荚果幼小，荷包形，戴弯曲之锐尖，全长约 6mm，径约 2mm，内藏一个灰色或灰黑色扁圆形之种子。”完全可以拿来描述我买到的茅山香草。特别是“荷包形，戴弯曲之锐尖，全长约 6mm，径约 2mm”这一小段话，完全就是对茅山香草荚果的准确描述。

茅山香草也同样曾被误作草木樨属植物。中国科学院林业土壤研究所等在 1960 年编撰出版的《辽宁经济植物志》声称草木樨制品有商品名“零香浸膏，茅山香草浸膏”。科学出版社 1961 年出版的《中国经济植物志》也是同样的说法，“零香浸膏”就是“零陵香浸膏”。说明茅山香草像丹阳草一样，也都被视为零陵香，其浸膏才被称作“零香浸膏”和“茅山香草浸膏”。这两本书的编撰者都是从事植物研究的学者，大概他们也像赵燏黄一样，被早期学界误导，以为蓝胡卢巴是草木樨属植物。

总之，所有迹象表明，茅山香草与丹阳草是同一种香草，虽然不知道它们的花色，但是也几乎可以断定它们就是蓝胡卢巴。

四草归一

我们来看看赵燏黄先生为什么会指认丹阳草为草木樨属植物。

蓝胡卢巴是西方的一种传统香草，由于与草木樨属植物非常相似，早期的西方植物学家经常把蓝胡卢巴视为草木樨属中的一种植物，命名为 *Melilotus coerulea* Lam.。coerulea 为蓝色之义，描述的是这种植物的花色。可能在赵燏黄对丹阳草进行指认的 1937 年，植物学书籍中还只有 *Melilotus coerulea*（蓝花草木樨），根本还没有 *Trigonella coerulea*（蓝胡卢巴）。由此我们大致可以推测赵燏黄先生对丹阳草的认证过程。首先，前人已经判定草零陵香为西方香草 *Melilotus coerulea* Lam.，如 1884 年东京理科大学教授松村任三《植物名汇》将草零陵香考订为豆科草木樨属植物 *Melilotus coerules* Desr.（蓝香草木樨）。其次，基于丹阳草的植物特征（干草的茎、叶、花序和荚果）和熏香用途，认定丹阳草与草零陵香非常相像，因此丹阳草也是草木樨属中的一种植物。因此，赵燏黄先生对丹阳草指认的实质，不过是认为丹阳草与草零陵香是同属植物。

1946 年英国药物学家伊博恩（Bernad E. Read）在上海出版了《救荒本草》英译本。该译本对今天能辨识的每种野草都做了研究，该书将草零陵香译为胡卢巴属的 *Trigonella caerulea*。可知这个时候，西方植物学界已经把 *Melilotus coerulea* Lam.（蓝花草木樨）归为胡卢巴属，名字也相应地变成 *Trigonella caerulea*（蓝胡卢巴）。20 世纪 50 年代出版的《经济植物手册》接受了伊博恩的观点，认同草零陵香为胡卢巴属 *Trigonella caerulea*，定其中译名为蓝胡卢巴。自此草零陵香为蓝胡卢巴成为大多数学者的共识（《中国植物志》）。由此看来，赵燏黄在 30 年代指认丹阳草为草木樨属植物并不算太大的错误。

虽然如此，《救荒本草》上草零陵香与蓝胡卢巴还是略有不同。一是蓝胡卢巴都是开蓝色花的，《救荒本草》说草零陵香开淡粉紫花。这可能归结为蓝胡卢巴在不同地区或者不同花时的差异。就网上找到的寿县香草照片来看，蓝胡卢巴花冠是浅蓝色中带一点紫色（紫色本就是蓝色与红色的混合），用“淡粉紫”来形容也是可以的。另一个不同在花序形状，寿县和武进蓝胡卢巴的总状花序是头状的，就是小花团聚成球，与《救荒本草》

草零陵香图的穗状也明显不同。这有可能是《救荒本草》画得不够准确。《中国植物志》说蓝胡卢巴的总状花序“呈头状或卵状”。或许草零陵香就是所谓卵状的总状花序。总之，草零陵香与蓝胡卢巴的略微不同可能只是观察或描述不够准确造成的，并非实质上不同。

不管怎样，考虑到茅山香草、丹阳草和草零陵香在植株形态，特别是花序和荚果上的一致性，我猜测丹阳草和茅山香草就是后世不见经传的草零陵香。草零陵香、丹阳草、茅山香草、离乡草是蓝胡卢巴在不同时期、不同地区的名称。

这个猜测缺少一个关键证据，就是茅山香草和丹阳草的花色。如果茅山香草和丹阳草不是开蓝色或者近似蓝色的花，自然不能说它们是蓝胡卢巴。

幸亏我加了卖我香草的摊主的微信，于是在微信上向她寻问茅山香草的更多信息。她告诉我说这些香草是茅山上一个卖水的老伯托她卖的，她跟卖水老伯打听来的香草信息大致如下：香草是茅山当地一位八十多岁的老伯伯种的，老伯伯家世代种植香草；这种香草特别难长，与油菜同时播种，也就是农历九月播种，暮春（农历三四月间）成熟收割；收获后，需要烧水烫香草，再用大缸捂一天，最后拿出来晒干。

香草摊主提供的这些信息非常有用。可以看到，茅山香草的播种、收获时间和加工方式，与丹阳草和寿县离乡草的都非常相似。《竹屿山房杂部》记丹阳草：“八月种，四月刈，以汤焊之，以稻穰覆五七日，晒干甚香。”《凤台县志》记寿县离乡草：“十月布子，四月而刈。镬汤煮之，纳诸坎，蹈以出汁，经宿而暴之，气类苏荏。”两种香草都是秋播夏收，都有热水烫的增香处理过程。这也从另外一个侧面证明，茅山香草、丹阳草和离乡草都是一种香草。

至于我最关心的茅山香草的花色，她说香草“开的有白红两种色”。我跟她确认是不是白中带红，她明确就是一种开白花，另一种开红花。她说是听卖水老伯说的，于是我请她向卖水老伯确认香草花的颜色。她确认回来的答案更让我迷惑了：“我刚刚去问了，他讲花开有三种色，分别是黄、白、红，三种色。” 我不甘心，又问她哪种颜色的花最多，心里希望回答是红色，毕竟红色与草零陵香的“淡粉紫色”也算接近。她回答：“要看他种哪一种了。”再问别的，她也不清楚。也许八十多岁的老伯大概种植有很多开各种花色的香草。

还是不知道我买的这种茅山香草到底开什么样的花。难道还真的需要再跑一趟茅山，亲眼去看看老伯伯种的茅山香草？

快到端午节时，突然想到寿县香草应该上市了。去年我曾经在淘宝上看到有人售卖寿县报恩寺的香草，卖家称之为离乡草，下单时对方却说没有货了，要等第二年。现在正是时候，于是又上淘宝找，果然有货。几天后香草寄来，打开简易的包装袋，就可以闻到一股稻草沤烂发酵的味道，乍一闻是要皱眉头的，不过多闻几次就适应了。干香草经过几道弯折，用红绸带扎成近乎球状，茎多叶少。我仔细比较了寿县香草与茅山香草的异同。寿县香草明显比茅山香草粗壮，寿县香草的主茎大概是茅山香草的三四倍，这也符合文献对两种香草的描述，寿县香草“高约 1 米”，而茅山香草“长约 30 公分”，植株高度相差了 3 倍。然而两种香草的荚果，其外形特征一模一样，顶端都有长尖喙。由此可以判断，茅山香草与寿县香草应该是同一种香草，植株粗细不同，可能是种植或环境差异等原因造成。

两个月后有机会去南京，于是又专程跑了一趟茅山，通过香草摊主的介绍，请卖水老伯领我去见种香草的老伯。跟两位老人都有一些聊天，重要的信息事后记录在手机里了，如下：

卖水老伯60岁左右，姓蒋。蒋伯提起前一阵子去扬州大庙，有很多卖香草的，香客买回家熏衣、辟蠹。至于茅山香草，蒋伯说香草是种在田边的，开的花是杂色的。白的，红的，黄的都有（之前卖香草的摊主也是这么转述的）。下午四点左右，蒋伯关了自己的小店，领我去找种香草的老伯。乘一段观光车来到山脚，又接着开自家的电动三轮，带我去种香草的老伯家，然后蒋伯就回自己的家了。

种茅山香草的老伯姓卢，虽然80多岁了，但是行动挺敏捷，说话和听力都没有问题，就是说话口音太重，很难听懂，幸亏他儿媳也在，关键之处能帮我翻译一下。卢伯抱出一大捆去年出的香草，说一把8毛或1块批发给商家，我说我一把两块五买的，他说贵了。香草种子是常州武进区来的，种了15年（并非我想象中的香草种植世家）。武进现在也只有几个人种。香草开蓝色花（确定无疑是蓝胡卢巴了）。正月种，五月收。如果头年秋天种，长得高，我看他比画，也没到1米，说上海人买长得高的香草回去作香囊。需要专门的地来种，种过别的植物再种香草就不好。地要有湿气，香草才能长好。除了香草，没别的名字。卢伯拿出一袋香草籽给我看，有点像芝麻粒，不是黑色的。他说，干草上的籽是死的——我想起来干草加工过程中有开水烫煮的工艺。大概卢伯误认为我是来买香草的，于是跟他解释了我感兴趣的原因。不过，我还是买了一小捆，大概有20—30扎，我给了100元，老伯说太多了，给我再拿来一捆，有 50 扎香草，我说没法儿带，就告辞了，还来得及当天返回南京。老伯不住嘱咐我，买香草直接来找他。

事情很清楚了，茅山香草、武进香草、寿县香草都是蓝胡卢巴，也是《救荒本草》的草零陵香。茅山香草植株矮小是因为春种夏初收，种植时间短。卖水老伯所言扬州大庙的香草（应该就是前边提到过的扬州观音山上的离乡草），也应该是蓝胡卢巴。

蓝胡卢巴

现在明确了,《救荒本草》的草零陵香,镇江、丹阳出的丹阳草或零陵香,寿县和武进的香草或离乡草，以及茅山香草，这些都是蓝胡卢巴。根据《中国植物志》和其他文献，我编写了一段蓝胡卢巴的介绍，如下：

蓝胡卢巴（拉丁学名 *Trigonella coerulea* [L.] Ser.，英文名 blue fenugreek）。

文献名：零陵香(《本草纲目》《镇江府志》),草零陵香(《救荒本草》),丹阳草(《镇江府志》),离乡草(嘉庆《风台县志》),卢豆。

豆科胡卢巴属植物，曾误为草木樨属植物。一年生草本，高30—60厘米(秋播夏收可达1米)。茎圆中空，直立，上部分枝。羽状三出复叶，小叶卵形至阔椭圆形，长15—35毫米，边缘具锯齿。花蓝色或蓝白色,总状花序，呈头状或卵状，腋生。荚果卵圆形，长2.5—5毫米，顶端具长尖喙，有种子1-2粒。种子阔卵形，长近2毫米，褐色，表面密布细疣点。花期6—8月，果期7—9月。

关于蓝胡卢巴的分布和原产地，《中国植物志》云：“我国东北、华北及西北各地有栽培，或逸生于荒地。欧洲中部和南部、非洲北部常有分布，多为栽培或半野生。原产地未详。”然而根据我查到的文献和资料，似乎只是黑龙江、安徽和江苏等省零星地区有栽培，其他各省鲜见记载。也没有看到野生蓝胡卢巴的记录。

在欧洲，阿尔卑斯山地区、西欧和欧亚交界地区的人们将蓝胡卢巴干燥全株磨成粉末，用于制作风味独特的面包和奶酪；嫩茎叶作为蔬菜食用；种子粉碎后拌盐或油作为烹饪调味品。其中特别值得一提的是瑞士绿干酪，这种干酪掺有蓝胡卢巴粉，所以颜色发绿。早先蓝胡卢巴被人当作草木樨，所以有些书籍说瑞士绿干酪里掺的是草木樨。还有些说添加的是苜蓿。这些说法都是错误的。奥康奈尔《香料之书》（四川人民出版社，2018 年）对瑞士绿干酪有详细介绍，如下：

> 瑞士绿干酪是一种质地坚硬、颜色翠绿、味道浓郁的牛奶奶酪（在美国被称为“Sap Sago”），仅出产自瑞士的格拉鲁斯州。这种奶酪是由 18 世纪的僧侣们发明的，并用修道院花园中种植的蓝胡卢巴进行加工（注：18 世纪与下文矛盾，似有误）。在 1463 年 4 月 24 日的一场露天议会中，当地居民通过了一项法律，要求本地出产的绿干酪必须加盖原产地印章，从而使其成了最早印有商标的产品之一。被预先塑造成圆锥形状的绿干酪通常要在磨碎后食用——比方说撒在意大利面上——或是与黄油搅拌在一起，制造出一种味道极其辛辣的涂抹调味品。

在我国，民间将蓝胡卢巴干燥后作为驱虫避蠹、香身美容的香料，我没有找到蓝胡卢巴用作烹饪调料的记录。

下面列举一些蓝胡卢巴用于香身美容的文献。

图 43　蓝胡卢巴，图来自《莱昂哈特・福克斯：1543 年的草药书》

明王象晋《保安堂三补简便验方》记载了两个使用丹阳草的香方，衣香方："元香（即沉香）一斤，丹阳草、毛香（即茅香）、马蹄香各半斤，甘松二两，樟脑一两，碾烂入袋内，薰衣无虫蛀，衣服异香。"透体合香方："檀香、排草各三两，麝香三分，木香、陵零香（即零陵香）、丹阳草各一两，丁香、甘松、松仁各二钱，为细末，生蜜二两，化入瓶内封口，勿泄气，滚水中滚四五十沸，冷定封纸袋。"

王佑民、易简《俩情饮食奇方录》收录了两个含有茅山香草的香方。据记载，浙东山区古时新婚睡鸳鸯枕，可以防病宁神补身，其方来自《沧海录》："即用合欢皮、合欢花、龙涎香、茅山香草、降香、沉香、苏合香、白芷各 30 克，菊花、枸杞根各 60 克，檀香、甘松、山柰、月桂、玫瑰花各 15 克，作枕芯。"然而我百般寻找，未见《沧海录》的任何介绍。

《俩情饮食奇方录》还载有赵飞燕用的汉宫燕浴方："石燕 30 克（可用等量麦饭石代），茅山香草 30 克，荷叶

100克煎汤洗浴。”用这个浴方洗浴，同时辅以适当的呼吸和运动，就可以达到瘦身的效果。《赵飞燕外传》载赵飞燕洗澡用的是“五蕴七香汤”，然而并没有留下具体药方。这个“汉宫燕浴”浴方应该是后人编造的。

《俩情饮食奇方录》是上海科学技术出版社出版的，似应值得信任。该书前言声称，书中药方来自古今医著以及作者七世中医妇科家传。如此，这两个茅山香草相关的验方应该有所本，不是无中生有编造出来的。

关于蓝胡卢巴在中国的分布，因为涉及要讨论的芸草，需要多说几句。虽然《中国植物志》说“我国东北、华北及西北各地有栽培，或逸生于荒地”，具体什么地方有栽培或逸生的蓝胡卢巴，相应的资料却很难找到。我把涉及蓝胡卢巴产地的文献附在文后，可以看到，除了黑龙江省的几个地方，再有具体地名的就是“秦岭山脉”。如果秦岭真有蓝胡卢巴，那或许是野生的了，然而我在《秦岭植物志》（科学出版社，1981年）豆科植物中没有找到蓝胡卢巴的记录。

从国家标本平台（http://www.nsii.org.cn/2017/home.php）可以查到蓝胡卢巴标本若干：其中20世纪50年代采集于黑龙江呼玛和黑河的各两株，30年代采集于江苏南京和昆山的各一株，20年代采集于山西南部的一株，另有30年代采集的两株未注明地点，也收藏于江苏省中国科学院植物研究所，应该也是采集于江苏省。

总之，从各种资料文献、植物标本以及我的实地考察来看，蓝胡卢巴出现最多的就是江苏省，包括南京、丹阳、武进、句容、昆山等地；其次是黑龙江省，包括黑河、呼玛、汤原等地，再就是安徽寿县。至于《中国植物志》还说华北和西北地区有栽培或逸生；《中国种子植物分类学（中）第1分册》说“我国西北部（秦岭山脉）”有分布；《河南植物志》说“河

图 44　蓝胡卢巴标本（江苏省中国科学院植物研究所馆藏，1936 年采集于江苏南京总理陵园应用植物区）。

南有零星栽培”；《中华本草》说吉林也有栽培。除了山西南部有采集到的标本，其他地方尚无文献或实据可查。最奇怪的是，《中国植物志》只说东北、华北和西北有蓝胡卢巴，却不提蓝胡卢巴出现得最多的江苏或华东。

黑龙江栽培的蓝胡卢巴，刘慎谔认为“应视为由苏联西伯利亚引种之种”，近代引种于苏联，跟芸草没什么关系。而江淮地区栽培的蓝胡卢巴出自哪里，就不清楚了。

虽然不知道江淮地区蓝胡卢巴的来源，但是我很怀疑它们就是沈括描述的芸草。从叶子形状、驱虫功用这两方面来说，蓝胡卢巴符合《梦溪笔谈》对芸草的描述。前边提到过，《本草纲目》将镇江、丹阳两地种植的香草（丹阳草）视为零陵香。《本草纲目拾遗》补充了零陵香草的一个用途，在“壁虱”条目中，赵学敏说：“古方辟除之法甚多，无一验者，惟席下铺零陵香草及樟脑，可稍杀其势，然隔一二日，药气减则横虐愈甚。”赵学敏是钱塘人，该书收集的资料绝大多数来自江南民间经验，这个可以辟除壁虱的零陵香草，很可能就是镇江、丹阳所产的零陵香，也就是蓝胡卢巴。总之，蓝胡卢巴符合《梦溪笔谈》和《梦溪忘怀录》芸草“去蚤虱”之言。蓝胡卢巴也和胡卢巴和草木樨一样，容易患白粉病，免不了出现“秋间叶间微白如粉污”的状况。

更重要的是，沈括在《梦溪忘怀录》明确说芸草“江南极多”，强烈暗示芸草就生长在吴越之地。前边说了，除了黑龙江省，蓝胡卢巴几乎只出现在江苏省。

苏颂《图经本草》提到过江淮土生、香不及湖岭的零陵香。安徽凤阳出产的零陵香（濠州零陵香）实为罗勒，如果是江苏镇江一带出产的零陵香呢？根据我们前边的讨论，更可能是蓝胡卢巴。很可能北宋时就已经有人在镇江一带种植蓝胡卢巴，被人当作零陵香售卖。如果是这样，沈括当然不会认可蓝胡卢巴为零陵香，因为他知道零陵香“花倒悬枝间如小铃也”（《梦溪笔谈》），绝不同于蓝胡卢巴的头状花序。和草木樨一样，蓝胡卢巴植株也没有什么香气，但是加工过的蓝胡卢巴却也算得上香气浓郁。据奥康奈尔《香料之书》言，蓝胡卢巴在格鲁吉亚被称为“utskho suneli”，翻译过来就是“老远就能闻到的奇怪香味”，如此，古人称加工过的蓝胡卢巴为七里香也算恰当。

当然，这仅是一种推测，并没有北宋已经种植和应用蓝胡卢巴的明确证据。

即便如此，我们还是不能解释为什么沈括没有描述芸草的花。难道是蓝胡卢巴的花和荚果与他在京都看到的草木樨不太一样，心里有所疑虑，所以干脆不提芸草的花和荚果？这似乎把沈括看成一个不诚实的学者了。

附：涉及蓝胡卢巴及产地的文献

宋代《图经本草》零陵香，江淮地区。

明代《救荒本草》草零陵香，“人家园圃中多种之”。

明代《本草纲目》零陵香，江苏镇江、丹阳。

明代《竹屿山房杂部》香草，江苏丹阳。

清乾隆《镇江府志》零陵香、丹阳草，江苏丹阳。

清嘉庆《凤台县志》离乡草，安徽寿县。

清光绪《武进阳湖县志》离乡草或香草，江苏武进。

1937年赵燏黄《本草药品实地之观察》丹阳草：“据云产于河南、安徽等省。”

1956 年郑勉《中国种子植物分类学（中）第 1 分册》蓝葫芦巴：“分布于欧洲东南部、小亚细亚，以至我国西北部（秦岭山脉）。”

1965 年刘慎谔《芸香考》：“在黑龙江黑河专区马伦站采有芸香一种名 *Trigonella coerulea* Ser.。本种花序头状，果短小，花为浅蓝色，拟名蓝花芸香，应视为由苏联西伯利亚引种之种。”

1988 年《河南植物志》卢豆：“原产欧洲中部及南部。河南有零星栽培。我国东北也有栽培。”

1998 年《中国植物志》第 42（2）卷蓝葫芦巴：“我国东北、华北及西北各地有栽培，或逸生于荒地。原产地不详。”

1998 年《黑龙江植物志·第六卷》卢豆：“黑龙江省呼玛、汤原等地有栽培；我国华北、西北有栽培。”

1999 年《中华本草》蓝葫芦巴：“黑龙江、吉林、江苏等地有栽培。”

矮糠和胡卢巴

图 45 《植物名实图考》中的零陵香，又名醒头香、矮糠，实为唇形科植物罗勒。

吴其濬去湖南寻找零陵香时，遍访当地也没有人听说有零陵香这种香草，吴其濬告诉他们零陵香的样子，找来的却是醒头香，在京师被称为矮糠，也叫香草，是唇形科植物罗勒，开白色或淡紫色小花，茎叶有香味。旧京妇人喜欢在鬓间插一枝矮糠，取其香气。走街串巷的卖花人吆喝花名，喜欢以矮糠收尾："买花儿来，玉兰花儿、茉莉花儿、江西腊、矮糠尖儿！"矮糠尖儿是带花的矮糠短枝。傍晚时，这种卖花吆喝声，音韵悠转，是旧京风貌之一，留在很多老辈人的记忆中。侯宝林、郭启儒在相声《卖布头》中学过卖花人的吆喝，其中就有矮糠："晚——香玉——矮糠尖儿——"

然而关于矮糠还有一个说法。赵熽

黄考察过药品市场上的丹阳草，特意在考察报告《本草药品实地之观察》的“丹阳草”条加了一个批注：“北京至五月端午节前后出售的矮康亦此类植物。”我们已经知道，丹阳草是豆科的蓝胡卢巴，外形与唇形科的罗勒相差很大。作为我国现代本草学和生药学先驱，赵燏黄应不会把这两种植物弄混。他做此批注，说明定有一种形似蓝胡卢巴的香草，被北京人在端午节前后以矮糠的名义售卖。这会是什么样的香草呢？

端午前后气温飙升，蚊虫滋生，细菌霉菌也繁殖迅速，所以端午节时，人们在门户上挂菖蒲和艾草以避鬼魅，佩香囊，熬兰汤沐浴，燃香草等以避邪疫，诸多香草被用来辟邪除秽、驱虫疗疾。所以，旧时北京在端午节前后以矮糠的名义售卖的香草应该也是这类香草。罗勒主要用作调味食材，没人用来祛邪避毒，显然不属于这种香草。

在我看来，矮糠也许不是罗勒的满语专名，而是香草的满语泛称。吴其濬在《植物名实图说》中说醒头香“京师呼为矮糠，亦名香草”，就已经隐约点出矮糠即香草之义。

然而《清文鉴》《新满汉大词典》等权威满语字典中并没有对应于“香草”的满语词汇，与矮糠音近的满语词 aikan 是宝贝、珍贵物之义，跟香草并没有直接的关系。常瀛生在《北京土话中的满语》一书中认为矮糠来源于满语词 aigan：

> 满语词 aigan，义为射箭或打枪的“靶”。仍如前述，建州音的 n 在北京满语及诸方言中常读 ng 音。建州音的 g，在北京满语及其他满语方言中常读 h 音（k、g、h 互变，是满语音韵中常见的变化现象）。因此依建州音拼写的满语词 aigan，在北京满语中发音为 aihang。北京有段童谣，当年旗人家小孩无人不常唱，老北京人及其他族儿童也唱。这段童谣叫“打花巴掌儿的”（“的”字读 dei，阴平），它是：“（说）打花巴掌儿的，正月正，老太太抽烟看花灯。（唱）烧着香儿捻纸捻儿哎，茉莉茉莉花儿哎，江西腊哎 aihang 尖儿，……茉莉茉莉花儿哎，……”当年北京有一种草本花，名叫“aihang 尖儿”，夏、秋开花。这就是由满语词 aigan（书面语）来的。

常瀛生认为 aihang 或矮糠来自满语词 aigan，但是箭靶与罗勒看起来完全没有什么共同点，为什么要用一个意为箭靶的词 aigan 来指罗勒？逻辑上讲不通。

我猜测矮糠来自满语词 ayan hiyan 的快读。ayan 是贵重、珍贵之义，hiyan 是香、香粉之义，ayan hiyan 是萨满祭祀时所烧的香粉的通称。ayan hiyan 可以音译成阿延香，读快了就变成 aihang，也就是矮糠。这样，矮糠也是祭祀所烧的香的满语通称，稍微引申一下，矮糠就是对所有香草的通称（满族社会中香草主要用于祭祀）。有趣的是，清廷规定 ayan hiyan 的标准汉译名是芸香（《增订清文鉴》）。如此，矮康和芸香都是满语词 ayan hiyan 的汉译，都是香草的泛称，只不过矮康是音译，用于日常生活，芸香是更文雅正式的汉译，是书面语。

现在我们只要考察满族人或者说东北地区流行的香草，看看是否可以找到形似蓝胡卢巴的矮康。从地方志查找是一个便捷的办法，与香草和芸香有关的部分记录罗列如下：

《钦定盛京通志》卷一百六："芸香草，叶类豌豆而细，丛生，可以辟蠹。"

民国《奉天通志》卷一百十："芸香草，茎类豌豆而细，丛生，可以辟蠹（《盛京通志》）。说文：芸，草也，似苜蓿。高一二尺，叶互生，夏开花，黄绿色。秋结子，荚形，干则益香，园圃隙地多种之（《辽阳志》）。"

民国《黑龙江志稿》："草之属有蕙，即香草也（《呼兰府志》）。香草，蕙也。有'燕草''薰草'诸名。开花结荚，秋后俞芬。囊佩可防污秽（《巴彦县志》）。香草茎高尺余，花落后结角寸余，中有子三四粒。应时采取晒干，枝叶皆香；研为末置衣笥中，其香经年不散（《望奎县志》）。"

民国《通化县志》卷一："芸香，叶类豌豆而荚细长，可以解蠹。"

民国《临江县志》卷三："芸，一名香草，茎高一二尺，下部坚若木质，故又称芸香树。叶羽状，夏开黄绿花，花叶俱香，闻数十步。置叶书内能驱蠹，置席下能驱虱蚤。或谓即郑康成之书带草。其种子可以制油，为妇女理发之用。"

民国《辉南县志》卷一："芸草，诗谓薰，俗名香草，叶类豌豆而细，味贞醇，可以避蠹。"

还有一些民国县志，其文字类同《辉南县志》，不再赘述。

从上述所引文字可以看到，东北地区的人认为芸香就是蕙草、薰草，芸香除了"叶类豌豆"这个特征，另一个重要特征是结荚，从《望奎县志》

图 46　胡卢巴，图来自《莱昂哈特・福克斯：1543 年的草药书》。

“花落后结角寸余，中有子三四粒”和《通化县志》“荚细长”，很容易认定这种结细长之荚的芸香只能是胡卢巴，而不可能是草木樨和蓝胡卢巴。

所以，赵熽黄所说北京端午节前后出售的矮糠，应该就是胡卢巴干株，人们买回去是用于熏香衣物和驱虫辟蠹，而不是供妇女插发。胡卢巴和蓝胡卢巴同属胡卢巴属，花果期之前的胡卢巴与蓝胡卢巴非常相似，所以赵熽黄才会说北京端午节前后出售的矮康（胡卢巴）就是丹阳草（蓝胡卢巴）。

胡卢巴别名香草、香豆、芸香等，豆科胡卢巴属植物，一年生草本，高 30—80 厘米，全株干后有香气。茎直立，呈中空圆柱体，多分枝。叶互生，羽状三出复叶，小叶长倒卵形、卵形至长圆状披针形，长 15—40 毫米，宽 4—

15 毫米，先端钝圆，基部楔形，上部边缘有锯齿。花无梗，1—2 朵着生叶腋，花冠黄白色或淡黄色。荚果圆筒状，长 7—12 厘米，径 4—5 毫米，直或稍弯曲，先端具 2 厘米左右细长喙，有种子 10—20 粒。种子矩圆形，长 3—5 毫米，棕褐色，表面凹凸不平。花期 4—7 月，果期 7—9 月。

胡卢巴原产于地中海东岸，7 世纪左右亚述帝国开始种植并用作食用香料，随后传播到印度和中国（9 世纪左右）。我国南北各地均有栽培，在西南、西北各地呈半野生状态，生于田间、路旁。我国胡卢巴的主要产地有河南夏邑、睢县，安徽涡阳、太和，四川广元、金堂，甘肃天水的甘谷等地。

另外，我怀疑唐代佛经中的兜楼婆可能就是胡卢巴。理由有二：一是兜楼婆与胡卢巴发音相近，二是唐代佛经说兜楼婆与苜蓿香很像，而胡卢巴也的确与草木樨极相似。另外，唐人杜环《经行记》记录大食国（指当时的阿拉伯帝国）有两种名贵香草："一名查塞莑，一名葜芦茇。"从发音上看，葜芦茇可能也是胡卢巴。至今胡卢巴仍是阿拉伯地区的重要香料作物，据说国际市场上 80% 的胡卢巴草都来自也门共和国。当然，这只是我的猜测，还有待更多证据。

作为豆科植物，胡卢巴也具有固氮能力，是很好的绿肥植物，同时胡卢巴茎叶也可作牲畜饲料。嫩茎、叶也可作蔬菜直接食用。早在两千多年前，阿拉伯人已经将胡卢巴作为野生蔬菜食用，其嫩茎叶可以直接炒食，种子可以浸泡发芽成为豆芽菜。由于长期食用胡卢巴蔬菜，尽管阿拉伯人牛肉和脂肪的食用量很大，糖尿病发病率却很低。这是因为胡卢巴茎叶和种子中含有降血糖的物质。

胡卢巴全草有香豆素气味，胡卢巴子有一种温和的咖喱风味，是一种风味独特的烹饪食材。晒干的胡卢巴叶子是印度咖喱饭菜的一种重要调味食材，被称为“麦西（methi）”。风味独特的陕西名菜“苜蓿肉”就是以干胡卢巴（当地人称香苜蓿）为配料蒸制而成。山西北部民间腌咸菜多加入一些胡卢巴干全草以增加咸菜香味。很多地区的人都喜欢将胡卢巴的茎、叶或种子晒干磨粉作为调味品使用。或者是用来调节烹饪酱料的风味，或者直接加入主食当中。欧洲人和非洲埃塞俄比亚人喜欢将烤过的胡卢巴子磨成粉，再加进面包和干酪等许多食物中，我国西北地区的人则将胡卢巴叶磨制而成的香豆粉掺入花卷、馒头、油饼等面食。元代《饮膳正要》记录人们就用胡卢巴子和草果来炖羊脚，称为苦豆汤（苦豆为胡卢巴别名）。

2018 年夏天我和家人去青海湖旅游，在倒淌河一家小饭馆吃中饭，好奇之下点了一种名叫“狗浇尿”的油饼。油饼有点发绿，带着一种讲不清楚的香气。因为刚翻过海拔近 4000 米的拉脊山垭口，一家人都稍有点高原反应，其实食欲并不太好，然而我吃了第一口就欲罢不能，几乎一个人把一盘油饼都吃完了，菜倒剩下不少。后来我才知道，油饼这么香就是因为添加了香豆粉。从青海回来以后，除了那些美丽的风景，另外念念不忘的就是这“狗浇尿”油饼了。

胡卢巴子还有重要的药用价值，能补肾壮阳，祛痰除湿。宋代以来的本草书籍对此有大量记载。李时珍《本草纲目》还讲过一个胡卢巴医治失明的神奇案例：有人眼睛失明，想吃苦豆，即胡卢巴，后来频频服用，不到一年，目中微感疼痛，好像有虫子在爬，渐渐就恢复视力了。如果真有此事，也不过是巧合而已，胡卢巴并无此等功用。但是要注意，怀孕妇女不能服用胡卢巴子，因为它含有皂角荚成分，会刺激子宫，导致流产。有兴趣的读者可以查看相关医学书籍了解详细情况。欧洲人也笃信胡卢巴

“能重新点燃陷于低潮的激情，让人做情欲的梦”（伊莎贝尔·阿连德《感官回忆录》）。作为胡卢巴属的一种植物，蓝胡卢巴也应该能补肾壮阳，难怪《武进县科技志》说武进产的离乡草（蓝胡卢巴）有“温肾壮阳”之功。

干燥的胡卢巴具有浓郁香气，还被人们放在箱柜中熏衣，一来熏香衣物，二来辟蠹。我们前边所引的东北地方志，就是最好的实例。也正是因为胡卢巴可以用来驱虫避蠹，所以才被人们怀疑是芸香草。

植物学家刘慎谔考证过本草书籍中的几种芸香，他认为唐以前的芸不是唐以后的芸香，唐以后的芸香就是胡卢巴。刘慎谔甚至建议改称胡卢巴为芸香，蓝胡卢巴则改称为蓝花芸香。考其依据，一是胡卢巴“在西北（陕西武功）、东北（哈尔滨、沈阳地区）均有所见，盛京通志、安图县志（吉林省属）均有记录”，并且被名为芸香；二是胡卢巴形似苜蓿，“干之出浓香，用以驱虫，苏杭习以置诸箱柜，用代樟脑及卫生球”，胡卢巴除虫功用也与芸香合。这两个依据都是事实，但是我觉得仍不足支持他的结论，即胡卢巴是唐以后的芸香。特别是，胡卢巴绝对不可能是北宋时期的芸草或芸香。

北宋梅尧臣曾用诗句“黄花三四穗”来描绘芸草的花。胡卢巴的花是“黄白色或淡黄色”（《中国植物志》），勉强可算黄花，但是它没有花梗，只是一两朵着生叶腋间，形象与“黄花三四穗”完全不合。

另外，北宋官员和学者对芸草与胡卢巴二物分得很清楚。胡卢巴先出现在掌禹锡《嘉祐本草》中，随后被苏颂收入《图经本草》，苏颂认为胡卢巴“唐以前方不见用，《本草》不著，盖是近出”。上文提到，苏颂就是曝书宴上被文彦博赏赐芸草的苏子容，可见苏颂也不认为胡卢巴是芸草。还有北宋医书《苏沈良方》，该书是后人将沈括的《良方》和苏轼所收集的验方合编而成，卷六有治气攻头痛的“葫芦巴散”。不管此药方是沈括编撰还是苏轼收集，也足以证明他们把芸草和胡卢巴视为二物。总之，这些共事一朝的北宋官员和学者，如梅尧臣、苏颂、沈括、苏轼等，都熟悉胡卢巴和芸草，从没有把二者视为一物。

以上这些证据足以说明胡卢巴不可能是北宋的芸草或芸香，因此中国的植物学界并没有接受刘慎谔的改称胡卢巴为芸香的建议，只是在《中国植物志》的“胡卢巴”条注明胡卢巴有芸香别名。

事实上，也只有东北地区的人称胡卢巴为芸香。如果仔细考察东北地区的地方志，称胡卢巴为芸香草主要是在民国时期，清代只有清末的宣统《承德县志》、光绪《辑安县乡土志》，以及乾隆朝的《盛京通志》。事实上，“芸香”一词本来就是乾隆朝《增订清文鉴》规定的对满语词 ayan hiyan 的汉译，是祭祀用树叶香的统称。到了清末民初，“芸香”被东北地区的人借来指胡卢巴。胡卢巴是草本，也不用于祭祀，大概为了与祭祀用树叶香区分，又加了个“草”字，变成了“芸香草”。

查阅华北、西北和华东地区的地方志，并无称胡卢巴为芸香的可靠记载，事实上“芸香”二字根本就未出现。相反，河南、陕西、宁夏、青海等一些地方县志，如道光《河内县志》（河内是今河南省沁阳市）、雍正《陕西通志》、乾隆《宁夏府志》、《嘉庆灵州志》等，都记载有胡卢巴或类似名字，通常都在药类。可见在中原和西北地区，胡卢巴主要作药用，这也是典籍中胡卢巴这种植物最重要的用途。或许在这些地方，胡卢巴并不用来驱虫避蠹，所以没人称之为“芸香”。在西北地区的地方志中，胡卢巴还被称为香豆、苦豆。如《民国大通县志》卷五记载：“苦豆，花开似莲，茎叶采之阴干，用以糁饼，气味芬芳。”《光绪保安县志》的记录更有意思：

“豆之中有香豆，茎叶微似豆，荚长而狭，叶与荚俱香，若芸草，然不中食。家人以置衣箱内，竟体芬芳，亦异种也。”明确指出香豆（胡卢巴）像芸草，言下之意胡卢巴并不是芸草。

总之，某些地方的人称胡卢巴为芸香草，并非表示他们认定胡卢巴就是古人所说的芸草或芸香，只不过因为胡卢巴在外形和功用上与芸草有相近之处，于是借用“芸香”一词而已。

肆

芸

深不知处·仙草

先秦芸香的疑云

古者以芸为香，以兰为芬。

以郁鬯为裸，以脂萧为焚。

以椒为涂，以蕙为薰。

杜衡带屈，菖蒲荐文。

——苏轼《沉香山子赋·子由生日作》

先秦典籍中的“芸”字多做动词，类同耕耘之“耘”，除草之义，如《论语》“植其杖而芸”，《荀子》“则郊草不瞻旷芸”。“芸”做名词时当然与植物有关，或者指一种开黄花的植物，如《诗经》“苕之华，芸其黄矣”（也有人认为“芸为极黄之貌”），或者如我们之前已经说过的，“芸”指一种滋味好的蔬菜，如《吕氏春秋》“阳华之芸”，《夏小正》“正月采芸”和“二月荣芸”等。作为香草的“芸”则不见经传。

那么问题就来了，先秦时香草之“芸”到底哪里去了？胡卢巴是唐代以后才进入中国的，自然不可能是先秦之芸。蓝胡卢巴则原产地不详，最可靠的文献记载只能追溯到明代（《救荒本草》草零陵香），更不用说讨论它在先秦时期的状况了。草木樨作为最有力的“芸草”候选者，如果在唐代它的确就是用于容饰和宗教礼仪的“苜蓿香”，在魏晋时期它是庭园观赏植物“芸香”，那么在先秦和两汉之时它是否已经进入人们的日常生活？那时的草木樨叫什么名字？

《墨子·杂守》提到一种名为芸的植物，只不过此芸不是香草，反而是一种用来抵御敌人进攻的毒草。《杂守》介绍防御敌人攻城的办法，其中一个方法就是让边远县预先种植并蓄积“芫、芸、乌喙、祩叶（即椒叶）”等有毒植物，战争时可以把它们投到水沟、水井中以御敌。芫、乌头、椒叶是古人常用的有毒植物，投在水里可以污染水源。然而先秦两汉文献中的“芸”要么是“菜之美者”，要么是香草，从未有过芸为毒草的记录，于是人们怀疑这里的“芸”为“芒”字之误，正如清代孙诒让《墨子间诂》中的分析：“芸非毒草，当为芒字之误……芒与芫，皆毒鱼之草，盖亦可以毒人。”现代学者也多认可这种说法。

其实《墨子》之“芸”有可能并非“芒”字的讹误，而就是草木樨。草木樨富含香豆素，霉变时香豆素会转化成双香豆素，这是一种有毒物质，可作灭鼠剂，牲畜吃了会内出血而死，人喝了含有双香豆素的水，大概也不会有美好的体验。墨子毕竟是战国时代最著名的“科学家”了，他掌握这样的隐蔽知识也不算奇怪。可惜典籍中只有这一处文献提到芸为有毒植物。

另外一个与芸草有关的事例来自《诗经》，即本书开篇所引用的《郑风·出其东门》，如开篇所述，如果通行版本中的“美女如云”依罗振玉所释，修正为“有女如芸”，也顶多说明芸草已经进入《诗经》时代的社会生活，因其美好而被写进诗里，但我们无法判断这里的“芸”是不是香草。

芸为香草的确切说法始自东汉郑玄。《礼记》云:“(仲冬之月)芸始生。”郑玄注曰：“芸，香草也。”此为芸香之始。

至于先秦两汉时期的草木樨，也许有人认为其并非中国原产，而是西汉年间同苜蓿一样作为马的优良饲料从西域引进，这样先秦自然就没有草木樨了。这个想法也有道理，因为草木樨的确是一种良好的牲畜饲料，而且它的耐旱性和抗寒性很强，比苜蓿更适应西北的干旱寒冷气候，完全有可能与苜蓿一样作为马的饲料引种于西北地区。

然而植物考古证明，中国早在新石器时期就已经采集甚至种植草木樨了。陕西下河遗址（距今5300—4700年）、河南禹州瓦店遗址（距今4000年）、河北藁城台西商代遗址（距今3400年），以及山东高青陈庄西周遗址等都有丰富的草木樨种子出土。与这些草木樨种子一同出土的往往是粟、黍、稻、豆等粮食作物和可食用果实的种仁。这说明在远比先秦更早的时期，草木樨就已经在社会中得到了广泛应用。高青陈庄西周遗址有车马坑，考古专家据此推测出土的草木樨属植物可能是战马的饲料；藁城台西的草木樨种子和干枝出土于酿酒手工作坊，学者猜测它们可能用于酿酒，或者用作泡酒的香料。

值得指出的是，与草木樨种子一同出土的其他植物往往都有各自的专有名字，如河南禹州瓦店遗址出土的粟、黍、稻、豆、藜，藁城台西出土的李、桃、枣、麻，这都是先秦时期这些植物的专名。按道理说，同样得到广泛应用的草木樨在当时也应该有专名。既然先秦文献中无香草之芸，那么很可能草木樨在先秦时的专名不是芸，而是另有称谓，只是到了东汉以后，它的名字才变成芸和芸香。

或者我们可以在先秦文献中寻找芸草和草木樨的蛛丝马迹。《诗经》《楚辞》《山海经》等先秦典籍记录了很多日常生活中常见的香草，有可能其中的某种香草就是草木樨。

蕙草考

四座且莫喧，愿听歌一言。

请说铜香炉，崔巍象南山。

上枝似松柏，下根据铜盘。

雕文各异类，离娄自相联。

谁能为此器，公输与鲁般。

朱火然其中，青烟扬其间。

顺入君怀里，四座莫不欢。

香风难久居，空令蕙草残。

——汉无名氏

厨房阳台有盆墨兰，是老友杨一移居大理之时留下的，已经四五年了。也没有特别的照顾，就是隔几天浇浇水，每年春节前后就会开花。粗壮的紫色花葶上有数朵暗紫色的花，花瓣有深色纹，如同墨书。我喜欢这种低调的颜色，如果带红斑的黄色唇瓣也暗淡一些，那就更完美了。墨兰的花，嗅之无味，又隐约有香。花蕾柄处有晶露，终日不消，品之极甜。先泌蜜后开花，也很奇特。

宋代诗人和书法家黄庭坚讲过兰花与蕙的区别：“一干一华而香有余

者兰，一干五七华而香不足者蕙。”墨兰显然就是黄庭坚所说的蕙了。然而黄庭坚所说的兰和蕙都是兰科植物，并不是先秦就已经流行的兰和蕙。

楚辞里经常出现“蕙”这种香草，单单在《离骚》中“蕙”字就先后出现六次：

> 杂申椒与菌桂兮，岂维纫夫蕙茝！
>
> 余既滋兰之九畹兮，又树蕙之百亩。
>
> 矫菌桂以纫蕙兮，索胡绳之纚纚。
>
> 既替余以蕙纕兮，又申之以揽茝。
>
> 揽茹蕙以掩涕兮，沾余襟之浪浪。
>
> 兰芷变而不芳兮，荃蕙化而为茅。

从这些诗句中可知蕙是一种美好的香草，虽然不清楚它具体是什么香草，然而并不妨碍我们对这些诗句的理解。相信绝大多数读者也都是像我这样来对待《楚辞》里的众多香草的。

对于楚辞里的香草，读者当然可以不求甚解，但是翻译家却不能这样。如果需要将楚辞翻译成其他文字，比如说英语，只知某某为香草而不知其具体为何种植物，翻译家就很难办。考察霍克斯、杨宪益夫妇、卓振英和许渊冲等人对《离骚》的翻译，四组译者均有将“蕙”字译成 melilotus 或 sweet clover（甜三叶草或甜苜蓿，是 melilotus 的一个英文俗名）的例子，其中杨宪益夫妇几乎把《离骚》中所有“蕙”字都译成了 melilotus（草木樨）。可见这些中外学者都倾向于将“蕙”译成 melilotus（草木樨）。

问题是蕙草真是草木樨吗？

蕙草简史

《诗经》也有很多香草，然而无“蕙”字，这说明周代之时中原不产蕙这种香草，或者它另有名字。汉刘向编写的《楚辞》有二十余处提到蕙，可见蕙草应该是楚地一种常见的香草。查看这些诗赋，知道蕙草主要作香草之用，或者用于纫佩香身，或者用来作菜肴配料，或者装饰房间。司马相如的《子虚赋》中也多次提到“蕙圃”，说明汉代长安地区也有栽培，应该是从南方引种的。可惜的是，这些辞赋没有直接描写蕙草的植株特征，很难确定蕙草具体是什么植物。

《山海经》有四处提及蕙，同样也无具体描述，蕙草面目仍旧不清。值得注意的是，《山海经》有一处文字提及薰草。因为后世常认为薰草就是蕙草，所以有必要引用这段文字：“（浮山）有草焉，名曰薰草，麻叶而方茎，赤华而黑实，臭如蘼芜，佩之可以已疠。”唇形科的植物多麻叶而方茎，薰草很可能是唇形科诸多香草中的一种。

虽然“蕙”字在楚辞中频繁出现，《说文解字》却奇怪地没有收录这个字，但有“薰”字：“薰，香草也。”也没有提供更多信息。

东汉王逸注《离骚》“杂申椒与菌桂兮，岂维纫夫蕙茝”云：“菌，薰也。叶曰蕙，根曰薰也。”声称蕙和薰分别是香草菌的叶和根。如果说东汉以前蕙草和薰草有可能是两种不同的香草，那么从东汉王逸开始，蕙和薰就开始勾连在一起了。

三国时期魏人张揖《广雅》沿袭王逸的说法：“菌，薰也，其叶谓之蕙。”后来又干脆直言：“薰草，蕙草也。”自此薰蕙合二为一，蕙草原本模糊不清的面目也就隐匿在薰草后面了。

晋嵇含《南方草木状》言："蕙草，一名薰草。叶如麻，两两相对，气如蘼芜，可以止疠，出南海。"显然糅合了《广雅》和《山海经》的两种说法。晋郭义恭《广志》云："蕙草绿叶紫花，魏武帝以为香烧之。"直言蕙草可以熏香，加之"紫花"与《山海经》薰草"赤华"相差不大，言下之意也赞同蕙草即薰草。既然蕙草就是薰草，而薰草具有方茎、叶对生和紫花等植物特征，有一些学者断定蕙草或薰草应该是唇形科的藿香，如中国科学院昆明植物研究所的《南方草木状考补》、吴其濬的《植物名实图考》都持此看法。

当然不是所有学者都赞同蕙与薰是同一种植物。博物学者郭璞注《山海经》时明确说道："蕙，香草，兰属也。或以蕙为薰叶，失之。"郭璞认为蕙草与兰类似，并不是薰草的叶子，这显然是纠正王逸的说法。

南朝陶弘景《名医别录》"薰草"条沿袭旧说："薰草，一名蕙草。生下湿地，三月采，阴干，脱节者良。"陶弘景注云："今俗人皆呼燕草状如茅而香者为薰草，人家颇种之者，非也。诗书家多用蕙，而竟不知是何草，尚其名而迷其实，皆此类也。"可见陶弘景也赞同薰为蕙草一说，一方面指出普通人（社会中下层）错把状如香茅的燕草称为薰草（蕙草），另一方面则批评诗书家（社会上层）喜欢用蕙这个词，却又不知道蕙是什么草，属于"尚其名而迷其实"的玩弄辞藻的人。从这里也可以推断出，那时诗文中的蕙草多半是徒有其名的虚写，并非出自诗文作者的真实生活观察和感受。

唐代本草家在蕙与薰的纠缠之中又加入零陵香这种香草。唐开元时期的陈藏器在《本草拾遗》中说："薰草即蕙根也，叶如麻，两两相对，此即是零陵香也。"首开薰蕙为零陵香之说。宋代马志《开宝本草》："零陵香生零陵山谷，叶如罗勒……《山海经》薰草即是此。”马志认可薰蕙为零陵香，并且明确指出零陵香是产自湖南西部零陵地区的一种香草。宋代苏颂《本草图经》也说：“零陵香……叶如麻，两两相对，茎方，气如蘼芜，常以七月中旬开花，至香，古所谓薰草是也。或云蕙草，亦此也。”苏颂赞同陈藏器和马志之说，查看他所绘制的零陵香图谱，知道所谓的“叶如麻”亦即马志所言“叶如罗勒”。罗勒是唇形科植物，叶子卵圆形，且无分裂，与芝麻、胡麻相似。

北宋文学家黄庭坚《兰说》认为古时的兰蕙为兰科观赏植物，其中兰为“一干一华而香有余者”，而蕙为“一干五七华而香不足者”，从此让事情变得更为复杂，后世学者的注意力完全被古兰蕙与兰花（兰科兰属植物）之辩占据了。北宋药物学家寇宗奭《本草衍义》赞同黄庭坚的说法，宋代洪兴祖《楚辞补注》杂诸说而不加辨别，朱熹《楚辞辨证》则言古之兰蕙非“今之所谓兰蕙”（不是现在的兰科兰属植物），还写有一首以“蕙”为题的诗，诗序云：“古所谓蕙，乃今之零陵香。今之蕙，不知起于何时也。”明医学大家李时珍则在《本草纲目》对兰与蕙进行了详细的梳理，正确地驳斥了黄庭坚、寇宗奭等人的兰花说。

此后的学者和医家多采纳李时珍的意见，认同古时兰蕙非兰花之说，除了一些疑似学者（也许称之为兰花爱好者更合适）还在极力论证古兰蕙即今日之兰花。

即便如此，包括李时珍在内的当时及后世的知名学者在言及蕙、薰和零陵香之时，也多半是简单罗列转引诸家说法，并未仔细辨认蕙、薰和零陵香的异同，以至于现在的很多学者认同蕙、薰和零陵香是同一种香草的说法，再根据《证类本草》濠州零陵香图（叶似罗勒，互生，花生腋间）

和植物产地进而认定蕙、薰和零陵香同为报春花科灵香草。

严谨的学者当然看得出东汉以前蕙草与薰草明显是两种不同的香草，薰草“麻叶而方茎，赤华而黑实，臭如靡芜，佩之可以已疠”（《山海经》），很可能是唇形科的芳香植物；蕙草则是生于楚地的一种香草，植物特征不明。薰草可能是后世的零陵香，即报春花科的灵香草，但蕙草不应该是薰草和零陵香。

图47　清《离骚全图》中的蕙。

即便赞同薰蕙不同，但对蕙草真面目进行详查的学者并不多，主要原因在于典籍中的蕙草信息实在太少。楚辞有大量对蕙草功用的文学性描绘，只是满足这样功用的香草太多。事实上只要是香草，其功用大体上总是类似的，只是效果上有一些差异而已。因此这些文字大概可以用作辅证，而不能用来直接推断蕙草是什么植物。

文献中的蕙草形象

在先秦两汉典籍中，蕙草主要以香

草形象示人。蕙草可以用于纫佩香身，如《九歌·少司命》的“荷衣兮蕙带，倏而来兮忽而逝”，《九章·惜往日》的“自前世之嫉贤兮，谓蕙若其不可佩”，宋玉《九辩》的“以为君独服此蕙兮，羌无以异于众芳”，佚名《九叹·逢纷》的“怀兰蕙与衡芷兮，行中野而散之”；或者用于熏香和香饰居室，如汉代无名氏描写香炉的诗句“香风难久居，空令蕙草残”，宋玉《九辩》的“窃悲夫蕙华之曾敷兮，纷旖旎乎都房”，佚名《九怀·匡机》的“菌阁兮蕙楼，观道兮从横”；或者用于烹饪调香，如《九歌·东皇太一》的“蕙肴蒸兮兰藉，奠桂酒兮椒浆”（王逸注“蕙肴，以蕙草蒸肉也”）等。

然而先秦两汉的这些辞赋都没有直接描写蕙草的植株特征，人们只能根据诗文对蕙草的形态进行推测。

《山海经·西山经》明确提及蕙叶的形状：“（嶓冢之山）有草焉，其叶如蕙，其本如桔梗，黑华而不实，名曰蓇蓉，食之使人无子。”可惜蓇蓉也是一种“有名无实”的失传植物。不知蓇蓉是什么植物，也就无法判断蕙草的叶子是什么样子。

《离骚》云：“兰芷变而不芳兮，荃蕙化而为茅。”有人认为荃蕙既然可以化而为茅，说明蕙与茅很相像。又《山海经·西山经》言：“（天帝之山）上多棕枏，下多菅蕙。”郭璞云：“菅，茅类也。”菅蕙并置，也说明蕙与菅均为茅类。还有人根据《楚辞》中蕙草纫佩香身的功用，结合“纫蕙”“蕙纕”“蕙绸”“蕙带”等字面含义，而认为蕙草茎或叶应为带状，这样才好服配在身。这也与蕙为茅类的说法相合。

东汉末年繁钦（？—218）《咏蕙诗》曰：“蕙草生山北，托身失所依。植根阴崖侧，夙夜惧危颓。寒泉浸我根，凄风常徘徊。三光照八极，独不蒙余晖。葩叶永凋瘁，凝露不暇晞。百卉皆含荣，已独失时姿。比我英芳发，鶗鴂鸣已哀。”诗中描写的蕙草生长于山北阴湿之地，晒不到太阳。百花争艳时，它却不能开花；等到它开花时，已经是杜鹃（鶗鴂）哀鸣之时，也就是初夏。言下之意，蕙草本是春天开花的喜欢光照的植物，如果不幸生长在没有光照的阴湿高处，就会枝叶不茂，开花失时。根据这首诗，可以推测蕙草正常应该在春天开花，在湿冷环境下，花期会延后到初夏。然而先秦两汉并无“春蕙”一词，直到晋代葛洪《抱朴子》才有“春蕙秋兰”一说：“人鼻无不乐香，故流黄郁金、芝兰苏合、玄胆素胶、江离揭车、春蕙秋兰，价同琼瑶，而海上之女，逐酷臭之夫，随之不止。”但也有说蕙草是秋天开花的，如北齐刘书《刘子》卷八：“春兰秋蕙，众鼻之所芳。”只不过这里的蕙草可能已经不是先秦两汉之时的蕙草了。

除了《咏蕙诗》，先秦两汉的诗文很少提及蕙草的花，更不用说它的花色了。汉代之后，偶有几处诗文直接或间接提及蕙草的花色。西晋郭义恭《广志》云：“蕙草绿叶紫花，魏武帝以为香烧之。”可知蕙草开紫花。西晋左思《齐都赋》云：“其草则杜若蘅鞠（菊），石兰紫蕙，紫茎彤管，湘叶缥带。”“紫蕙”也与蕙草开紫花相合。又南朝沈炯《六府诗》有“金花散黄蕊，蕙草杂芳荪”之句。根据两句诗的前后对应关系，可推测蕙草开金花，芳荪有黄蕊。荪即菖蒲，具肉穗花序，花黄绿色，整个花序形如一根粗大的黄蕊。然而除了这个勉强还说得过去的例子，我也找不到第二个蕙草开黄花的证据。

总之，蕙草是先秦两汉时期南方常见的一种香草，其植株特征非常模糊，推测它可能形状似茅，春天开花，花为紫色或黄色。

我们可以试着比对蕙草与草木樨或蓝胡卢巴。

草木樨开黄花，与“金花散黄蕊，蕙草杂芳荪”合。蓝胡卢巴的蓝色花带有淡紫色，这与“蕙草绿叶紫花”相合。然而草木樨花期5—9月，蓝胡卢巴花期6—8月，主要是在夏天开花，与“春蕙”不合。草木樨和蓝胡卢巴也与茅类植物大异。

虽然草木樨和蓝胡卢巴并不十分吻合“莫须有”的蕙草形态，但它们的香草功用与蕙草是吻合的，前边与草木樨和蓝胡卢巴相关的章节已经对此多有介绍，这里不再重复，只是稍微解释一下为何中外翻译家都喜欢将蕙草译成英文的melilotus（草木樨）。原因之一是《楚辞》中蕙草诸多功用与西方melilotus相近，原因之二是有段时期的现代学者认为《救荒本草》中的草零陵香就是melilotus，而零陵香又被认为就是古时的薰草和蕙草，由此建立起蕙与melilotus之间的等同关系。

蕙字起源

既然从现有的史籍记载中无法判断蕙草是什么植物，只能从其他方面来考察蕙草可能具有的特征，一种方法就是探究蕙字起源，看看能否获得更多信息。蕙字从惠字来，惠从“叀”，从“心”，“叀”为声符。如果右文说对蕙或惠字也成立，蕙字内涵应该与叀字密切相关。

古文字学家多认为甲骨文中或字形就是叀字，有时下部还会被省略掉，变成或字形。关于这个字的音形义，古文字学家有很多争论。大家比较认可的一种说法是，这些甲骨文和金文为纺專的形状，是專（简化字为专）之本字，也发專（zhuān）音，字形上部“屮”像三股线头拧在一起，“叀”加“寸”（代表手）表示用手使纺專转动之意。專，即轉（转）动之轉。然而后来人们发现，字在卜辞和金文中多做语气助词，略同于后世的语气词“惟”，音义均与専字很难联系起来。另一种说法则主要从音义角度出发，考察卜辞中叀字的用法，认为叀为惠的初文，在卜辞和金文中多为语气词，读若“惟”或“唯”。这种说法可以很好地解释出土的卜辞和金文句义，并且与传世文献一致，因此多为现代学者认可。然而此说只解释了叀字形的音义，对叀所象之形则难于讨论，毕竟语气词不需要象形。

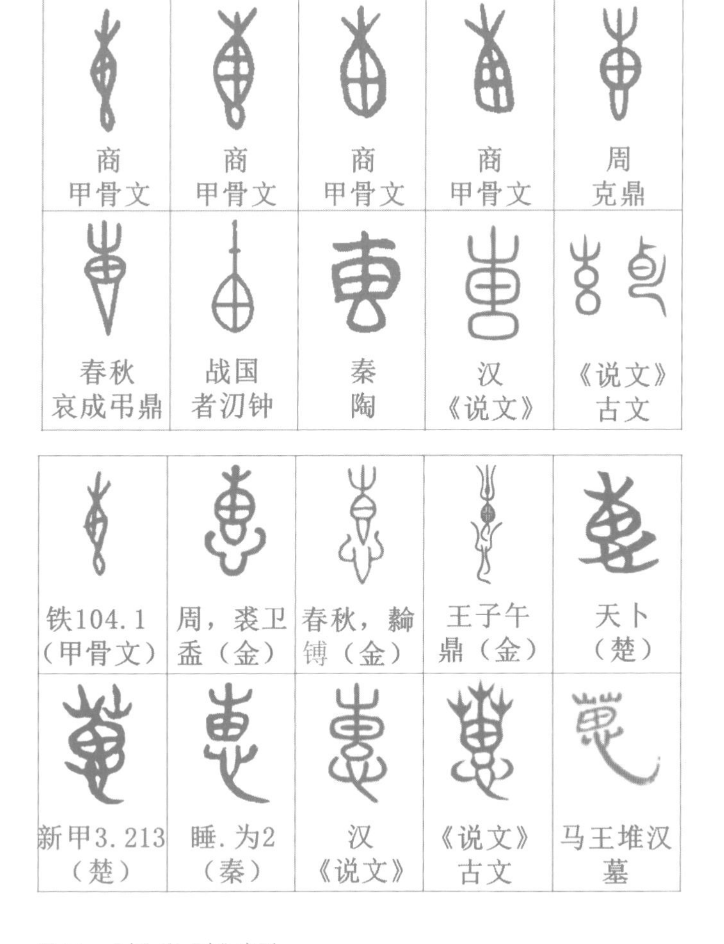

图48 “叀”和“惠”字形。

需要说明的是，还有一类与字很相像的字，如甲骨文（后 2.9.7），金文（冠尊）、（毛公鼎）等。与不同的是，这类字的椭圆形符号上有三个“中”字形，椭圆形中的“十”字变成“X”字，有时还在“X”字四周空隙处辅加小点。以前不少学者认为这也是“叀”字，近年来有学者认为这个字跟“助”或“且”字有关，不是“叀”字。

唐兰先生论蕙字和蕙草

著名文字学家唐兰先生另辟蹊径，为字给出了另外一种解释。甲骨文中有不少上为、下为（唐兰语：“象巨口狭颈之容器”）的字，如、、等，唐兰先生隶之为𩰫，认为就是现在的覃字。其字形是“象盛叀于𠕋……叀者，蕙之本字，蕙盖用以湛酒者……以蕙和酒，引申之，因有长味之义矣”（唐兰《殷墟文字记》，1934 年）。按照唐兰先生的说法，叀为蕙的本字，那么当象蕙草之形。虽然如此，唐先生认为卜辞中叀只是被借来用作语气词，读作“惟”。

除了对蕙和惠古文字音形义的考察，唐兰先生还特别注意到了长沙马王堆汉墓出土的随葬香料和遣策。长沙马王堆汉轪侯妻辛追一号墓出土随葬遣策中有“葸（蕙）一笥”简文以及“葸（蕙）笥”的竹笥木牌（三号墓也有类似简文和木牌），随同遣册还一同出土了大量随葬品，由此人们可以进行文字与实物的比对。

唐兰先生梳理了与蕙草相关的传世文献，赞同蕙草不是薰草，认为《名医别录》陶注提到的燕草就是蕙草：

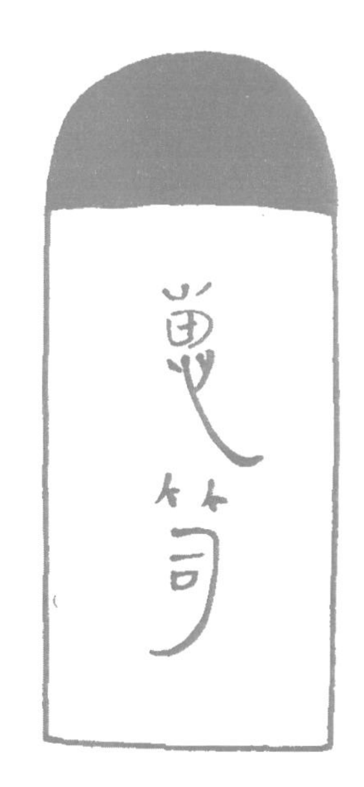

图 49　左右分别为马王堆一号墓、三号墓汉墓竹笥木牌“蒠（蕙）笥”。

其实陶隐居所讥诮的俗人把燕草当作薰草，乃是真正的蕙草。所谓状如茅而香者，宋人称为茅香，属禾本科……此简说蕙一笥，出土物的竹笥木牌有蒠（蕙）笥，而出土物中确有香草一笥，经鉴定为茅香。又出土熏炉里满装香草，据鉴定也是茅香。耿鉴庭先生告诉我此简之蕙，实际应即茅香，我认为是正确的……那么屈原赋里的蕙，确即陶宏景所谓如茅而香的燕草，也就是后来的茅香无疑。既有遣册和竹笥木牌上的文字记载，又有出土实物的证明，两千年来久已隐晦的香草，真相终于大白了。（唐兰《长沙马王堆汉轪侯妻辛追墓出土随葬遣策考释》，1980 年）

唐兰先生的考据既有文献的支持（陶宏景《名医别录》中的燕草），又有出土文字和实物证据，蕙草为茅香看起来是确定无疑了。

茅香亦称香草。禾本科。多年生草本，有香气。根状茎细长，黄色。秆直立，无毛，具三四节。叶鞘松弛，无毛；叶片披针形，质稍厚，上面有微毛。夏季开花，圆锥花序；小穗淡黄褐色，有光泽，含三小花，下方两花为雄性，顶生的为雌性。分布于欧洲、亚洲温带地区；我国分布于新疆、青海、甘肃、陕西、山西、山东和河北等地。此草含香豆素，可作香草浸剂。

然而学界似乎不太关注——或者说忽视——唐兰先生的这个结论。如果唐先生的这个结论是对的，那么兰蕙并称的兰草就有很大概率也是菅茅类植物了，这就与学界以泽兰属植物为古兰的观点抵牾了。学界不认同蕙为茅香的原因，我猜测主要在于湖北和湖南两地（先秦楚地）不出产茅香。马王堆一号汉墓中随葬的茅香可能购自长安或者其他北方地区，无论如何不是楚地本地出产的植物，当然也就不可能是《楚辞》中经常出现的蕙草。

查 1973 年出版的马王堆田野考古发掘报告《长沙马王堆一号汉墓》一书，发现该报告并没有明确将“蕙笥”木牌归于装有茅香根茎的 352 号竹笥，352 号竹笥木牌对应的竹笥为空缺。遗憾的是，报告也没有给出“葸（蕙）笥”散落木牌的出土位置，无法判断它与 352 号竹笥的空间关系。如此说来，唐兰先生指认茅香为“葸（蕙）”，实际上依据并不那么坚固。

根据此发掘报告还可以知道，若干竹笥所盛的植物未能鉴定出来，只能粗略鉴定为“植物茎叶”（如 326 号和 332 号竹笥），或“植物残迹”（如 336 号和 349 号竹笥）。发掘报告给出了 336 号竹笥的植物残迹照片，竹笥内铺垫的茅草束上有未知植物的茎叶残迹，看起来很像草木樨或蓝胡卢巴的茎枝。而且 336 号竹笥正好放置在 352 号竹笥正下方，如果散落的“蕙笥”木牌的确就在 352 号竹笥附近的话，那么此木牌也可能属于 336 号竹笥。马王堆一号墓的发掘和鉴定已经过去四十多年了，就我所查阅的文献来看，

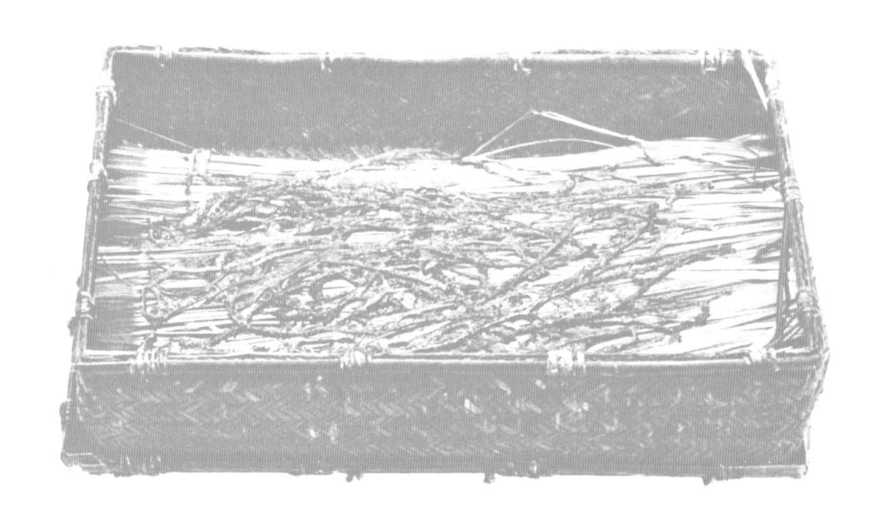

图 50　盛有植物残迹的 336 号竹笥照片，竹笥内铺垫的茅草上有未知植物残迹。图片取自《长沙马王堆一号汉墓》图版二二三。

在过去的几十年中，尽管现代科技有了巨大的发展，然而并没有学者对已经识别和未识别的植物（比如336号竹笥中的植物）进行进一步的科学鉴定，实在是令人遗憾。但愿这些两千多年的出土植物能够保存完好，将来或许有学者对此进行更完善的研究。

1999年山西教育出版社出版了唐兰先生的遗稿《甲骨文自然分类简编》，遗稿大约写于1976—1978年。在遗稿中，唐先生对□字有了新的看法："此字当读惠，鬱（郁）之本字。"既然鬱（郁）之本字为叀（惠），言下之意，郁草就是蕙草。可惜唐兰先生没有说明自己的理由。

郁草是一种类似兰草的香草，叶子捣碎后和到鬯酒中可以得到郁鬯，用于祭祀。周天子还安排专职官员管理郁鬯相关事宜，正如《周礼·春官》所记："郁人掌祼器，凡祭祀、宾客之祼事，和郁鬯以实彝而陈之。"郁

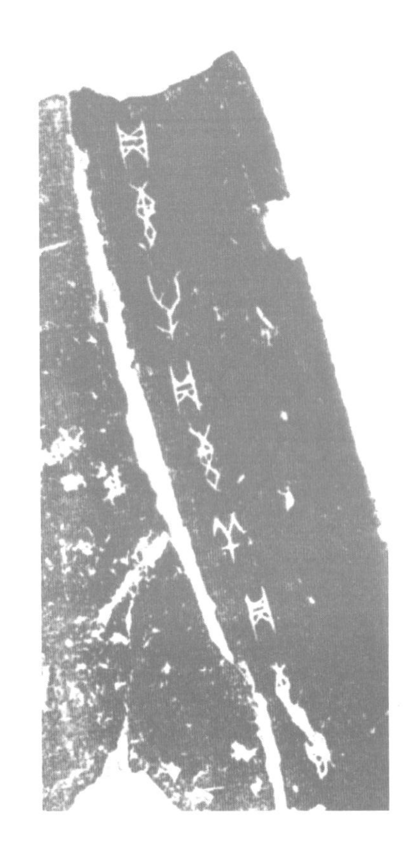

图 51 合集 27321 甲骨局部，自上而下文字为“鼎（贞）：叀羊；鼎（贞）：叀牛；鼎（贞）：叀鬯”。“叀鬯”两字有破损，但仍可以分辨出字形。

草也是一种早已失传的香草。后面我还会讨论郁草与草木樨的关系。

推测唐先生指蕙为郁的理由有二：一是基于他在《殷墟文字记》中将、、等字形的字面意思解释为“象盛叀于……以蕙和酒”，“以蕙和酒”与“筑郁金煮之，以和鬯酒”（郑玄注郁鬯）太相似了，无法不让人把蕙草与郁草联想在一起；二是他在《天壤阁甲骨文存考》（1939 年）也提到过：“卜辞惠鬯同类，疑假叀为鬱（郁）。”唐先生说“卜辞惠鬯同类”，或许源自罗振玉释叀（）为鬯。

另外，甲骨文也的确有“叀鬯”并置的字例。合集 22017 有“戊人叀（惠）鬯”，合集 27321 有“鼎（贞）：叀（惠）鬯”。将“叀（惠）鬯”释为郁鬯，卜辞似乎也说得通。不过，叀是甲骨文中非常常见的一个字，经常在句首做语气助词“惟”字理解。所以叀和鬯出现在甲骨同一段文字中，甚至以“叀鬯”并置的形式出现，也不一定就是表示以“叀”制成的“鬯”，有可能只是表示“惟鬯”之义。比如合集27321这篇甲骨，除了“鼎（贞）：叀鬯”，也还有“鼎（贞）：叀羊”和“鼎（贞）：叀牛”，多数学者认为这些“叀”释为“惟”，解释为“郁”并不令人满意。在我看来，把这些“叀”字理解为用香草（不一定是郁草）处理，那叀鬯、叀羊和叀牛就是用香草来处理鬯酒和牛羊，也许这样的郑重其事更符合祭祀礼仪。

总之，如果我们暂且不管茅香产地的问题（万一先秦之时的气候跟我们现在大不一样，楚地能够生长茅香呢），接受唐兰先生的全部观点，那么蕙就是茅香，或者是用来制作郁鬯的郁草。

三隅矛

唐兰先生定蕙为茅香，主要依据《名医别录》之言和马王堆出土文字与实物，并没有从[illegible]字音形义的角度来考察蕙与茅香的关系。事实上，还从来没有人认为[illegible]或[illegible]字形与茅类植物有关，就是唐兰先生本人，也没有提出二者之间有关联。不过，先秦文献《尚书》提到一种名为“惠”的兵器，这种罕见兵器却与三隅矛有关。

《尚书·顾命》记录了周成王死后的周室礼仪：“二人雀弁，执惠，立于毕门之内。” 两个士兵戴着赤黑色的礼帽，执一种叫作惠的兵器，站在祖庙门里边。孔安国传曰：“惠，三隅矛。”通常理解三隅矛为三棱矛，矛有三个锋刃，其截面呈三叶形。在先秦两汉的出土兵器中的确多有这样的三棱矛。

三隅矛还有另外的名字。《诗经·小戎》为厹矛：“厹矛鋈錞，蒙伐有苑。”唐孔颖达疏：“厹矛，三隅矛，刃有三角。”刃有三角即三棱矛。《释名》

图 52　白及块根，图来自网络。

有仇矛：“仇矛，头有三叉，言可以讨仇敌之矛也。”通常的理解，“头有三叉”就是有三个矛头的三叉矛。如果是这样，作为三隅矛的惠，也可以理解为三叉矛。但也有人认为“三叉”是就三棱矛上的三叶而言，三棱矛的截面显然也是三叉状的。

又《广雅疏证》云：“白笠，杭、赍也。按白笠以根白得名也。根有三角，故一名杭，一名赍。《秦风·小戎》篇：厹矛鋈錞。传云：厹，三隅矛也。声义正与仇同。《尔雅》：茨，蒺藜。郭注云：子有三角刺人。《离骚》茨作赍，亦与此同义也。”白笠即兰科植物白及，其干燥块茎呈不规则扁圆形，多有 2—3 个爪状分枝，表面灰白色或黄白色。按照《广雅疏证》的解释，厹矛就应该是三叉矛。

清徐灏《通介堂经说》：“阮氏《钟鼎款识》周无叀鼎作[illegible]，《说文》惠古文作[illegible]，三隅矛殆似之。”徐灏之意，三隅矛应是三叉矛、三叉戟之类的形制，如同𥎦字的上半字形。

总之，惠到底是三棱矛还是三叉矛，并没有定论。

从实物资料来看，出土兵器中有三棱矛，但三叉矛罕见。包山二号楚墓遣策记有𥎦，考古报告解释说：“𥎦，读如厹。《诗・小戎》：‘厹矛鋈錞’，传：‘三隅矛也。’出土的实物中有一件矛，双叶下延，成倒钩状，或许就是厹矛。”再查出土兵器部分，所述之矛被命名为宽叶矛。考古报告如此描述：“矛圆脊，叶长骹短，骹圆形，上有一穿。”并绘制了宽叶矛的图样，的确是“叶长骹短”或“双叶下延，成倒钩状”。只是实在看不出来这宽叶矛与“三隅矛”有什么特别的联系，“三隅”体现在何处。（引文均出自湖北省荆沙铁路考古队编《包山楚墓（上册）》，1991 年）

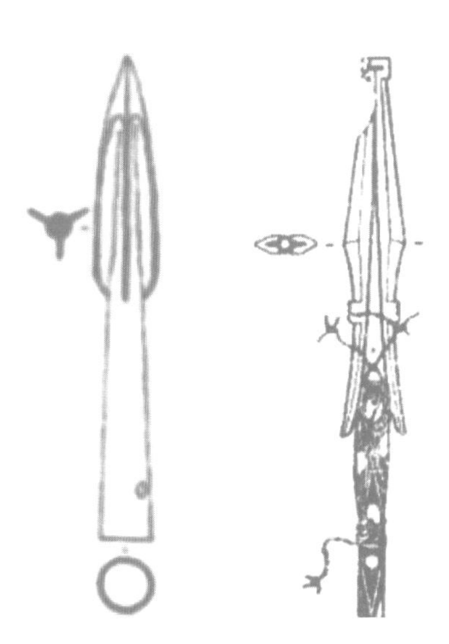

图 53　（左）河北临城东柏畅村出土的三棱矛（矛头截面呈三叶形）和（右）包山二号楚墓出土的宽叶矛。

据明代官员陆容《菽园杂记》记载，明代皇帝在奉天门（今故宫太和门）御门听政时，身后总有内侍手持金黄色绢布包裹的“小扇扇”，他好奇那是什么东西。陆容曾经听一个老将军说：“非扇也，其名卓影辟邪。”据说是永乐年间外国所进。然而他们都只知其名，不知何物。陆容官至兵部职方郎中，对大内之事不太了解，也是情有可原。历任翰林学士、兵部尚书、太子太保的尹直，对“小扇扇”则是门清。像是回答陆容的疑问，他在《謇斋琐缀录》中明确说出这是一种兵器：“盖武备出兵仗局所供，一柄三刃，而圈以铁线，裹以黄罗袱，如扇状。用则线圈自落，三刃而出焉，所以防不虞也。”一柄三刃，又是扇状，应该与三叉戟差不多。清代朴学大师俞樾点评这就是“古者二人执惠之遗”（《茶香室丛钞》卷八）。

然而，并非所有学者都认同惠为三隅矛之说。孔颖达疏引郑玄语：“惠状盖斜刃，宜芟刈。”矛这种兵器的杀伤力来自推刺，而不是芟刈。如果郑玄“宜芟刈”之说不虚，惠不太可能是矛或三隅矛。孔颖达疏亦云：“《传》惟言三隅矛，不知何所据也。”看来也不赞同孔安国之说。

历史学家劳榦也赞同郑玄的观点，认为三隅矛之说完全是没有根据的揣测。劳榦给出了另外一个解释：“按‘惠’当为‘岁’的假借字，惠和岁双声，而脂、微同部，所以可以互转。岁即‘刿’，有刈割之意。再就岁的本字来说，歲从步从戌，戌像斧钺之形，但按之于甲骨，岁之所从，仍与一般之斧钺略有区别，岁所从之戌作，有时岁即径作此形而不从步，这应当代表一种具有两孔的石镰刀，在殷墟发现的数目非常多，这种石镰刀加上木柄即成为形，每收获一次为一岁，故岁像形，其从步的，那是表示人们到田地里取割禾，取麦。这种镰刀本为农具，但亦可作兵器来守卫，所以郑玄说惠‘宜芟刈’是正确的。”只是劳榦的这种解释就跟惠（ ）字的形义没有什么关系了。

巴蜀出土的青铜器，其上铭文与中原地区青铜器上的金文很不一样，有学者认为与彝族文字有亲缘关系。很多出土铜戈上有Ψ或Ψ样的字符。学者认为这两个字形读音相同，读“戟”音。在彝语里古代兵器矛、戈、三叉矛、戟都称为Ψ或Ψ。可以看到，Ψ和Ψ上半部均为三歧之形，与 上半部很相似，既然Ψ和Ψ都出自铜戈，又发“戟”音，这是否暗示三隅矛之惠其实就是戟？戈矛合体的戟有三锋，前有直刃（刺），可以刺杀敌人；旁有横刃（援），可以勾啄敌人；下有斜刃（胡），可以刈割敌人；另有内，用于固定兵器，整个形制状如“十”字。彝文戟“Ψ”“Ψ”和金文惠“ ”上部可以看成是十字形的变形。《考工记·冶氏》郑玄注“戟，今三锋戟”，三锋应该指的是刺、援和胡，先秦出土兵器已经证实这点。如果三隅矛就是三锋戟

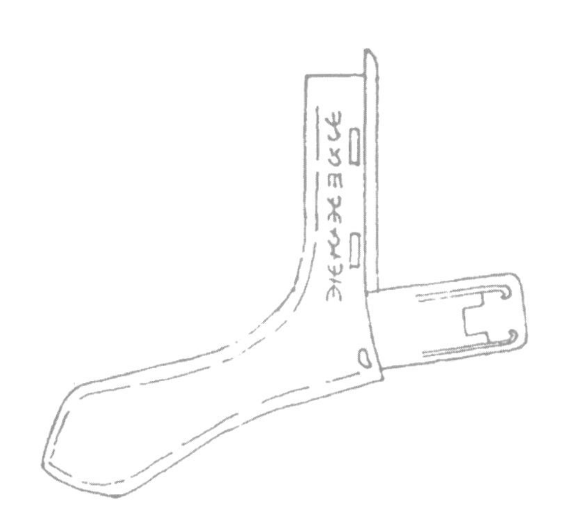

图 54　三星堆出土的青铜戈。由上至下，6 个铭文逐字对译为“戟是翅展者名”，意译为“戟名为展翅戟”。其中第一个铭文Ψ，就是戟。（马锦卫：《彝文起源及其发展考论》，民族出版社，2011 年）

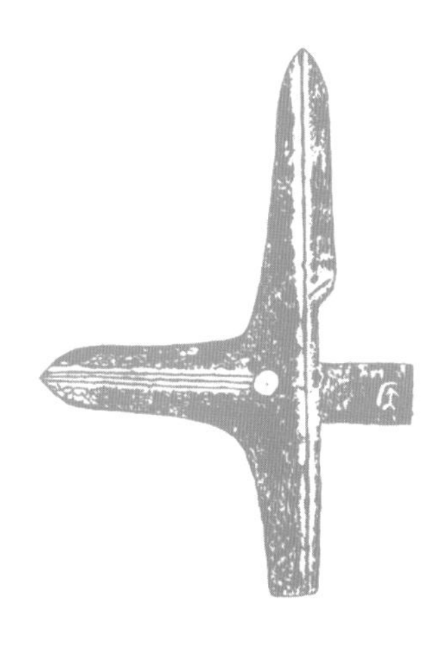

图 55　河南浚县卫墓出土的西周早期青铜戟。上为刺，左为援，下为胡，右为内。

图 56 茅香（《中国植物志》）。植株右边自下而上分别为茅香的小穗、去颖的小穗和孕花。

的话，郑玄“宜芟刈”之语就很好理解了。

不管惠是三棱矛、三叉矛，还是三锋戟，这些兵器都含有三歧之义，强烈暗示叀或叀所象之物有三歧之特征。

茅香这种植物具有三歧特征吗？总的看来，茅香植株的各部位都不具“三歧”特征，除了小穗。据《中华本草》载：“小穗淡黄褐色，有光泽，长约5mm，含3小花，下方2枚为雄性，顶生者为两性。”然而茅香小穗尺寸太小，再加上三小花被颖包覆，古人是不会根据如此细微的特征来命名植物的。

相比之下，具有三出复叶的草木樨就非常符合叀有三歧的说法。

三叶香草

草木樨和车轴草、苜蓿一样，叶子有三片小叶，也都有三叶草的别名。事实上它们也都属于豆科车轴草族，车轴草的英文 Trifolieae 由 tri（三）和 folium（薄层，小片）两个词根构成，合起来意思就是三片叶。草木樨有英文名 sweet clover，有时被译为甜三叶草。草木樨在中国有很多土名，但是好像没有叫三叶的。

宋达泉等人编著的《土壤调查手册》（科学出版社，1955 年）附录“中国各主要土类上常见的植物名录”有这样一条：“草木樨（黄三叶）*Melilotus suavelcens* Ledeb.。”鉴于“黄三叶”一名我只找到这一个例子，猜测“黄三叶”并非草木樨在中国某地的别名。这本书的很多内容都来自苏联的文献，因此“黄三叶”这个词很可能译自苏联。

明末清初闵齐伋编著的《订正六书通》收有很多奇怪的古文字，其中有一个象形字[illegible]，闵齐伋指认它为古文“蘭”字。然而《订正六书通》一书并没有给出这个古字的出处，研究者无法探源索流，探求其真实含义是否真的就是“蘭”字。如果这个字不是闵齐伋编造，那么一定是他从现在已经失传的某个文献中看到了这个字，从上下文知道它是一种香草，出于某种理由将之归于“蘭”字。

有人认为[illegible]就是“蘭（兰）”的本字，而且这个“蘭（兰）”还不是泽兰之类所谓的“古兰”，而是现在常见的兰科植物之兰。例如李潞滨等人就对[illegible]字进行了分析：

> 这个字形使我们看出，它是个图画性很强的早期象形字，是用“画成其物，随体诘诎”的造字方法造出的。既然如此，这个字形描绘的就是“其物”的某些形态特征，也就有助于我们对它所指称的香草的理解。古今关于“兰”字所指香草的理解，不外三类，菊科的泽兰属植物，唇形科的藿香和兰科的中国兰。从字形来看，该字所代表的植物具有丛生和无直立茎两个重要特点，而泽兰、藿香均为直立茎，亦无典型的丛生特征，而该字用来指

今日之中国兰则再传神、贴切不过。

胡世晨则从叶子形状的角度来分析字字形，认同它所代表的兰为泽兰属植物而非兰科之兰：

> 我看着“”字，字形分明是一株4片叶子的兰苗，每一叶片又呈戟叉状深分裂，对此类叶形李时珍称之为“叶有歧者”；而兰花则有叶而无叶柄。这个字形已经是典型的菊科植物泽兰、佩兰（因叶片分岔又名燕尾香）的株形了，俯视之下，香草形象清晰可辨，何须再添一直立茎？可见这一古“兰”字才是兰的真正源头！

我无意介入“古兰”与“今兰”的争论，但是《订正六书通》“兰”字下的古文的确值得认真对待。就字形象而言，可以说这种香草是丛生植物，但不能因为这个字形没有画直立茎就认为该香草无直立茎。象形字通常只展示事物的一两个可辨识的重要特征即可，无须把所有主要特征都展示出来。比如羊字的甲骨文和金文，就只展示羊头形象，羊的其他特征全都忽略了。根据这种造字的逻辑，显然象形三叶草——底部的三叉是根须，上部的三个三叉则是具有三小叶的羽状复叶的形象。既然闵齐伋说是香草，我们可以这样来解释字：“，香草，丛生，具三出复叶。”这不正好可以用来描述草木樨属或胡卢巴属植物吗？

如果这样的解释有道理，与其定为古“蘭”字，倒不如说它是古“蕙”字。事实上，叀字金文不就像三叶香草捆扎后的样子吗？如此，蕙就是有三出羽状复叶的香草。

在东北地区，胡卢巴常常被称为蕙草。民国《黑龙江志稿》“香草”条云：“草之属有蕙，即香草也（《呼兰府志》）。香草，蕙也。有‘燕草’‘薰草’诸名。开花结荚，秋后俞芬。囊佩可防污秽（《巴彦县志》）。香草茎高尺余，花落后结角寸余，中有子三四粒。应时采取晒干，枝叶皆香；研为末置衣笥中，其香经年不散（《望奎县志》）。”前边已经说过，这里的香草就是胡卢巴，它有三出羽状复叶。

镇江、丹阳产的零陵香或丹阳草，已经被证明是蓝胡卢巴，也被清代的人认为是蕙草。乾隆《镇江府志》：“零陵香出丹阳之埤城，丹徒亦有之。远人亦呼为丹阳草，即古之兰蕙也。”

当然，先秦诗歌中的蕙草不可能是宋代才引入中土的胡卢巴。蓝胡卢巴的最早记录最多也只能回溯到北宋，它到底来自域外还是本土植物，根本就不清楚。如果说蕙是一种具三出羽状复叶的香草，那草木樨大概是最合理的候选者了。

附：汉刘向编《楚辞》含有“蕙”的诗句

《离骚》6处：

杂申椒与菌桂兮，岂维纫夫蕙茝！

余既滋兰之九畹兮，又树蕙之百亩。

矫菌桂以纫蕙兮，索胡绳之纚纚。

既替余以蕙纕兮，又申之以揽茝。

揽茹蕙以掩涕兮，沾余襟之浪浪。

兰芷变而不芳兮，荃蕙化而为茅。

《九歌·东皇太一》

蕙肴蒸兮兰藉，奠桂酒兮椒浆。（王逸注：蕙肴，以蕙草蒸肉也。）

《九歌·湘君》

薜荔柏兮蕙绸，荪桡兮兰旌。

《九歌·少司命》

荷衣兮蕙带，儵而来兮忽而逝。

《九章·惜诵》

梼木兰以矫蕙兮，糳申椒以为粮。

《九章·惜往日》

自前世之嫉贤兮，谓蕙若其不可佩。

《九章·悲回风》

悲回风之摇蕙兮，心冤结而内伤。

屈原《招魂》

光风转蕙，氾崇兰些。

宋玉《九辩》2处：

窃悲夫蕙华之曾敷兮，纷旖旎乎都房。

何曾华之无实兮，从风雨而飞扬！

以为君独服此蕙兮，羌无以异于众芳。

闵奇思之不通兮，将去君而高翔。

佚名《七谏·沉江》

联蕙芷以为佩兮，过鲍肆而失香。

佚名《九怀·匡机》

菌阁兮蕙楼，观道兮从横。

佚名《九怀·通路》

纫蕙兮永辞，将离兮所思。

佚名《九叹·逢纷》

怀兰蕙与衡芷兮，行中野而散之。

佚名《九叹·惜贤》3处：

怀芬香而挟蕙兮，佩江蓠之斐斐。

握申椒与杜若兮，冠浮云之峨峨。

登长陵而四望兮，览芷圃之蠡蠡。

游兰皋与蕙林兮，睨玉石之嵾嵯。

扬精华以眩燿兮，芳郁渥而纯美。

结桂树之旖旎兮，纫荃蕙与辛夷。

佚名《九叹·愍命》

掘荃蕙与射干兮，耘藜藿与蘘荷。

郁金种得花茸细，

添入春衫领里香。

——段成式《柔卿解籍戏呈飞卿三首》

郁鬯

1972年藁城台西村农民在田野上一个高大的土丘取土，无意中挖掘出了青铜鼎、瓿、斝等二十多件商代遗物，其中包括我国发现的年代最早的铁器——铁刃青铜钺，由此引起了国内外学术界的关注。藁城台西商代遗址有14座房屋遗址，其中F14遗址出土了46件酿酒用的陶器，包括壶、豆等盛酒器及煮粮食用的将军盔、陶鬲和灌酒用的漏斗。出土残瓮中盛有8.5公斤酵母残骸，证实该遗址确为商代酿酒作坊。考古专家还在酿酒作坊的四件大口罐中分别发现了桃仁、李、枣、草木樨、麻仁等五种植物仁，这些植物仁大部分可以用来酿酒。草木樨种子重达300克，其重量仅次于李仁（474枚）。

考古专家对酿酒作坊遗址中草木樨的用途进行了分析推测：“草木樨

是一种我国北部至华东、西南均有分布，适应性强的常见植物。通常作为绿肥和饲料，也可药用，有清热解毒之效。这次在商代遗址中发现，反映了在古代已有广泛应用。据甘肃有关分析资料，其种子含淀粉 29.11%，含油脂 6.32%……可酿酒造醋，或做成糕点、面条食用。估计该种子作为酿造的可能性较大。另外在种子中还夹杂了不少短枝木块，推测是否因其含芳香油，借以增加酒的香味。”专家推测草木樨种子可能用于酿酒，而草木樨干枝则有可能用来浸酒以添加香气。

在殷商酒窖中发现草木樨，这不禁让人联想到周代的郁鬯香酒。

殷商之人常用黑黍（秬）为原料来酿酒，称之为鬯或者秬鬯。鬯酒“芬香条畅于上下也”，故而天子用来祭祀神灵或祖先。甲骨卜辞里祭祀用鬯的记载很多。到了周代，出现一种比鬯酒更珍贵的酒，名为郁鬯。周代还专门设置了负责郁鬯相关事宜的“郁人”官职。据《周礼·春官》记载：“郁人掌祼器，凡祭祀、宾客之祼事，和郁鬯以实彝而陈之。”祭祀之祼如《说文解字》所言：“祼，灌祭也。”又按：“以酒灌地以请神曰祼。”宾客之祼则指天子对朝见的诸侯酌酒相敬，其中宾主双方也可能会有洒酒祭告神灵的行为。现在祭祀亲人或朋友时，仍会将酒洒到地上，可以说是古代祼事的遗风。天子高兴之时也会赏赐郁鬯给诸侯。周初彝铭像叔卣铭文“赏叔郁鬯”，小子生尊言“易（赐）金、郁鬯”，所记都是天子赏赐郁鬯。

鬯是黑黍酿制的酒，郁鬯又是一种什么样的酒呢？

郑玄注《周礼》“郁鬯”云：“筑郁金煮之，以和鬯酒。郑司农云：‘郁，草名，十叶为贯，百二十贯为筑，以煮之焦中，停于祭前。郁为草，若兰。’”按照郑司农郑众的说法，郁草是一种类似兰草的香草，叶子捣碎后和到鬯酒中就得到郁鬯。郑玄显然赞同郑众，并认为郁草还有郁金之名。

许慎《说文解字》的“郁”字条也引用了郑众对郁草的解释：“郁，芳草也。十叶为贯，百廾贯筑以煮之为郁。”不过严谨的许慎还提供了另外一种观点：“一曰：郁鬯，百草之华，远方郁人所贡芳草，合酿之以降神。郁，今郁林郡也。”在这里，郁并不是一种芳草的名字，而是一种特殊鬯酒的名字。这种鬯酒是利用远方郁人进贡的芳草，与黑黍一起酿造而成，主要用于祭祀降神，故名郁鬯。郁，就是汉代的郁林郡（汉武帝平定南越国后改秦桂林郡而成，辖今广西大部分地区），远方郁人就是郁林郡那个地方的人，郁草——如果一定要用这个词——就是郁人进贡的诸多芳草的统称（所谓“百草之华”）。这种郁鬯的酿制，看来并没有捣碎、熬煮香草叶子的过程，甚至香草所用的部位也不一定是叶子。许慎所引的第二个观点，看来没有被经学大师郑玄接受，在他所有郁和鬯相关的注释中从未提及这个观点。

简言之，郁鬯就是用郁草和黑黍制成的香酒。关于郁草，汉代有两种观点：郁草是一种类似兰的香草，也称郁金，这是郑众和郑玄的看法；或者郁草是郁林郡某种或多种芳草的名字，这是许慎《说文解字》所引的另外一种说法。

诸多郁金香草

既然郑玄说郁草有郁金之名，很多人以为郁草就是后世本草书籍里经常提到的郁金，即姜科姜黄属郁金（*Curcuma aromatica*）。然而查阅郁金相关的文献，可以发现其植物形象有一个由简至繁的演变过程。大体说来，汉代郁金只是一种开黄花的香草；大约从三国开始，中土出现一种产于西域的郁金（或称郁金香），开黄色花或蓝紫色花；入唐以后，本草书籍中又多了一种“花白质红”的郁金。这些花色不同、功用有异的郁金或郁金香，其实属于不同植物。

● 开黄色花的郁金

唐以前有不少赞美郁金的专题诗赋，如东汉朱穆（100—163）和晋傅玄都写了《郁金赋》，晋左芬（左九嫔）则有《郁金颂》，也有乐府诗对郁金形态进行了具体描写。根据这些以郁金为题的诗赋，可以总结出郁金的两个典型特征：一是芳香，二是开黄色花。

如傅玄《郁金赋》：“叶萋萋兮翠青，英蕴蕴而金黄。树庵蔼以成荫，气芳馥而含芳。凌苏合之殊珍，岂艾纳之足方。荣曜帝寓，香播紫宫。吐芬扬烈，万里望风。”虽然说汉赋常常夸张过头，但也都是在基本事实之上进行夸饰。由此可以推断，郁金开黄色的花，其香气堪比苏合香和艾纳香，很可能在帝寓和紫宫都有种植。

又如晋诗《来罗》：“郁金黄花标，下有同心草。草生日已长，人生日就老。”《婬泆曲》：“煌煌郁金，生于野田。过时不采，宛见弃捐。曼尔丰炽，华色惟新，与我同欢。”也能看出郁金生长在野地，开黄色花。

左芬《郁金颂》云：“伊此奇草，名曰郁金。越自殊域，厥珍来寻。”

很显然，这里的郁金来自域外，并非本土植物。由此看来，汉和两晋的郁金既有来自域外的，也有本土生长的。

然而从这些诗赋的夸张文字中很难看出更多植物形态特征，很难判断郁金到底是什么植物。除了黄花和香草这两个特征，还知道郁金既有来自域外的，也有本土生长的。

● 西域郁金

《魏略》载有大秦国（东罗马或波斯）出产的一种开蓝紫花的郁金："郁金生大秦国，二月三月有花，状如红蓝，四月五月采花，即香也。"又《唐会要》载伽毗国（今喀什米尔地区）郁金香："伽毗国献郁金香，叶似麦门冬。九月花开，状如芙蓉，其色紫碧，香闻数十步。华而不实。欲种取其根。""状如红蓝"与"其色紫碧"同，应该是同种植物。美国汉学家谢弗在《唐代的外来文明》中认为这种郁金或郁金香是藏红花，实为鸢尾科番红花属番红花。番红花的花冠为淡蓝色或红紫色，其花柱为橙红色，花柱上部及柱头红色犹深，可采下加工成香药，即药材藏红花。藏红花的花期分春秋两季，故有《魏略》中"二月三月有花"和《唐会要》中"九月开花"的不同记载。

喀什米尔地区还有一种开黄花的郁金。据三国吴人万震《南州异物志》云："郁金出罽宾国，人种之，先以供佛，数日萎，然后取之。色正黄，与芙蓉花裹嫩莲者相似，可以香酒。"《梁书》也有类似记载："郁金独出罽宾国，华色正黄而细，与芙蓉华里被莲者相似。国人先取以上佛寺，积日香槁，乃粪去之；贾人从寺中征雇，以转卖与佗国也。"罽宾和伽毗同为"Kapisa"的音译。可以看到，这种郁金开纯正黄色的花，花朵细小，与覆盖在莲蓬上莲花花蕊相似。虽然与番红花同产罽宾一地，但显然是一种不同于番红花的芳香植物。这种郁金可以用来香酒（与郁鬯有关系），还用于礼佛（礼佛敬神与宗庙祭祀也有类似之处），在功用上极似和鬯之郁金。

唐释慧琳《一切经音义》云："郁金，此是树名，出罽宾国，其花黄色。取花安置一处，待烂，压取汁，以物和之为香，花粕犹有香气，亦用为香花也。"慧琳认为开黄花的郁金不是香草，而是树。树的黄花可作香料用，用法与《梁书》所记倒也不算违背。我猜测喀什米尔地区似乎并没有这样一种树，故而劳费尔在《中国伊朗编》一书中提出一种变通的说法：

> 我倾向于把这树看作 *Memecylon tinctorium* 或 *M. edule* 或 *M. capitellatum*（*Melastomaceae*），那是一种很普通的小树或大灌木，生长在印度以东或以南、锡兰、田那舍里（顿逊国 Tenasserim）和安达曼群岛。在印度南部用它的叶子染出一种淡黄颜色。从它的花里可取出容易消失的黄颜色。

劳费尔随后指出，阿拉伯地区"黄色有香味像红花似的"wars 也被用作黄色染料，也被认为是 *Memecylon tinctorium*。总之，劳费尔认为还有一种郁金是开黄色花的树，人们不用它作香料，而是用它的叶子和花制作黄色染料。这显然已经远非《南州异物志》和《梁书》所述生长在喀什米尔、主要用作香料的黄花郁金。

喀什米尔的黄花郁金究竟是什么植物，虽然未有定论，但是应该就是左芬所颂"越自殊域"的郁金香草。

● 花白质红的郁金

唐代《新修本草》提到一种郁金："此药苗似姜黄，花白质红，末秋

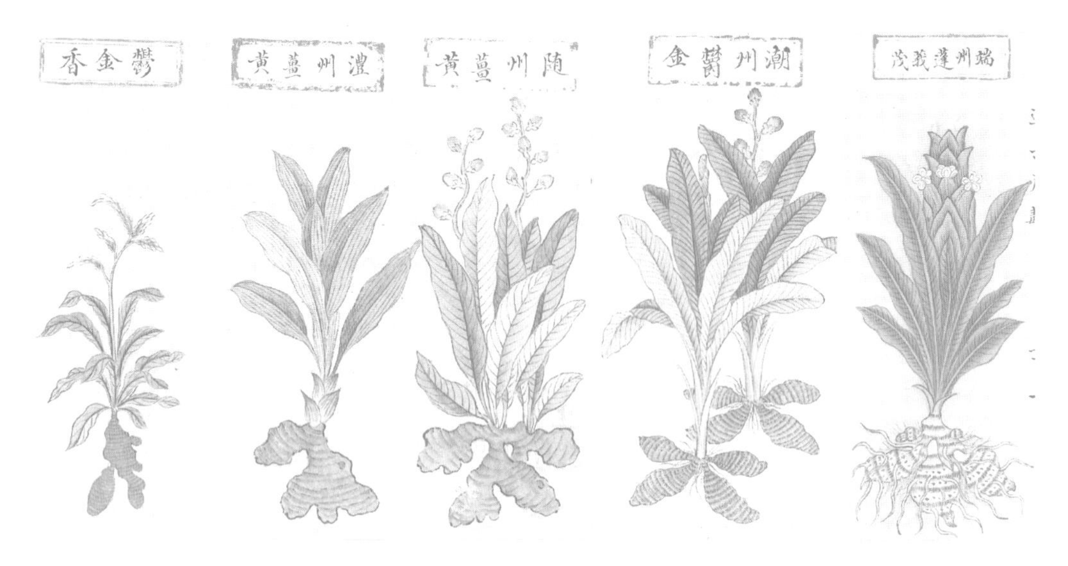

图 57 《本草品汇精要》郁金香、姜黄、郁金、蓬莪术。所绘郁金香似非番红花，亦类姜黄属植物。

出茎，心无实，根黄赤。”这种“花白质红”郁金是姜科姜黄属郁金或姜黄（*Curcuma longa*）。姜黄属郁金和姜黄主要用作染料，也可作药用，所用部位都是膨大块根。两种植物的块根，其形态和药用都相似，古人不太区分二者，姜黄往往被混作郁金。另外，姜黄属莪术（*Curcuma zedoaria*）和广西莪术（*Curcuma kwangsiensis*）的膨大块根叶都可以当作中药材“郁金”用。姜黄属的诸多“郁金”，气味多苦辛，并无芳香之气，很少用作香料，不知道会不会被周人用来制作郁鬯。

劳费尔《中国伊朗编》考据了中外文献中郁金相关植物的源流和混淆之处，提出可以根据产地来确定郁金的植物归属：当“郁金”指中国的一个植物或产品时，它就是一种姜黄属植物（*Curouma*），用作药物或染料；但是当它指印度、越南、伊朗等地的产品时，大半是番红花属植物（*Crocus*），用作香料。

劳费尔总结的这个规律基本成立，但是他的分类没有涉及开黄花的郁金香草。我们可以通过用途、花色和产地等来判断诗文或典籍中的郁金大概是什么植物。如果郁金来自域外并且用作香料，那么这种郁金多半指“其色紫碧”的番红花；如果强调其黄色染料之用，则郁金多半是姜科姜黄属诸多“郁金”中的一种，它的花朵特征是“花白质红”，所用部位为膨大块根；如果是开黄色花的郁金，主要用作香料，有西域和本土两种，它不是番红花和姜黄属植物，而是另一种还有待探讨的植物。

金草不知所出

那么多名同实异的郁金，哪种有可能是周代和鬯的郁金香草？

番红花应该是汉代张骞通西域之后才可能传入中国，传入时间大概是三国时期，显然不可能是周代用来和鬯的郁金，南宋郑樵《通志》和李时珍《本草纲目》等都已经明确指出了这点。复旦大学历史学系教授余欣详细考辨过郁金香（番红花）、郁金及其他相似植物源流，也认为郁鬯之郁与中古时期（3世纪至唐）外来的番红花并无关系，“也许是都能散发香味的缘故，郁这一名称后来被用来称呼这种外来的香料”。

至于姜黄属诸郁金，各有支持和反对者。反对者认为姜黄属植物无芳香之气，本不属于香草，其药用部位为膨大块根，不可能是郑众所言和鬯酒的香草郁金。针对姜黄为和鬯之郁金的说法，王夫之就有此反问：“（姜黄）其臭恶，其味苦，染家用以染黄。若以煮酒，令人吐逆，人所不堪，而以献之神乎？”支持者则包括罗愿（《尔雅翼》）、郑樵（《通志》）、李时珍（《本草纲目》）和吴其濬（《植物名实图说》）等古代著名学者，他们都赞同姜黄属郁金就是和鬯之郁金。但是仔细审看他们支持的原因，无外乎周代没有番红花这种郁金，而姜黄属郁金“和酒令黄如金”，二中选一，就只能选择姜黄属郁金。考虑到唐代之时郁金、姜黄均已入药（苏敬《新修本草》），与此同时和鬯之郁金又被认为已经失传（下面我会给出证据），这说明唐人自己并不认同郁金和姜黄是和鬯之郁金。不过，的确有人用姜黄属郁金制郁金酒，作为药用。《本草纲目》引朱震亨之言解释郁金酒功效：“郁金无香而性轻扬，能致达酒气于高远。古人用治郁遏不能升者，恐命名因此也。”既然郁金酒可以“致达酒气于高远”，这对于祭祀神灵自然也是有好处的——如果这样的郁金酒好闻的话。然而我怀疑郁金酒不好闻，暂且存疑。

至于开黄花的郁金，劳费尔认为是乌木属可用作黄色染料的木本植物，然而这不能解释黄花郁金的主要用途是作香料，可信度不高。我相信西域的黄花郁金应该是香草，不能排除它为和鬯之郁金的可能性。

当然，这是我们基于现代植物学知识做出的判断，古人未必有这么全面的认识。其实有证据表明，唐代已经无人知道制作郁鬯的郁金到底是什么香草。

唐开元时期的一次科举考试，要求考生就祭祀礼、射礼吏职不提供鬯酒这一情况写一篇题为《对鬯酒不供判》的判文。就像现在高考语文中的作文一样，唐代这次科举考试也提供了一段作文素材，如下：

> 太常申博士请供郁鬯酒，光禄以久无匠人，且金草不知所出，不造。祠部亦以为礼有沿废，不允所请。寺执：“见著《唐礼》，岂得不行？”祠部云：“藉田准令，兼给廪牲。藉田今或不供，

牲亦废用。酒无郁鬯，于事何阙？”寺犹固执。

显然，“金草不知所出”足以说明唐开元之时已经无人知道郁金是什么植物，自然无法找来酿造郁鬯酒。日常生活中弄香做药，则无所谓古制，有效用就行。国家的祭祀仪礼需要严格遵从古制，然而在没有郁草的情况下，古制也只能废除。既然唐开元时就已经不知道郁金为何物，那么此时以及此后社会上流通的郁金，无论是珍贵的番红花，还是姜黄属的诸多真假郁金，唐人都认为与周代用于郁鬯的香草郁金没有什么关系，也就是说，和鬯之郁金唐时已经失传。

严格说来，秦汉以来，和鬯之郁金似乎就已经失传了。虽然东汉和两晋有吟咏郁金的诗赋，但这些诗赋并没有提到酒和祭祀，可见诗赋作者并不认为他们所赞美的郁金就是用来调和鬯酒的著名香草。南北朝的诗歌里也确实出现有“郁金酒”和“郁鬯”，如庾信《周祀圆丘歌·登歌》“郁金酒，凤皇樽”，梁元帝（508—555）《和刘尚书兼明堂斋宫》“香浮郁金酒，烟绕凤皇樽”，北齐享庙乐辞《登歌乐》“郁鬯惟芬，圭璋惟洁”等，但这不过是郊庙诗歌泛泛提及郁金酒和郁鬯的传统，并不一定表示当时真用郁鬯祭祀。唐宋诗人为皇帝郊庙祭祀写的诗也常见“郁鬯”一词，张说唐享太庙乐章《肃和》“躬祼郁鬯，乃焚肯芗”，北宋张齐贤《肃和》“祼圭既濯，郁鬯既陈”，也都是泛指。前边已经明确说了，唐代之时已不知和鬯之郁金为何物，所以这诗中的郁鬯不可能是真实的郁鬯。

郁金香草的失传有可能与域外香料流入中土有关。自汉通西域、佛教东传以及南方广大地区纳入帝国版图以来，在西来和南来的两路香料的夹攻之下，中土常用的香料和芳香植物节节败退的局面就可想而知了。芸草也好，郁草也好，还有大名鼎鼎的兰草和蕙草等，这些盛极一时的香草，由盛转衰差不多都是以南北朝为分水岭。南北朝之前，这些本土的香草还为人所知，南北朝之后，它们基本上从人们的日常生活中消失了，成为典籍上的传说。

郁林芳草

我们先来讨论有关郁草的第二种观点，亦即郁鬯之郁为郁林芳草，那么郁草可能是什么植物？郁林郡成立于汉武帝时期。汉武帝平定南越国叛乱后，改秦桂林郡为郁林郡，辖今广西大部（桂林属零陵郡），郡治为布山县，在今广西贵港（一说在广西桂平）。由《说文解字》“远方郁人所贡芳草”可知，汉代或汉代以前郁林郡就已经土贡香草了。殷商时代的卜辞已经出现地名“郁方”和“往郁”。如果“郁方”指的就是汉代的郁林郡，那说明殷人已经踏上西南这块出产郁草的地方了。据饶宗颐先生介绍，殷代铜器原料取自云南，而英国所藏龟甲，实为缅甸龟，这些都说明殷人与西南地区有非常密切的联系。

那么郁林郡有哪些芳草可以用来和酒呢？

广西最著名的香草要数灵香草，也就是零陵香。宋代以来广西象州和金秀等县出产著名的零陵香，宋代笔记对此多有记载。平南和泗城所产灵香草也各有专名，平南产的香草被称为平南草或平南香，泗城产的香草被称为泗城草。灵香草本身也开黄花，符合郁金香草的基本特征。那么灵香草（零陵香）是郁草吗？

问题的关键是周代之时灵香草是否已经被人开发利用。我们知道，灵香草生长在人迹罕至的大山森林之中，只有长期居住在山里的山民才有可能开发出这种香草。从文献记载来看，灵香草是瑶族先民开发经营的一种香草，一直为瑶民种植、采收和加工。然而瑶族先民并不是从古至今居住在广西的。

瑶族先祖是古代东方“九黎”中的一支。由于社会和生活环境的变化，其主要居住地一直在迁移变动，从东方不断向西南方向迁移。秦汉时期，瑶族先民以长沙、武陵或五溪为居住中心；南北朝时期，瑶族中的“莫瑶”以衡阳、零陵等郡为居住中心；隋唐时期，瑶族主要分布在今天的湖南大部、广西东北部和广东北部山区；宋元时期，瑶族大量南迁，不断地深入两广腹地；到了明代，两广才成为瑶族的主要分布区。

比照灵香草产地（《中国植物志》：“云南东南部、广西、广东北部和湖南西南部”）与瑶族先民迁移路线，推测在两晋期间瑶族先民已经到达零陵郡，将当地所产灵香草开发出来，故而零陵香一词首先出现在东晋葛洪的《肘后备急方》一书中；唐代零陵地区的零陵香被瑶民大量开发，零陵香成为全州、永州、道州土贡，并很快濒临枯竭，所以有韦宙罢零陵香贡的事情；宋元朝至今，随着瑶民深入两广腹地，零陵香主产区转移到广西大瑶山周边金秀、蒙山、平南诸县，宋代笔记多有所记。

这样说来，周代之时，郁林郡这一大片土地应该没有瑶族先民居住，高山深林中的灵香草根本就是孤芳自赏，无人识得。如此，周代之时郁林郡向北方进贡的香草，就不太可能是灵香草。当然，如果将来出现更新的资料，表明周代灵香草已经被人开发，那么灵香草绝对是郁金香草强有力的候选者。

广西还出产姜黄属莪术和广西莪术，前者块根称“绿丝郁金”，后者块根称“桂郁金”，广西灵山县所产广西莪术是全国有名的地道药材。由于莪术和广西莪术看起来很像姜黄属郁金，广西地方志多称莪术和广西莪术为郁金或郁金香，认为它们就是《周礼》中用来和鬯的郁金。然而与姜黄属郁金和姜黄一样，莪术和广西莪术也不香，主要用作药物，很少用作香草和香料。

那么郁林芳草有没有可能包括草木樨呢？查广西植物类书籍，发现只有广西百色市北面的隆林、天峨和河池等地出产印度草木樨，其他地方并不出产，桂林和南宁等地或有人工栽培。我也没有看到任何古籍提及广西出产草木樨或者类似的植物，说明草木樨在广西实在是一种默默无名的植物。这说明草木樨不可能包含在郁林芳草的名录里。

总之，如果认定郁草来自郁林郡，那么郁草很大可能是灵香草（零陵香），或姜黄属的莪术和广西莪术。然而没有任何资料表明，灵香草、莪术和广西莪术在先秦就已经被郁林郡这个地方的人开发应用了。

草木樨是郁草

现在我们来讨论有关郁草的第一种观点：郁鬯之郁为郁金香草，捣叶煮汁，以和鬯酒。既然郁金香草应该是一种开黄花的香草，那么会不会是草木樨，或者芸草？藁城台西酒窖遗址发现的草木樨会不会就是用来制作郁鬯香酒的原料？郁金是开黄花的香草，这些都与芸草和草木樨吻合，然而不足以断定郁金就是草木樨。我们还可以从别的方面来考察郁金与芸草或草木樨的相同之处。

● 郁草与芸香或草木樨

郁金和草木樨都用于妇人容饰。我已经在《苜蓿香考》和《水木樨考》

二文中列出了很多草木樨用于妇女容饰的例子，这里不再重复。至于郁金，东汉朱穆《郁金赋》“折英华以饰首，曜静女之仪光……增妙容之美丽，发朱颜之荧荧”；晋左芬《郁金颂》“窈窕妃媛，服之缡衿”；南北朝萧子显《燕歌行》“郁金香花特香衣”；唐段成式《柔卿解籍戏呈飞卿三首》“郁金种得花茸细，添入春衫领里香”；唐冯贽《云仙杂记》“周光禄诸妓，掠鬓用郁金油，傅面用龙消粉，染衣以沈香水”。这些诗赋文字都是描述郁金用于香身美颜。

郁金和芸草都有广泛的人工种植。晋傅玄《郁金赋》“荣曜帝寓，香播紫宫”，帝寓和紫宫都种有郁金；南北朝庾信《对烛赋》“夜风吹，香气随，郁金苑，芙蓉池”，种植郁金的花园称为郁金苑。至于芸香，傅玄《芸香赋》“世人种之中庭”，成公绥《芸香赋》“植广厦之前庭”，则表明芸香多种植于庭园。

● 开黄花的西域郁金与草木樨很相似

根据前边所引《梁书》的记载，罽宾国出产一种开黄花的郁金，其“华色正黄而细，与芙蓉华里被莲者相似”。“华色正黄而细”符合草木樨黄花细碎的特征；郁金被西域人用于礼佛，这也与唐代佛经中苜蓿香用作礼佛香药的记载相合。在《苜蓿香考》一文中，我已经论证苜蓿香就是草木樨，并且苜蓿香可分西方苜蓿香和本土苜蓿香。罽宾国在今之喀什米尔地区，自然属于西域，罽宾国郁金很可能就是唐代佛经中的西方苜蓿香（草木樨），它与本土苜蓿香（草木樨）的不同可能就在于它的黄色更为纯正，“与芙蓉华里被莲者相似”。莲花是佛教的圣物，与莲花黄色花蕊相似的郁金（西方苜蓿香）因此也就更受佛教信徒推崇。另外提一句，草木樨的英文 melilotus 本身就跟莲花有关。melilotus 来自希腊文 μελιλωτος，由两个词根 μελι（meli）和 λωτος（lotus）组成，分别为蜂蜜和莲花之义。另外，《南州异物志》还记载了这种郁金“可以香酒”，这又与藁城商代酒窖遗址草木樨的发现有一种冥冥之中的关联。

● 《五十二病方》之郁

马王堆出土的帛书《五十二病方》有一个治疗腿部溃疡久不愈（胻久伤）的药方：“胻久伤：胻久伤者痈，痈溃，汁如靡（糜）。治之，煮水二［斗］，郁一参，朮（术）一参，□［一参］，凡三物。郁、朮（术）皆［冶］，□汤中，即炊汤。汤温适，可入足，即置小木汤中，即□□居□□，入足汤中，践木滑□。汤寒则炊之，热即止火，自适殹（也）。朝已食而入汤中，到［时］出休，病即俞（愈）矣。”

《五十二病方》记录的这个药方显然失传了，《本草经》和后世本草书籍都没有出现类似的方子。大家一直认可该药方中的朮（术）即为《神农本草经》中的术（即苍术）。《神农本草经》谓术“主风寒湿痹、死肌”，与“胻久伤者痈，痈溃，汁如靡（糜）”之症吻合。然而郁为何种药物则有争议。

马王堆帛书整理小组注云：“郁，即郁金。《神农本草经》未载，但其他古书记述很多。《周礼》有《郁人》注：筑郁金煮之，以和鬯酒。《新修本草》谓郁金‘主血积下气，生肌止血，破恶血淋尿血，金疮’。”

然而《新修本草》郁金指的是姜科植物郁金，这种植物不香，应该不是“以和鬯酒”的香草。另一方面，产于大秦国的郁金香可作香料，但郁金香在《五十二病方》时代尚未进入中国。否定姜科植物郁金和鸢尾科番红花属番红花（郁金香）之后，本草学大家尚志钧认为郁应该是郁李。理由有二："古代文献称郁李为郁"，"《本草经》谓郁李根主齿龈肿，与《五十二病方》以郁治胻久伤痈之义吻合"（尚志钧《本草人生：尚志钧本草论文集》，2010年，第520页）。虽然齿龈肿与胻久伤痈都有肿胀的病症，但是前者主要是发炎肿痛，后者是腿部脓栓溃疡，两者显然不是一回事，说"郁李根主齿龈肿"类同"郁治胻久伤痈"，这个论证显得比较勉强。

在西方，草木樨是治疗腿部溃疡的传统草药。从古希腊到19世纪开始，西方人一直有草木樨膏治疗四肢溃疡的传统。与西方世界草木樨的广泛药用相比，草木樨——假如芸草、郁草以及《千金要方》苜蓿香的确是草木樨——在中国古代只用作香料，很少用于疾病治疗。可是我也找到两个草木樨药用的古代文献。其一是清高秉钧《疡科心得集》内伤膏，其中使用了离乡草。我们前边已经说了，离乡草是胡卢巴或草木樨二者之一。比较胡卢巴和草木樨的药用功效，可以认为内伤膏中的离乡草应该是草木樨，主要用来化瘀祛肿。其二是清乾隆时期帝玛尔·丹增彭措所著的《晶珠本草》，该书明确记载草木樨（藏语为"甲贝"）具有"清热、解热、化瘀祛肿"功效。

如此，这个治胻伤病方可作为郁为草木樨的一个辅证。

● 郁鬯与草木樨酒

我试着用草木樨种子来泡酒，把装有草木樨种子的纱袋浸泡在装有50度的牛栏山二锅头的密封玻璃罐里。只过了一天，原本无色的酒就变成了棕黄色。数十天后，我打开密封罐，一种明显不同于二锅头底酒的甜香气息扑鼻而来。用小瓷杯倒了一点，颜色棕黄，映得杯壁一片金黄。金黄的酒倒进洁白的瓷器中，黄与白、流动与静穆的强烈对比，非常悦目，完全可以用《诗经》的句子“瑟彼玉瓒，黄流在中”来描述。这两句诗的确也是用来形容郁鬯香酒盛放在祼圭中的样子，正如郑玄注“黄流，秬鬯也”以及孔颖达疏“酿秬为酒，以郁金之草和之，使之芬香条鬯，故谓之秬鬯。草名郁金，则黄如金色；酒在器流动，故谓之黄流”所云。

拍照记录以后，持杯仰面一口灌下，却是又苦又烈，差点一口喷出来。这种酒闻起来很香，正所谓“芬香条畅于上下也”，却很难喝。我猜测郁鬯也是无法下咽的香酒，所以只用于祭祀鬼神，浇灌在地上，让气量广大的大地去吸纳，人是不喝的。原因也简单，古人认为鬼神无形无声，只以理与气存于冥茫之间，因而吸食香气就好。“凡祭，皆以心感神、以气合神者也，黍稷必馨香，酒䑋必芬芳，用椒、用桂、用萧、用郁金草皆以香气求神，神以歆飨此气耳。”（《大学衍义补》按语）

上个世纪60年代，整个国家处于粮食不够吃的困难时期。为了节约粮食，甘肃天水酒厂尝试用草木樨种子制成了40度的白酒，然而制出来的草木樨酒带有香豆素的苦味，味道并不好。酒厂的人声称：“如果进一步用温水浸种，这种香豆素的气味是可以去掉的，完全能够制造出更好的白酒。”然而我并没有查到后续记录，不知道他们最终是否酿出了没有苦味的草木樨酒。

我的药酒小实验和天水酒厂的酿酒尝试，用的都是草木樨种子，或浸泡，或蒸酿，这当然不是郁鬯香酒的做法。真正的郁鬯是要用捣碎的郁草叶子来调和黑黍发酵而成的鬯酒。如果用草木樨叶子照猫画虎来制作“郁鬯”，不知道酒的颜色还是不是金黄色。但是我相信这酒闻起来应该很香，喝起来大概是甜中带苦，毕竟黑黍发酵而成的鬯酒是甜的。我只是小时候生病时品尝过这种又苦又甜的滋味，汤药实在苦得难以下咽的话，父母会添一勺白糖。现在再苦的药我都可以屏住呼吸一口吞下了。

草木樨非郁金

但是我自己并没有把握断定魏晋南北朝的郁金就是芸草或草木樨，原因是这个时期文献所记郁金，它们的花太夺目了。朱穆《郁金赋》说“比光荣于秋菊”，傅玄《郁金赋》言“英蕴蕴而金黄”，晋诗有“郁金黄花标”，这些都说明郁金黄花绚烂，堪比秋菊。

这个时期的典籍对芸草的描述则恰恰相反。成公绥和傅咸《芸香赋》以及沈括的《梦溪笔谈》对芸香的花没有丝毫描绘，可见花朵并非芸草的重要特征。如果芸香真有郁金那样的绚烂黄花，擅长夸张的文人墨客是不可能放过这个重要特征的。另外，傅玄同时写有《郁金赋》和《芸香赋》，虽然《芸香赋》只留下序文，赋文已佚，无法具体比较两篇赋文，但如果郁金就是芸香的话，傅玄根本没有必要分作二赋。

就以我在郊野观察草木樨的经验来看，草木樨的黄花也的确很不醒目。由于草木樨的花朵太小，即便一根花梗上开着十几到几十朵小花，几米以外黄花就几乎完全隐匿在草丛的绿色之中，需要仔细辨认才能隐约看到。不过，我只见过散布在荒野或路边的零星几株草木樨，还没有见过草木樨花田。不知道大面积种植的草木樨花田，看起来会不会有“郁金”的感觉。我在青海旅行的时候，在行驶的车上看见过路边一人多高的草木樨，其金黄之色远比我在北京和南方看到的要鲜艳夺目；也曾经瞥见过树后不远处黄色一片的花田，疑心那就是野生的草木樨。然而青海也有很多油菜花田，我也不知道自己看到的是不是油菜花。

尾声

如果郁金香草不是草木樨，那草木樨还能藏在什么地方呢？四五千年以前就已经被我们的祖先利用的草木樨，原本跻身于粟、黍、稻、豆、藜之列的草木樨，怎么到了先秦两汉就隐身不见了？

明代嘉靖《河间府志》云："郁金香草，俗名酒豆。"这个郁金香草既然有酒豆之名，应该是一种豆科植物，而且与郁金香酒有密切关系。河间市离出土草木樨种子的藁城殷商酒窖也就100多公里。酒豆会是草木樨吗？或者不过是胡卢巴？

附录

1.《周礼·春官》郁人

"郁人掌祼器，凡祭祀、宾客之祼事，和郁鬯以实彝而陈之。"郑玄注："筑郁金煮之，以和鬯酒。郑司农云：'郁，草名，十叶为贯，百二十贯为筑，以煮之焦中，停于祭前。郁为草，若兰。'"唐贾公彦疏："《王度记》云：天子以鬯，诸侯以薰，大夫以兰芝，士以萧，庶人以艾。此等皆以和酒。诸侯以薰，谓未得圭瓒之赐，得赐则以郁耳。《王度记》云'天子以鬯'及《礼纬》云'鬯草生庭'，皆是郁金之草，以其和鬯酒，因号为鬯草也。"

2. 许慎《说文解字》鬯、鬱、鬱

鬯，以秬酿鬱草，芬芳攸服，以降神也。从凵，凵，器也；中象米；匕，所以扱之。《易》曰："不丧匕鬯。"

鬱，木丛生者。

鬱（同鬱、郁），芳草也。十叶为贯，百廾贯筑以煮之为鬱。从臼、冂、缶、鬯；彡，其饰也。一曰：（鬱为）鬱鬯，百草之华，远方鬱人所贡芳草，合酿之以降神。鬱，今鬱林郡也。

【注，鬱和鬱均简化成郁】

3. 东汉朱穆《郁金赋》

岁朱明之首月兮，步南园以回眺。览草木之纷葩兮，美斯华之英妙。布绿叶而挺心，吐芳荣而发曜。众华烂以俱发，郁金邈其无双。比光荣于秋菊，齐英茂乎春松。远而望之，粲若罗星出云垂。近而观之，晔若丹桂曜湘涯。赫乎扈扈，萋兮猗猗。清风逍遥，芳越景移。上灼朝日，下映兰池。睹兹荣之瑰异，副欢情之所望。折英华以饰首，曜静女之仪光。瞻百草之青青，羌朝荣而夕零。美郁金之纯伟，独弥日而久停。晨露未晞，微风肃清。增妙容之美丽，发朱颜之荧荧。作椒房之珍玩，超众葩之独灵。

4. 晋左芬《郁金颂》

伊此奇草，名曰郁金。越自殊域，厥珍来寻。芬香酷烈，悦目欣心。明德惟馨，淑人是钦。窈窕妃媛，服之缡衿。永垂名实，旷世弗沉。

5. 晋傅玄《郁金赋》

叶萋萋兮翠青，英蕴蕴而金黄。树庵蔼以成荫，气芳馥而含芳。凌苏合之殊珍，岂艾纳之足方。荣曜帝寓，香播紫宫。吐芬扬烈，万里望风。

6. 唐苏敬《新修本草》

郁金，味辛、苦，寒，无毒。主血积，下气，生肌，止血，破恶血，血淋，尿血，金疮。此药苗似姜黄，花白质红，末秋出茎，心无实，根黄赤，取四畔子根，去皮火干之。生蜀地及西戎，马药用之。破血而补。胡人谓之马蒁。岭南者有实似小豆蔻，不堪啖。

姜黄：味辛、苦，大寒，无毒。主心腹结积疰忤，下气破血，除风热，消痈肿，功力烈于郁金。叶、根都似郁金，花春生于根，与苗并出。夏花烂，无子。根有黄、青、白三色。其作之方法，与郁金同尔。西戎人谓之蒁药，其味辛少、苦多，与郁金同，惟花生异尔。

《山海经》䔄草

《山海经》记录了很多奇花异草，其中有美色媚人的香草。《山海经·中山经》有荀草："（青要之山）有草焉，其状如葌，而方茎、黄华、赤实，其本如藁本，名曰荀草，服之美人色。"荀草的植物特征与草木樨相差太大。《山海经·中山经》又载䔄草："又东二百里，曰姑摇之山。帝女死焉，其名曰女尸，化为䔄草，其叶胥成，其华黄，其实如菟丘，服之媚于人。"

荀草只出现在《山海经》中，后世再也没有出现，出身高贵的䔄草则另有一番际遇。

西晋张华《博物志》："古詹山帝女，化为詹草，其叶郁茂，其萼黄，实如豆，服者媚于人。""詹"同"谣"。又东晋干宝《搜神记》："舌埵山帝之女死，化为怪草，其叶郁茂，其华黄色，其实如兔丝。故服怪草者，恒媚于人焉。"这两段文字显然本自《山海经》。

让䔄草名声更上一层楼的是宋玉名篇《高唐赋》中楚襄王梦遇巫山之女的故事（参见文后所附《高唐赋》序）。今传本《高唐赋》序中，巫山之女对楚襄王介绍自己："妾巫山之女也，为高唐之客。"唐李善注《文选·别赋》也引了《高唐赋》，巫山之女的自我介绍更为详细："我帝之季女，名曰瑶姬，未行而亡，封于巫山之台。精魂为草，实为灵芝。"唐余知古《渚宫旧事》也载有这个故事，巫山之女的自荐就更啰嗦了："我夏帝之季女也，名曰瑶姬。未行而亡，封乎巫山之台。精魂为草，摘而为芝。媚而服焉，则与梦期。所谓巫山之女，高唐之姬。”在巫山神女的这个神话中，帝女瑶姬的精魂化为草（言下之意就是瑶草），摘下来就可作仙草灵芝。

就这样，《山海经》中的䔄草摇身一变，由“服之媚于人”的香草变成一种可以通神的仙草或者珍异之草。后世文人墨客喜欢在诗文中拿瑶草来抒发自己的修仙退隐之情，如“朝云落梦渚，瑶草空高堂”（李白）、“亦有梁宋游，方期拾瑶草”（杜甫）、“早晚重来游，心期瑶草绿”（白居易）等，方家术士则视瑶草为传说，再也没有人去认真探寻䔄草（瑶草）究为何物了。

然而从《山海经》对䔄草的描述来看，䔄草应是一种现实存在的植物，帝女化䔄草之说不过是对䔄草“服之媚于人”功效的神话解释。抛开䔄草神话所隐含的文化含义，仅从植物学的角度来考察探究䔄草，也是一个有趣的话题。

陈梦家和闻一多等近现代学者从䔄草“服之媚于人”的功效出发，考察典籍中男女之事所涉及的香草，倾向于认为䔄即蕳（蕑），也就是兰草，并且认为《山海经》中荀草（“其状如蕑”）也同为䔄草。可是兰草，无论是唇形科地笋属植物（现代学者认为地笋是古之泽兰），还是菊科泽兰属的佩兰，其植物形态特征都与䔄草迥然有别。

当代学者程地宇《寻找失落的神草——关于瑶草的考释》一文则从语言文字学、神话学、植物学等等角度入手，将䔄草的致媚性能与植物形态结合起来加以考释，最后认为瑶草即淫羊藿。其主要论据有三：一是从媱、窑、媱、淫、遥、瑶等诸多与䍃声字相关的音韵文献典籍来看，“䔄”“瑶”“媱”与“淫”音义并通，“䔄草”即“淫草”；二是淫羊藿是一种古老的媚药；三是淫羊藿的植株形态也与䔄草相合。

考察程地宇的论据，他认为淫羊藿是一种古老的媚药，这显然有问题。淫羊藿主要用于男性补肾壮阳，即所谓的壮阳药，而䔄草明明是女性使用的媚人之草。程地宇这样来解释淫羊藿的媚药功能："淫羊藿能激活性欲，提高性功能，治疗性疾病，因此它无疑也是一种'媚药'。"把补肾壮阳之功能视为"媚药"，这显然是偷换概念了。程地宇文章中虽然也承认淫羊藿主要是男性使用的，但是淫羊藿也可以用来治疗"女子绝阴无子"，所以他认为淫羊藿"是一种男女共享的'媚药'"。如果治疗"女子绝阴无子"的药就可以称作媚药的话，岂不是所有治疗女性不孕不育的药都可以称作媚药了？显然又偷换概念了。

程地宇声称淫羊藿植株特征与䔄草相合，也很勉强。䔄草"其叶胥成"，郭璞释为"言叶相重也"。作为䔄草的变形，《博物志》中的㸔草和《搜神记》中的怪草均为"其叶郁茂"，可视为"其叶胥成"的解释。也有人认为"叶相重"描述的是叶对生，这个理解也合理。程地宇则认为"胥成"描写的是羽状复叶，其分析也有道理。虽然淫羊藿通常开白色或紫色花，而巫山淫羊藿恰恰开淡黄色花（清人毕沅认为姑摇山就是巫山），正符合䔄草"华黄"的特征。但是程地宇认为淫羊藿的果实与菟丝子的果实相似，这个就很勉强了。按照他所引文献，淫羊藿果实为"蓇葖果卵圆形"，菟丝子果实为"蒴果，椭圆形至卵圆形"，两者看似都有"卵圆形"之义，但是淫羊藿"卵圆形"果实顶端还有一个尖尖的突起，更像纺锤形，明显与菟丝子"结实如秕豆而细"（李时珍）的果实不同。《博物志》言㸔草"实如豆"，也说明䔄草的果实像豆类。查《中国植物志》，淫羊藿"蒴果长约 1 厘米，宿存花柱喙状，长 2—3 毫米"，或巫山淫羊藿"蒴果长约 1.5 厘米，宿存花柱喙状"，而菟丝子"蒴果球形，直径约 3 毫米，几乎全为宿存的花冠所包围"，

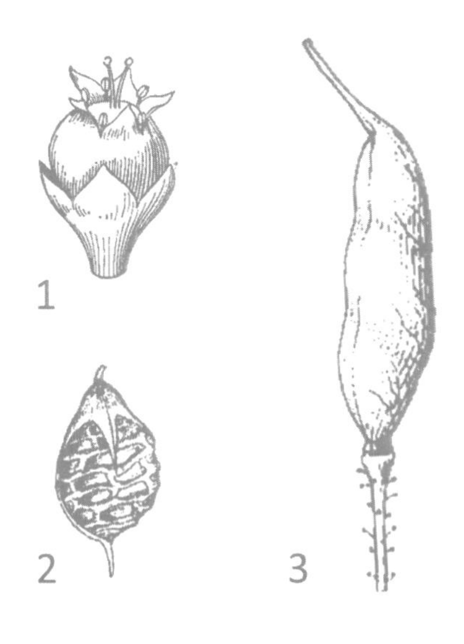

图 58　菟丝子、草木樨和淫羊藿果实的比较：（1）菟丝子果实直径约3毫米，被宿存花冠；（2）草木樨荚果卵形，长3—5毫米；（3）淫羊藿果实长度约1厘米，有喙状宿存花柱（巫山淫羊藿的果实与淫羊藿的类似，只是蒴果长度约1.5厘米）。图取自《中国植物志》。

二者在形状和尺寸上都判然有别。

相比之下，䔄草更像草木樨。草木樨是香草，曾用于古代的美容香身药方当中（孙思邈《千金要方》中的苜蓿香），近代仍有民间女子在头上佩戴香身辟汗省头，与淫羊藿的补肾壮阳功效相比，更可以视为媚服之草。草木樨为三出复叶，也属于羽状复叶的范畴；草木樨开黄花；草木樨本身就属于豆科植物，“荚果卵形，长3—5毫米，宽约2毫米，先端具宿存花柱，表面具凹凸不平的横向细网纹，棕黑色”（《中国植物志》）。可见草木樨荚果的形状和大小都与菟丝子的极为相似。

当然也要考察姑摇山是否产草木樨，这涉及姑摇山地理位置的考证。如果清代毕沅的看法是对的——他认为姑摇山就是巫山——就需要看看巫山一带是否产草木樨。检查各类植物学书籍可知，从重庆一直到上海，整个长江中下游区域几乎都产草木樨。光绪《巫山县志》卷三“物产”载有铁扫帚：“铁扫帚，生荒野中，一本二三十茎，苗高三四尺，似苜蓿叶。”

旧时四川（包括现在的重庆直辖市及其辖县）习惯称草木樨为铁扫把（见《四川中药志》）。因此《巫山县志》中的"铁扫帚"很可能就是草木樨。

还有一个文献记载说明巫山可能有特别的香草。著名医学家冉雪峰（1879—1963）在《方药》"泽兰"一节中提到一种香草："在蜀东巫山之阳，有昭君村焉，其地产香草，清香绝俗，为都梁、省头所不及，士女作膏以泽发，各书未载，他处无有，此殆兰草花叶俱香之一种与。香草与美人并传，里人艳称，录此以备参考，亦以见草泽中埋没异材不少云。"冉雪峰本就是巫山人，所言香草不是亲眼所见，就是亲耳所闻，必定不虚。只可惜不知道这种比都梁香和省头香都好的香草有何植物特征，无法判断它到底是什么植物。

也有现代学者认为《山海经·中山经》所涉及的山应该都在中原一带，长江流域一带的山峦无论如何都不可能被先秦之人视作中山。有人认为姑摇山就是河南洛阳市宜阳县境内的花果山。宜阳花果山在古代又称女儿山、姑瑶山、化姑山等，似乎都可以与帝女化为䔄草之神话建立联系。宜阳花果山，大小山峰百余座，主峰海拔一千八百多米，覆盖一百八十平方公里的地域。据《河南植物志》第二册（1988年）载，草木樨"河南各地均产，以山区较多"。归属熊耳山系的花果山应该也出产草木樨。

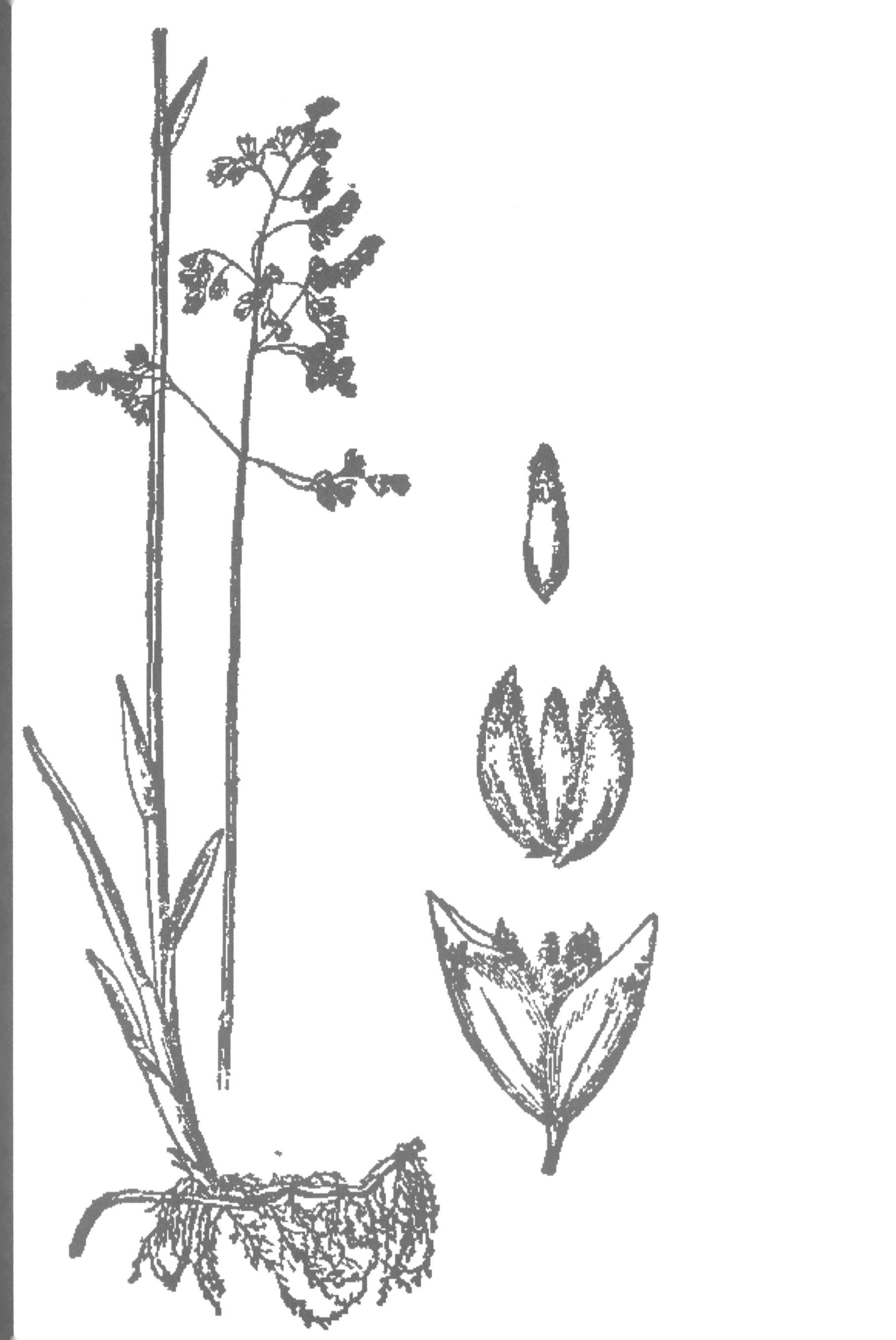

伍 寻芸记

寻芸日记

20180504

昨晚突然想到隔壁北京林业大学或许有做草木樨研究的吧。于是到网上去搜索，搜到百度文库上有一个文件《北京林业大学校园草本植物图鉴》，里边有草木樨的信息。付了19.9元买了百度文库经典VIP的1个月尊享版（一个月可以免费下载25次），下载了这个文件。文件署有指导教师、编写人员以及植物调查与拍摄人员名单，但是没有编写日期。第23页有“草木樨”条，除了植物介绍文字，另有植物分布说明：“校园分布：七号楼，北家属楼15，二教。”

第二天吃过早饭就按图索骥，去林大植物图鉴提到的三个地方寻找草木樨。先去7号楼（生物楼）。7号楼南边正门前有几株高大的玉兰，每年都是这几株玉兰最先开花，芳香馥郁，宣告春天的到来。两株漂亮挺拔的山桃，紧接着玉兰盛开，亦是春天一景，总有许多学子在花前枝下留影，我也每每前往赏花闻香。然而今日目力所及，7号楼前的这一大块绿地显然都是被整修过的，种着我叫不出名字的草，纵横排列成方阵。还有密密麻麻挤成一团的茂密玉簪花。寻常可见的二月兰和抱茎苦荬菜也杳无踪影，根本不抱希望能找到草木樨。教学区的其他绿地也多半如此，被细细梳理筛选过的样子，毫无多样性的痕迹。

二教东边一大块区域被圈起来了，看起来像是施工工地，无法前往查看。其余的地方并无大块的绿地，只有水泥地和种植了灌木的绿化带。偶尔被人遗漏的小块地方，稀稀落落地长着一些草木。

只剩下北15号楼。心想这是家属区，大概校方不会像教学区那样用心耕耘，绿地应该有很多野花草。北15号楼邻近双清路，被马路挤成了L形，因此不像其他家属楼前后都有较大面积的绿地。犄角旮旯的地方倒也长出了不少野花草，我认得出二月兰、苦荬菜、益母草和车前子等几种，叫不出名字的那些也确定不是草木樨。或许是春天刚过，草木樨植株还小，藏在草丛中不易被发现。再过一个月，草木樨再长大一些，也开始开花了，那时应该很好找。

当然也可能是校园植物图鉴里的草木樨已经被自然选择掉了。草木樨抗旱耐碱，按理说在这寻常之地上本应该长得更好。再仔细想想，也许只有在其他植物不能适应的刚卤之地，根系发达的草木樨才能展示自己的生存能力，在这杂草荟萃的丰美之地，草木樨反倒竞争不过那些根系浅薄的花草。

不甘心，想着有时间再到家属区的其他绿地走走看。

20180506

在林大家属区的几块绿地上溜达了一圈，野花野草或茂密或稀疏，均无草木樨。

昨日在奥森湿地及其附近的小坡上，看到了不少苜蓿样子的植物，揉碎其茎叶嗅闻一下，并无香味，茎也是实心的，很可能是苜蓿。等到六月开花，根据花枝的颜色和形态，就可以最后确定了。又想起前些年奥森西门附近有过一块开紫花的苜蓿地。后来苜蓿被铲除，修建了一个以五环为顶的镂空之亭，每天早上都有很多老人在廊柱间跳舞，其中有穿着维吾尔族服装跳新疆舞的。

20180507

应张思永之邀前往丰台区汉威国际艺术中心参加匈牙利当代艺术展开幕式。我知道应该用艺术史的眼光来观看这些抽象主义、几何主义之类的油画，然而我并无这样的眼光。倒是那些玻璃艺术品我似乎更能看得懂一些。所谓能看得懂，无外乎是自己能够从科学与技术角度思考和描述这些玻璃艺术品的制成过程、工艺和效果。

开幕式后应该有宴会，我也吃喝不下，不告而别。没有直接回所里，而是骑了共享单车南下。从地图上看到有几个毫无名气的小公园，看看在那里是否能够遇到草木樨。骑了半个小时左右，停车踱进高鑫公园。这个公园基本就是树林，很多槐树和杨树，夹杂其他观赏树。遍地小黄花，是抱茎苦荬菜和叫不出名字的菊科植物，还有落下的槐树花瓣和杨絮。边上楼盘工地的机器声音，压过了风声和鸟鸣。一墙之隔是墓园，密密麻麻的碑，我看见一些西洋雕塑和一个大大的“思”字。没有游人，也没有看到草木樨。

20180508

……

乘 10 号线地铁在玲珑公园站下车，北门进，穿过公园南出。正如预想中的那样，公园花草树木整齐有序，显然是用心看护的，无心在此寻觅异草。公园有两处可看，一是北门附近的旧火车头，与铁轨放置在树林中，很适合拍照。一是公园南边四百多年的慈寿寺塔，可惜塔上的人物雕塑基本都毁坏了。拍了一张塔与倒影的照片，发到了朋友圈：“赴宴过慈寿寺塔寻芸不遇。”有朋友留言“有一种中国泰姬陵的感觉呀”，还有朋友说“有点美国那个广场的意思”，无人问芸。

20180512

去办公室的路上，在林大校园里绕了一大圈路，再次查看草木樨的踪迹。

从文成杰座边上的林大小北门入，查看图书馆北的几栋家属楼的林地。林地很秃，几乎没有什么杂草。过一教、二教，过旧图书馆、博物馆和综合楼南边的绿地，全是人工栽培的花草树木，甚是无趣。折回家属区15号楼，再次筛查一下附近几栋楼的绿地，二月兰花期基本已过，生出了长荚，抱茎苦荬菜还是黄花遍地，偶尔看到开五瓣小黄花的朝天委陵菜。

穿过超市回到所里，在5号楼和6号楼之间的绿地寻觅了一番。绿地中间有一棵高大的桑葚树，树下落了很多的肥大桑葚，捡来尝一尝，很甜。杂草或稀疏或茂密，还是常见的二月兰和苦荬菜，偶见黄花酢浆草。

20180516

在楼下车堆里找出自己一年多没骑的单车，后轮瘪了，链子也脱了。推到林大家属院的修车铺，师傅正忙，让我半小时后来取。正好到离修车铺不远的家属楼间林地走走。林地草木茂盛，有相隔十来米的两石桌和八石凳，其中一桌的两石凳跑另一桌“观战”去了。还有几个女学生各据一处写生，应该是林大园林系的学生。路过时瞅一眼，画的是树和楼角。草地多了开黄花的蛇莓，三三两两的小红果掩映在贴地绿叶中，甚是可爱，小心避开不要踩上去。想起小时大孩子说蛇莓都是被蛇舔过的，不能吃。又遇三个女生在一棵树前查看，问她们是否知道林大有草木樨。她们互相望望，说不知道。

20180517

去香山植物园寻草木樨。小雨突然变成中雨，在北湖一售货亭避雨，湖光山景云雨色，感觉挺不错。很快雨住，访梁启超墓，再走樱桃沟栈道，途中水杉挺拔俊俏。“一二·九”运动纪念碑有入党宣誓牌，下去就是沟的尽头水源头，还有无数树枝木棍作势撑住的元宝石。一路留意，并无草木樨。雨天挺好，走路不出汗。

20180518

在奥森奥海湖西边道路旁看到不少形似苜蓿的草。矮小叶圆的应该是车轴草，高大一些的我怀疑是苜蓿，扯叶子嚼，并没有苦味，叶子边缘也没有细齿。叶子狭长一些的似乎有细齿，只是觉得不像书籍上草木樨插图或照片中的那么明显。扯一片叶子来嚼，隐约有苦味，甚至带辛辣味，然后又有点回甘，感觉这应该是草木樨，可是没看到花，无法确认。

这么边走边东看西看，突然发现两石块之间有开黄花的草，不是两朵，而是两穗，急忙跨过一根没什么用的护绳，过去一看，果然是草木樨。四根纤细的枝干倚着石块往两头散开（丛生），最高的大概有两掌半的样子（手掌撑开，拇指到无名指算一掌，大概是 20 厘米）。其中一支草木樨的顶端有两根正开着小黄花的花穗，花枝大概 5 厘米长，花梗占了一半，环绕花

图 59　在奥森奥海湖周边看到的第一株草木樨。

梗的花蕾，下边的已经开出小黄花，二三毫米大小，上边的绿色花蕾中间也吐出了黄色。有些枝干顶端有处于蓓蕾期的绿色花柱，下粗上细，像一个微小的绿塔。叶子背面颜色比正面浅一些，捎带一点白色。茎不是空心的，芯是白色的，也不硬。扯了茎叶来嚼，叶子明显比茎苦，嚼完叶子再嚼茎，甚至觉得茎是甜的。没有扯花，毕竟只有两根小小的花枝，不忍心揪。

继续沿着湖边走边看，边扯边嚼，发现了不少草木樨——我已经很熟悉草木樨叶子上的细齿以及咀嚼叶子时的那种苦味了——不过都没有开花，连蓓蕾都看不到。绕到人工溪流的北面，前些天我在那里看到过的很多似苜蓿的植物，这次也确证了多数是草木樨，也不在花期。我在一块大石与一株旱柳之间撒了不少购自江苏沭阳的草木樨种子，因为此地草木樨相对茂密，说明适合草木樨的生长。不过这些草木樨植株普遍不高，40厘米左右，我怀疑这块地肥力不够。另外一件事情是石块附近蚂蚁窝很多，担心蚂蚁会把我撒下的种子搬回窝里当粮食吃了。拍照记下石块和柳树。

又从溪边折上坡，穿林地而过，林中只看到一株草木樨，再沿着一条水泥径往上走。小径某段也有不少草木樨，也都在路边。我猜测草木樨是喜欢阳光的植物，湖边路也好，山上小径也罢，都是可以晒到阳光的地方，林中阴翳，所以草木樨少见。在坡上还看到一株开紫花的苜蓿。叶子颜色近墨绿，比旁边草木樨的绿色或者说黄绿老气横秋多了。苜蓿的紫花明显比草木樨的大，花朵之间也散得比较开，呈团簇状。不像草木樨，花朵围着根花柱，从下往上次第着开，呈穗状。到了坡顶，又沿着另一条小径往下走。两条小径交叉处一块没有树木的草地，有近乎成片的草木樨，我在这里也撒了一些草木樨种子。下完坡穿湿地而过，偶见草木樨。

这一路上看到的草木樨，植株上经常有蚂蚁或者不认得的虫子。即便没有看到虫子，也时常可以看到被虫子吃过的叶子。不禁让人怀疑，草木樨真是那种能辟蠹的芸草吗？

走了一圈，近两小时，一路上的确看到不少草木樨，但是只看到了一株开花的，两株出花蕾的。大概这个公园里草木樨花期比较晚。记得春天时同事跟我说，所里的迎春花都谢了，森林公园的才开。应该是公园这边的温度低一点。

尽管如此，还是觉得今天的收获巨大。以前只有草木樨的书本知识，从今天开始对草木樨有直接的感性认识了。更重要的是，以后我还可以时不时来观察这些草，验证书上的知识和自己的想法。

带着轻松愉快的心情，直奔奥森西门。快到西门附近的五环小广场时，心里一动，就从路边的绿化灌木带挤身而过，穿过几米的林地，往广场东边的一块草地走去。记得好些年以前这块地里种了紫花苜蓿，那也是我第一次见到紫苜蓿。果然在林地和草地交界处看到了一片开花的草木樨，占地约 10 个平方。蹲下来仔细观察这些草木樨，发现它们很矮，最高也就20到30厘米（之前看到的草木樨高的大概有半米），而且每棵草木樨都只有一根主干，并非丛生，不知道是不是一年生草木樨。扯下茎叶，茎是空心的，叶子揉碎了会散发一些模糊的香气，大概像青草气味加一点香气，并不浓郁。咀嚼茎叶和花，是草木樨典型的苦味，叶子苦于花，花苦于茎。花枝也无明显的香气。

时间已经过了七点，赶紧在西门骑了一辆共享单车。到家七点半，母女俩正吃饭。

图 60　在奥森西门五环亭附近看到草木樨群落。

20180519

在单位旧物回收站东面的马路边，一大片苜蓿匍匐在草坪上，因为开着小黄花，所以才注意到。花簇小如米粒，咀嚼叶子，清新无苦味，可以做菜。开黄花的苜蓿很多，回来查《中国植物志》，判断是天蓝苜蓿，但是《植物志》上写“花期 7—9 月”，现在 5 月中似乎有点早。或者是“花期 3—5 月”的南苜蓿（《植物志》），在北京开花可以晚一点。

订购 A3 尺寸标本夹，准备做草木樨的标本。

20180520

八家郊野公园是离住处最近的公园，骑电单车过去不到十分钟。南区人工湖北面有一块挺大的草地，种了一些花草，但似乎并无精心管理，长了很多野花草。在大片杂草间，发现了一小片草木樨（特有的咀嚼苦味），二三十厘米高，均为单株，形似奥森西门附近的草木樨，只是这些尚无花蕾。从这块上草木樨的分布来看，感觉是有人在这里撒了一把种子长出来的。毛毛雨更密了，没有时间细查整块草地，下次再来看。

单位篮球场东边有块绿地，种植了成行的绿化草。草不茂密，露出很多的黄土。草坪石径间立着一株 20 多厘米高的草木樨，也是只有一根主干，也无花蕾。查看四周，2 米外有一株开着细小黄花的天蓝苜蓿，并没发现其他草木樨。这种独株生长的情况，我还是头回碰上。

下午毛毛雨也没了，又去了八家郊野公园北区。首先踏入的树林，地上的野花草已被刈割一空，有些贴着地表的草逃得一条或半条性命，其中有看似是草木樨的。因为有泥污，没有摘叶咀嚼确认。未被刈割的林地，则满是一尺来高的杂草，其中多半是抱茎苦荬菜。远远望去，黄花一片，倒也好看。进去溜达一圈，没有看到草木樨或苜蓿，或许被其他的草掩盖了。

在公园北面靠近五环的土坡上，看见了大片已经开花的紫苜蓿。《西京杂记》载："乐游苑自生玫瑰树，树下多苜蓿。苜蓿一名怀风，时人或谓之光风。风在其间常萧萧然，日照其花有光采，故名苜蓿为怀风。"今日天阴光暗，花亦不盛，过些天挑个晴日再来赏其光彩，看看是否可以"怀风"。

20180519

用牛栏山二锅头与淘宝购来的草木樨种子（浙江杭州）、草木樨根茎切片（四川成都）泡草木樨药酒各一瓶，作为对照的原酒一瓶，共三瓶，放在书架上，可以日日观察。酒是牛栏山二锅头，清香型，酒精度50%，红瓷瓶1斤装。草木樨种子和切片装到纱袋系紧。倒入二锅头，要求浸没纱袋。只做定性考察实验，因此没有称量，以便计算药酒中的配比。

20180520

两瓶药酒的颜色明显发生变化，整体呈棕色。其中远离药材的上部液体颜色浅，药材附近的液体颜色深。

20180523

到目前为止，在北京各公园和单位里发现的草木樨都没有什么特别的香味，茎叶和花，怎么揉怎么闻，都没有特别的香气，很难跟香草联系起来。

查北京植物名录，知道北京地区有三种草木樨属的植物，分别是白香草木樨、草木樨和细齿草木樨。草木樨早期有黄香草木樨之称，是《中国植物志》认定的芸草，产东北、华南、西南各地，花期5—9月。而细齿草

图 61　草木樨籽和根茎切片的白酒浸泡实验。左瓶是对比的白酒，中瓶是草木樨籽，右瓶是根茎切片。

木樨“香豆素含量较少，味较甜，适口性好”，产华北、东北各地，花期 7—9 月（《中国植物志》）。

根据《中国植物志》对草木樨属的介绍来看，我找到的应该不是草木樨，所以植株没有特别的香气。可是如果说是细齿草木樨吧，花期又不太对，因为奥森西门附近的那片草木樨已经都开黄花了。

因为北京地处华北，并非有香气的草木樨产区，在北京郊野即使有散逸的草木樨，也应该不常见，不容易遇到。看来得找机会去江南或者四川探访了。

补注：其实我看到的就是草木樨（*Melilotus officinalis*）。晒干后植株才有明显香气。

20180526

周六上午去奥森采集草木樨标本。在西门五环小广场边上的草坪采集了两株，又在湿地荷塘北边的草地中发现不少正开花的草木樨。这块地的草木樨比西门草坪的草木樨植株高大很多，分枝丛生，挖了一株。

回来用京东上购置的标本夹（A3尺寸）夹放。湿地的草木樨枝多且高大，剪成两束分放，带根的那束折成N字型，不带根的那束折成V型，才能夹进A3吸水纸中。西门那两株尺寸正合适，不需要特别的扭折。有些人说要经常换吸水纸。我担心换的时候，这些脆弱的枝叶会断折脱落。两三天后看情况再说吧。

今日又确认了一下草木樨和苜蓿的味道。苜蓿稍带甜味，而草木樨有清晰无误的苦味。湿地草木樨的确是“茎圆中空”，不过中部空的地方很小，

图62　标本夹和草木樨标本。

大约是直径的四分之一到三分之一，且并非处处中空，也有些地方为实心。至于空心与实心的分布有何规律，以后再详细考察。

所内篮球场东边草坪有工人在补种新草，原先石板间的那株草木樨还在，后又在草坪东南角近路边的位置发现一株更小的。因为走路总是低头在路边寻觅，发现的草木樨越来越多了。

北京地区草木樨相关资料查询——

查 1992 年修订版《北京植物志》：北京地区有四种草木樨属植物，除了白香草木樨是开白花的，其他三种都是开黄花的。三种黄花品种中，“茎直，高 1 米以上，有香气”的黄香草木樨应该是我想找的芸草，但是这种植物“北京偶见栽培”，大概是少数单位栽培作研究用；另外两种分别是细齿草木樨和草木樨。细齿草木樨“茎直立，高 20—90 厘米，有分枝，无毛……见于怀柔县、延庆县、昌平县及门头沟区。生于山坡、沟边、田埂、路旁”。草木樨则“茎直立，株高 60—90 厘米，分枝多，无毛……北京各区、县较常见。生于山坡、田边、路旁、河岸及荒地草丛中”。对比之下，奥森西门的比较矮，基本上是单株，无分枝，应该是细齿草木樨，而湿地的明显高大一些，且分枝很多，则是草木樨。

但是 1998 出版的《中国植物志》第 42（2）卷则言：“以往把东亚产的鉴定作 *M. suaveolens* Ledeb.，欧洲产的为 *M. officinialis* (Linn.) Pall.，以花的长度、果实表面网纹和胚珠数目来分。但这些特征相互交叉而且差别甚微，难以区别作二种，故予归并。”就是说，《中国植物志》认为黄香草木樨与草木樨并无本质区别，都归入一类，中文学名为草木樨，但是拉丁名用了黄香草木樨的 *Melilotus officinalis* (L.) Pall.。

《中国植物志》的分类依据也许更为科学，但是对我来说，没有把有香气的草木樨鉴别出来，怎么说都是一个大大的退步。我个人更愿意为那些植株有香气的草木樨保留“黄香草木樨”这个名字，并认为这才是芸草，而不是所有的草木樨都是芸草。但是自己并不清楚黄香草木樨的香气是植株本身就有，还是植株干燥以后才有。

下边是收集来的北京地区黄香草木樨资料汇总，想着有机会去查看：

1962年北京师范大学生物系编写的《北京植物志》声称黄香草木樨分布在“北京动物园、百花山”。北京动物园清末和民国时还兼做植物园和农事试验场，1949年后先是作“西郊公园”，1955年后改为“北京动物园”。不知此处的黄香草木樨是栽培的还是野生的。

1992年北京师范大学生物系修订版《北京植物志》对黄香草木樨则改称“北京偶见栽培。东北、华北、西北及西藏也有分布，长江以南各省、区有野生”。

香山公园管理处2001年编《香山公园志》记录主要植物有黄香草木樨，“路边草丛（较多）”。

怀柔县志编纂委员会2000年编《怀柔县志》列出6种野生蜜源植物中就有黄香草木樨。

宫兆宁，宫辉力，胡东2012年编《北京野鸭湖湿地植物》有黄香草木樨群落。

王志农等人报告人迹罕至的龙庆峡后河草甸有黄香草木樨。

朱绍文，蔡永茂，赵广亮主编《八达岭国家森林公园常见植物图谱》（中国林业出版社，2014年）：黄香草木樨“位于林场境内。盛于山坡、河岸、路旁、沙质草地及林缘”。

邢韶华编著《北京市雾灵山自然保护区综合科学考察报告》报告雾灵

山遥桥峪山坡、路旁有黄香草木樨，属脆弱种，数量应该不多。

20180528

查看标本夹里的标本，一打开就似乎闻到一股香气，茎叶花颜色俱在，但是发现一些小黑点，是小虫子。夹放标本时没有小镊子，因而没法儿清除这些小虫。发现有些叶子和花柱的位置并不好，当时也是因为没有镊子而没有仔细调整。镊子需立即添置。

查看吸水纸，看不出有吸水的痕迹，也就没有像很多书上说的更换吸水纸。重新夹好标本，用几本书压在上边，腾出标本夹，准备他用。

20180529

准备去一趟杭州，除了调整休息，也算是寻访芸草，因为很多有关草木樨和芸草的资料都涉及杭州，如下：

宋代沈括《梦溪笔谈》和《忘怀录》都记有芸草。沈括是浙江钱塘人，后来退居润州梦溪园。他所说的“江南极多”应该不出杭州和镇江两地。

清代陈淏子《花镜》记录了“水木樨”和“醒头香”，两种都被学者定为草木樨。陈淏子，一名扶播。自号西湖花隐翁，精通花卉栽培。明亡之后不愿为官，退守田园，率领家人种植花草并设“文园馆课”，召集生徒，以授课为业。

明代钱塘人高濂《遵生八笺》记录的“水木樨花”，很像草木樨。高濂曾在北京任鸿胪寺官，后隐居西湖。

清代汪绂《医林纂要探源》的“飞丝芒尘入目方”有注曰：“此芸香草，今名杭州香草，又名水木樨者，他种不堪用。”

《浙江植物志》草木樨，别名黄香草木樨，“产杭州、宁波（镇海）、开化、温州”。

20180530

入住赫纳酒店后，查了一下地图，因为已经是下午两点多了，决定去湘湖，那里游人应该比西湖少很多，或许有草木樨。坐了半小时地铁，出站找了辆摩拜，往山那边去，骑过一个不长的隧道，就到了湘湖。我沿着湖边公路骑行，路两边草地修剪整齐，野草不多的样子。40分钟后弃单车走越王堤，又爬越王城山，据说山上有越王城遗址。暑日没有太阳也闷热，汗流浃背之际也不忘四目逡巡，石径两旁，并无芳踪。登上山顶，林草遮目，不能四望，亦无风荡去浊气。吹箫一曲，缓缓收汗。

越王城遗址上有新建筑，为越王祠，2000多年的城墙大概已化成考古专家始能辨识出来的土。湖边或山上看见很多白车轴草，叶子肥硕。城郊楼盘外的草坪上，偶见矮小的天蓝苜蓿。

晚饭在上达堂衢州小馆解决，爆炒螺蛳、白辣椒炒泥鳅、毛豆、三个鲜肉小烧饼、两瓶啤酒。下边是我写在微博上配照片的文字：“上达堂衢州小馆。没想到浙江也有这么辣的菜。左边螺蛳就无名指或小指头大，豌豆大小的螺肉，轻轻一嘬就出来，非常入味，我们那叫嘬螺。中间白辣椒炒泥鳅，泥鳅切断，里边的籽散落出来，白辣椒和泥鳅都多了一种粉粉醇香的滋味，可谓惊艳。小鲜肉烤饼也很香。加上两瓶冰镇啤酒，吃了个肚歪。”

晚上用电脑查到《浙江林学院学报》2009年卷26第5期有一篇题为《杭州西溪湿地外来入侵植物现状与防治对策》的学术文章，表1“西溪湿地外来入侵植物一览表”就有野生的黄香草木樨，属于欧洲入侵物种，分布在湿地的路边、荒地。

文章是2009年的，离现在已经九年了。在中国九年可以发生天翻地覆的变化，谁能保证他们看到的草木樨还在呢。虽然如此，还是决定第二天去西溪湿地查找。

20180531

西溪湿地雨中行。

起了大早，坐公交车直到东门。从东门进，沿着绿堤西行。路两旁都是细心保养的绿化带，不可能有自己想找的野草，因此拐进林中的木栈道寻找。在木栈道下一个并不太斜的小坡时，左脚一滑，仰面摔落，翻到栈道下了，伞扔到了栈道的另一边。幸亏栈道离水塘还有两三米，否则后果不堪设想。记得什么武侠小说说过，再高的武功也禁不住脚下一滑。此后不再趾高气扬，而是如老人般躬身而行，必要的迟缓。

雨大时在厕所躲雨，在手机里翻出草木樨照片，问一旁休息的60来岁的绿化工人，他们应该见惯园内的植物了。大爷说过了前边的大桥（后来看到是同心桥），左边就有一大片；问他这里怎么称呼这种草，他说牌子上写有，还说花已经开过了。依言而行，几分钟后果然看到路边栽培的一片草，的确是羽状三出复叶，然而零星的几朵黄花，明显不属于总状花序，边上也没有植物标示牌。

又折回来查看桥东南面的沉水廊道，很容易看到白车轴草、野豌豆、天蓝苜蓿等。桥东北面有一块人工草坪，草坪边缘多是白车轴草和种植的观赏花。紧挨草坪的西边有一条石径（其实是水泥板铺的），石径旁显示樱李之类的小树，枝叶并不茂盛。走了一百多米，过一木框门，上了一大堤，两边皆为水塘。离木门框也就十几二十米，很快就在路右边看到一株草木樨，旁边还有两三株开白花的一年蓬（此草杭州特别多，几乎可以说是处处可见）。想起古代诗文经常芸蓬并举，比如芸台蓬观、芸阁蓬山的说法，梅尧臣亦有诗句“有芸如苜蓿，生在蓬藋中”，古人诚不我欺也。

此草木樨单株、有分枝，未至花期，连花蕾都看不到。折叶品尝，有典型的苦味。再走十数步，路左又遇两株；再过百来米，路左有一小群草木樨，皆为单株，分枝不多。这时又注意到草木樨茎的底部多数为红色或浅紫色，茎上纵棱明显。

掏出医药店买的医用剪刀来剪标本，却很难剪断，心想这药店卖的剪刀质量也太差了吧。后来在星巴克休息，仔细查看枝茎剪短处，发现茎已经木质化了，很硬，始悟草木樨为何还有“铁扫把”的别名。

找到这些草木樨后，继续北行。然而堤岸上的石径旁再也看不到草木樨了。这些草木樨茎叶、香气与北京奥森找到的并无太大差别，就是西溪的草木樨高一点。第一株草木樨5巴掌高，大约90厘米的高度。虽然没有花，还是采集了标本。

西溪湿地还有个雕塑园，都是一些与环境契合得很好的现代雕塑，应该都是国内外有名的雕塑大家设计的，有很多作品我很喜欢。回到宾馆时，鞋子已经湿透，进了不少水。

不甘心只看到没有开花的草木樨，想起各种植物类书都说草木樨多出现在荒野，于是跟杭州的朋友打听哪里有这样的荒地。时髦、另类并且爱写诗的效坤回说：“没有草地哎。杭州西面都是丘陵，南面都是工业区，北面是农田运河，东面嘛，不存在的。”可能觉得这些信息太消极，他又补充了一句：“远郊有一些森林公园，也许植物种类多一些。”时常在荒郊野外给女孩拍写真照片的夏扶摇直接发来一张定位地图，标定之处是钱塘江南岸的玉青生态园，大概是长野草的河滩，不知道她是否在这里给人拍过照。此地离国美象山校区不远，于是决定明日去国美看看王澍的建筑，然后再到江边寻草。

晚上又回到西溪，去西溪创意产业园区拜访蔡志忠先生。第二天发了一条微博："昨晚跟蔡志忠老师聊天聊过12点，喝了三种酒，有点晕。蔡老师送我一段萨特的话，自勉吧。98年以后，蔡老师研究数学和物理，笔记数不胜数，里边的细节一时看不清楚，但是这种对世界的好奇心，实在是佩服，拍几张笔记。"自己也作了一首打油诗，念给了蔡老师听："昔读庄子说，今听蔡子笑。万事且呵呵，一笔通大道。"讲到他自己在数学和物理方面我一时听不太明白的发现时，蔡先生说了几次："我可不是民科！"实在是一个有趣好玩的人。他发现的大道不一定会被世人承认，但是那又有什么关系，在自己的世界里，自己不就是大道？其间有问他郎日巴花在台语中什么意思，蔡老师似乎没有听说过这个词。

20180601

非常喜欢中国美院象山校区的那些建筑。

外墙上采光窗形状各异，排列组合，分散聚合，错落无所谓有致，自由不羁。起起伏伏的墙外走廊随意搭在各层的进出口上，与山坡一般的屋顶形成某种呼应。常规与方正是极力避免的。楼内楼梯躲在暗处，明处的走廊是上上下下的坡，如同之字形的山路——但是在山的内部。之字路两旁，一边是有各种采光口的外墙，是移步变景的镜中风景，形状各异的阳光打到地上，远望去很是梦幻，让人想捡起来。有时还有植物从采光口爬进来，伸出小手触碰行人的头。另一边是玻璃墙隔开的教室、工作坊、办公室等，就是山上的风景。是的，艺术家就是这座山上的风景，谢谢自由开放的你们不拒绝好奇的游客。

我喜欢这种直线折成的曲线，喜欢这相遇又相离的延长线，如同对生活的暗喻，欣喜与黯然神伤的拼贴，感觉就像走在诗句上，舍不得加快脚步，却又被什么急急扯向另一个拐角。

真想对着远方或深处大喊："我在这里。"

象山民艺博物馆后面有块草地，原本种有草或茶树，现在则长满了一年蓬。沿茶园边的石径上到山顶又下来。在国美校门口看到一辆小黄车，骑去到早上打车路过的路边荒地，应该是村民拆迁后留下的大片墟地，长满了一两尺深的草。白车轴草处处可见且肥，一年蓬频频点着少白头，无论风说什么都表示同意。并无草木樨的踪影。

又骑车向夏扶摇提供地址的江滩方向去，到处是拆迁和建筑，路时时被阻断，在一条小河边看到很多天蓝苜蓿，颇予人希望。好不容易骑到滨江公路，看到河岸上满是青草或芦苇，时有高大的柳树，路边护墙上写着"严禁下堤"的标语。偶尔护墙有小小的进出口，是水文观察站点，有人在江边垂钓，于是也推车进去查看。青草几乎全是白车轴草，要不就是比人都高的芦苇。另一处有新人在拍婚纱照，草地也都是车轴草，偶尔一两株一年蓬。骑到玉青生态园一看，情况大略如此，只得放弃。

换了条路线往回骑，骑着骑着就进到村里人家的断头路，只得退出来。中间在一村庄喝水歇息，不甘心空手而归，才下午两点多，不如到植物园去碰碰运气。然而用滴滴叫了出租车、专车和快车，都没有应答。看来此地太偏，根本没有司机接单，只好继续骑行。终于上到一条刚修好的宽敞大道，名为枫桦东路，一路向西再向北骑行，不担心迷路了。路边多有荒地，杂草遍布，有时我也下车查看，后来干脆不下车，就在人行道上边骑边看——反正也没有行人——终无所获。

后来在公路上骑，公路毕竟平整一些，只是偶尔瞄一下路边的草。突然看到七八米外有 1 米多高的草，顶端隐约有穗状黄花，心中大喜，肯定就是它了。赶紧停下查看。在一个高出人行道半米的坡地上，散布着不少草木樨，正开着花，坡地有翻整种菜的痕迹，不远处是房屋拆迁后砖瓦墟地。挑一株最高的来观察，七巴掌高（顶端到我下巴），根部有拇指那么粗，红色，茎圆中空确定无疑；有 18 个分枝（多分枝是也），分枝上还有分枝，典型的有 3—5 个分枝。其中有 5 分枝的那支，共结有 30 多串花穗，每串花穗可开几十朵花。如此算下来，整棵植株可以开成千上万朵小黄花了。还有一种没有开花的草木樨，混杂其中，它的叶片明显要比开花者宽大，可能与西溪湿地的那些是同一类。可能是两种草木樨？

另外，这两种草木樨叶子无论是揉还是嚼，感觉与西溪湿地以及北京看到的那些都没有特别明显的差别。因此，即便是黄香草木樨，大概香气方面也与其他草木樨没有本质区别（香豆素含量略有差异）。这时我能理解为何《中国植物志》将黄香草木樨这一划分取消了。

拿出随身携带的小铲，挖了一株矮小的开花草木樨，从高大的开花草木樨上剪了两分枝，未开花的草木樨也剪枝留存。采集到黄香草木樨，骑到一个叫滨之江的高档楼盘前，叫了一辆出租车直接回宾馆。洗澡的时候看到自己脖子和手臂都晒红了，形如熟透的小龙虾——是的，晚上吃的就是小龙虾。

后来仔细查看地图和自己的骑车路线，那块有草木樨的荒地属于正在筹建中的麦岭沙公园。我之前骑车去江边时走的是穿过公园中心的旧路，两旁都是房屋推倒后废弃的砖瓦。

20180603

小雨。单位草坪的那株草木樨终于被园工当作杂草消灭了。在石径间捡起干草，茎叶和根须俱全，看来是被园工一把扯下来的。叶子蜷曲，日照的一边已经枯黄，另一边还带青色，全株有清香。捡回来插瓶中纪念。

下午去办公室的路上查看体育馆东边马路的路边草坪上另一株草木樨，被刈草机割去了大半部，只剩底部五六厘米的枝叶。小叶叶缘 21 齿，1 叶脉 1 齿，肯定不是细齿草木樨（细齿草木樨的小叶边缘每侧各具锐齿 15—20 个）。

20180607

在回去的地铁上翻看朋友给的《外国诗歌名篇选读》，说是前些天在央戏附近一家不起眼的旧书店买的，我去过那家书店。第一篇是周煦良译的古希腊女诗人萨福的《失去的友人》，诗不长，我注意到以下这几句：

用她粉红的纤指使群星隐退，
并将她无边的清辉
铺上苦咸的海潮和繁花的原野，

同时在盛开的玫瑰花朵上，
在生长香豆花的地方，
在开放木樨的地下，洒下露珠香。

我直觉这香豆花或木樨应该与草木樨有关，打定主意回去查找此诗的英译本。再看诗后的解读：“《失去的友人》写三个少女之间的友谊。诗人萨福失去了女友阿狄司，不用自己的名义而用另一女友安娜多丽雅的名义和怀念之情来打动阿狄司的心，希图把她召回自己身边来。”云云。

这种“借他山之石以攻玉”的抒情方法的确构思巧妙。既然是借他人之口，诗人萨福就不必拘泥于自己的老师身份（阿狄司是萨福学生）而在言语上矜持忸怩，可以大肆铺陈安娜多丽雅（其实是她自己）如月高悬的姿容以及她对阿狄司的思念，直接喊出“回来吧”的热情召唤。不过呢，这诗歌的主题可不是什么女性之间的友谊，而是从古至今都有的女同性恋。

回来在网上查到此诗的英译版，果然“木樨”就是“the melilot”（有的英译本是“honey-lotus”或“sweet clover”），即草木樨，而“香豆花”实为“the lacy chervil”，或许译成欧芹、香芹等更不易引起歧义。萨福生活在公元前600年前后的古希腊（我国的春秋时期），这说明古希腊人已经熟知草木樨，很有可能在生活当中已经使用了这种香草。

补注：2019年年底在万圣书园看到哈佛大学田晓菲（她丈夫是著名汉学家宇文所安）编译的新书《萨福：一个欧美文学传统的生成》，赶紧买了回来细看。田晓菲重译了萨福的诗，所据文本为加拿大诗人安妮·卡森（Anne Carson）的英译本 *If Not, Winter: Fragments of Sappho*。然而田晓菲竟然把此诗中的“sweet clover”译成“苜蓿”，真是出人意料。苜蓿的确有“clover”之名，但“sweet clover”从来都是草木樨的一个英文名，绝非苜蓿。如果嫌草木樨这个名字不好听，又不愿像周煦良那样译成容易让人误为桂花的“木樨”，那译成甜苜蓿也好啊。

以下是涉及这句诗的田晓菲译本和所据的 Carson 英译：

露水优美地倾斜，

蔷薇怒放，柔弱的

细叶芹和开花的苜蓿。

And the beautiful dew is poured out

and roses bloom and frail

chervil and flowering sweet clover.

20180610

上午去东升八家郊野公园看之前发现的那片草木樨。昨日下雨，南区湖边的那块草地几成湿地。青草葳蕤，稗草的长芒在阳光中白亮耀眼，看不到开黄花的草。迂回走进上次发现草木樨之处，才能发现草丛中的草木樨，未见花蕾，只得打消采集标本的打算。

又去北边看小坡上的苜蓿，结果找了很久都没有找到，别说苜蓿，连小坡都不见了，唯有园外五环的车流轰鸣依旧。才想起苜蓿应该是在东区——几条马路把这个郊野公园分割成了互不联通的东、西、南三个区，需要横穿马路，从门口出入各园。也就作罢。

20180611

去奥森西门五环亭附近的草坪采了两棵草木樨。同时也注意到还有一些叶子明显大很多，但是不开花的草木樨，植株不高，看细齿很多，每边的细齿远远超过 15 颗，应该是细齿草木樨，也采了一株回来做标本。

草坪附近也有一株分枝很多，明显高大一些的，高度大概50—60厘米。从草坪边缘的灌木钻出，再往西走，快到一座桥的垃圾桶附近，有两株特别高大的草木樨，横卧路边草丛，扯直了可以高过我的下巴。

查看了湿地北边草丛中的草木樨，高度也是半米左右。草丛中还有很多开紫花的苜蓿，以及很多没有开花的草木樨。这些未开花的草木樨，叶缘细齿并不多，不是细齿草木樨。

以前在溪流岸边以及溪流北坡上看到的那些似苜蓿植物，现在开出了簇簇紫花，显然是紫花苜蓿。但是溪边也有几丛开黄花的草木樨，低矮，分枝极多，仔细查看，似乎是因为主枝被人折断的缘故，所以低矮。

20180617

上午去西安北站退票取票，顺便去了渭水边的西安湖湿地公园。以前来过几回西安，一直没看看渭水、灞桥，想起“秋风生渭水，落叶满长安”，还有自己老唱的“折不断灞桥长亭三春柳”，总觉是遗憾。骑了共享单车在湿地公园里乱走，水边草地和河堤路两旁很多紫苜蓿，湿地水边尽是芦苇，岸边沙土地长了一人高的蓬蒿之类。快离开时注意到芦苇丛边有串状的小黄花，心里一喜，过去一看，果真是草木樨。草木樨有不少，零星斜卧在芦苇中，最高的扯立起来可达下巴。折了一枝有花有叶的，可以夹在书中作书签。沿着水边小路走，看到路边有几株草木樨已经枯黄，还有几株已经到了花的后期了，花梗上只有顶端的一些黄花，下边的花已成垂籽。又看到芦苇中有一大蓬白花草木樨，似乎比草木樨还高一些，也掐了一枝留作纪念。

图 63　草木樨的成熟荚果。

20180623

起大早去奥森采集标本，结果早到了十来分钟，奥森6点才开门。进去后发现西门草坪有草木樨的那片草丛被刈除掉了。从零星躲过割草机的草木樨来看，花期已过，花梗上排满圆滚滚的垂籽。细齿草木樨叶片肥大茂密，还看不到花梗。路边垃圾桶边上几株草木樨还在花期。湿地芦苇边上尽是茂密的细齿草木樨，也不知道何时能开花。《中国植物志》说花期是7—9月。湿地北边那些草木樨也多是花期已过，只看到零星几穗花期过半的黄花。甚至还看到全株枯萎的干枝，花梗上只剩下籽的排排空壳。溪水边还有不少正开花的草木樨，仔细查看，多数花梗已经结籽，开花的花梗，下半部分也已经结出饱满的青籽。这批草木樨的花期看来在7月上旬就会结束。湿地还有另外一种没有开花的草木樨，成片生长，四处可见，叶片没有细齿草木樨的那么宽大，当然叶边缘上齿也没有那么多。这些草木樨不知何时会开花，尚无花梗，或者正处于草木樨不开花的第一年。如果是这样的话，处于第一年的草木樨也实在太多了。按理说第二年重新萌芽生长的草木樨不会比第一年的少太多。

这些花期已过的草木樨我不愿采集，没有开花的草木樨拿来做标本也不好看，只好收集一些花穗回来，晒干后也许可以给朋友掺到烟丝中。

20180626

发现放在塑料盒里的草木樨花发霉了，懊悔没有放在阳光下晒干。想起霉变的草木樨中含有双香豆素，牲畜吃了会出血不止，可作灭鼠药。

20180629

在国科大雁栖湖校区开科教融合的会议。晚饭后与一群同事绕雁栖湖散步，湖光山色令人心动，也没忘记在路边搜寻草木樨，时不时就落下大部队几十米，又加快步伐匆匆追赶那些无视风景、只管赶路和聊天的同事们。先是看到了不少苜蓿，后来看到开黄花的乍以为是黄花苜蓿，仔细观察，原来有5片叶。在北边拐过一个小河湾之后，在路边公园的草地发现了大量的草木樨。未到花期，连花穗都看不到。咀嚼其叶，确有典型的苦味。小叶上边缘上的细齿，也就十二三个，应该不是细齿草木樨。这些与奥森湿地那些未开花的草木樨很像，应该是同一种。揪了几片叶夹钱包里，再看同事又已经走出去好远。

20180630

早起在校园溜达了一圈，路边坡地，渠堤水道，寻觅无果。通往两弹一星纪念馆的路，有门卫把守，不让进。只能望望那边的远山和果园。总之，没看到草木樨，苜蓿也没有，只有一种不知何科何属的三叶的草。开完会没吃午饭叫车直接去了下苑，那里有李铁桥他们鼓捣的生活艺术节。村子里也有菜地和杂草。原本想找时间去村边的野地看看有无草木樨，结果遇到一些来凑热闹的朋友，再加上看演出，以及随后急忽忽赶来的暴雨——它们也好奇这些鬼哭狼嚎的实验音乐？——剩下的想法就是赶紧回去。

20180701

和家人去奥森。上次在湿地附近发现的一些草木樨又被辛勤的园丁刈割一空，一些刚开花和尚未开花的也岌岌可危。不再怜惜，见花就摘。发现两株正在花期的白花草木樨，个别细齿草木樨也开始开花。园内人多，可以听到远处音箱放大后充满电子力量的声音："呀啦索，那就是青藏高原。"上一次还有一位妈妈问我在干吗，然后冲远处手持抄网的女儿喊："XX，过来看叔叔采香草啊。"这一回游人坐在长椅或木墩上，充满狐疑地看一个扎着小发髻的人在草丛里采摘什么。的确，几米外就看不太清草木樨的花咯。

20180706

用小酒杯倒了一点草木樨籽泡的酒，颜色棕黄，映得杯壁一片金黄。如果用白瓷杯的话，那么眼前的这杯酒完全可以用《诗经》的句子"瑟彼玉瓒，黄流在中"来描述了，而这两句诗的确也是用来形容郁鬯香酒盛放在祼圭中的样子。（郑玄笺："黄流，秬鬯也。"孔颖达疏："酿秬为酒，以郁金之草和之，使之芬香条鬯，故谓之秬鬯。草名郁金，则黄如金色；酒在器流动，故谓之黄流。"）草木樨籽泡的酒明显带有一种不同于二锅头底酒的甜香气息，倒是吸引人去喝。拍照记录以后，一口灌下，却是又苦又烈，差点一口喷出来。立即感觉嗓子隐约有些肿胀，赶紧喝水，过好一阵才缓过来，除此之外没有发现其他异常。实验结果很清楚，这种酒可能闻起来很香，但绝对不是好喝的美酒。如果不是作为药酒来使用，那么用于祭祀可能最合适。

20180708

看见是阴天，于是又去奥森采集草木樨标本和花。湿地北边草丛又一批草木樨开花了，这批草木樨茎枝纤细，茎都是翠绿色，不像细齿草木樨那样是紫茎；叶子细小狭长，顶端钝形（像微型的木棒），叶上细齿不多（单边 8—10 齿），青灰色；植株高度 40—100 厘米；花穗最长有 10 多厘米。采集一株不太高的作标本，另外也采了株细齿草木樨。采集的花叶主要是这批新开的草木樨。虽然没有出太阳，但还是出了不少汗。

还有一事值得一记。左手臂可能被蚊叮咬了，从昨晚起一直觉得痒。突然想到草木樨有散血草之称，可以消肿化瘀，也许可以用来止痒。于是摘了几片草木樨叶，揉碎敷痒处，其实也就是涂了一些汁液，当时也没有感觉有效果。等过了几小时再想起这事，才发现早已经不痒了。不知道是草木樨的效果，还是自愈了。

人眼能分辨的最小尺寸取决于人眼能分辨的最小视差角（物体尺寸 / 距离），这个角度大约是 1/3440 弧度。草木樨花一般是 2 毫米大小，由此可以估算出可视距离（物体尺寸 / 最小视差角）约为 7 米。也就是说人可以看得清 7 米以内的草木樨的小黄花，7 米以外就绝对看不见了。这非常符合自己的视觉感受。

20180714

阴天，偶尔从云隙中射出一点阳光，就足以让人觉得燥热。去湿地采集了一些开花的草木樨，准备晾晒制成干草。很明显，7 月是草木樨又一个花期的开始。如果我理解不错的话，这个时期开始开花的草木樨都是一年生草木樨。奇怪的是，这一批草木樨的茎不是中空的，或者说中空很不明显，无论是那种有灰白色小叶的还是宽叶的细齿草木樨。另外，开花的细齿草木樨也多起来。

20180715

装了三小袋草木樨干草切片，用水浸泡。猜测这种方法是无法提取草木樨中的香豆素的，但是也想看看到底情况怎样。不到一小时，底部的水就明显发黄了。

20180716

草木樨的水浸液，下面棕黄色，上面浅黄色，可见水也可以浸出香豆素，如果水温高一些，效果应该会更明显。《救荒本草》拿草零陵香（草木樨）当野菜吃时，是先要把苗叶煮熟，换水淘洗干净，然后才加油盐调食。水煮的目的就是想排出苗叶中的香豆素，减少菜的苦味。改天采一把草木樨苗叶来试试。

补注：《救荒本草》中的草零陵香应是蓝胡卢巴，它与草木樨很像，曾经被植物学家定为草木樨属植物中的一种。

20180717

草木樨的水浸液，下面棕黄色更深，上面是浑浊的浅黄色，似乎有沉淀生成。开盖能闻到难闻的酸味，有气泡从药包里逸出，猜测有大量微生物和细菌繁殖，赶紧倒掉了。

20180721

早上去奥森湿地观察了一下。闷热潮湿，稍稍走动一下就浑身是汗，人如一驾行走的冷凝器。上周花开正茂的草木樨，有些花已经开过，开始结籽，而细齿草木樨开始成批开花。程瑶田在《释草小记·莳苜蓿纪讹兼图草木樨》所观察到的北方种草木樨："六月作黄花"，"（茎叶）较大、无气味"，应该就是细齿草木樨。

摘了几枝草木樨花枝夹放在书中，这才是真正的芸签。赠书给朋友时，嗅闻芸签上的香气，岂不风雅？

20180722

把灵香草干草的枝叶掰碎了装三小袋，用二锅头泡，看看会怎样吧。只是过了几个小时，颜色就成深棕色，胜过之前草木樨浸液。我估计倒在酒杯里看，也可以用"黄流"来形容。

草木樨种子浸水实验——

实验想法由来有二：一是清代汪绂《医林纂要探源》的"飞丝芒尘入目方"所言，将水木樨（可能是草木樨）种子放到眼睛中，然后滚出眼屎就可以把落入眼中的"飞丝芒尘"携带出来。二是《本草纲目》对罗勒子治眼病的介绍："（罗勒）今俗人呼为翳子草，以其子治翳也……目翳（即视物不清）及尘物入目，以三五颗安目中，少顷当湿胀，与物俱出。”李时珍还提到了药方来源和自己做的实验：“《普济方》云：昔庐州知录彭大辨在临安，暴得赤眼后生翳。一僧用兰香子（即罗勒子）洗晒，每纳一粒入眦内，闭目少顷，连膜而出也。一方：为末点之。时珍常取子试之水中，亦胀大。盖此子得湿即胀，故能染惹眵泪浮膜尔。然目中不可着一尘，而此子可纳三五颗亦不妨碍，盖一异也。”因罗勒子善治眼病而被人称为光明子。我想了解草木樨子是否也像罗勒子一样，浸水后会在种子表面生成一层黏膜，然后利用这层黏液带出眼中异物。

几小时后观察，水变黄，草木樨籽略微变大，但不是湿胀的那种感觉。用手指揉搓籽，非常润滑，好像抹了香皂一样，手指也的确很香。但是草木樨籽上并无出现黏液。难道草木樨是通过润滑液而不是黏膜来滚出眼中异物？

考虑到草木樨子中的香豆素对血液循环有明显的作用，我更倾向于草木樨子可以用来治疗红眼病、沙眼等眼病。也许自己应该亲自试验一下。左眼放了三粒，闭目体会，转动眼球时有异物感，但是并不难受，也没有其他特别的感受。这样过了十多分钟，就睁眼看书做事，过了一个半小时再想起这事，眼睛里已经没有异物，怎么转眼球也没有异感。眼角也没有裹有草木樨子的眼屎。总之，草木樨籽不见了，大概是看书过程中被排出来了。

每年春夏或秋冬之交，过敏鼻炎都会导致眼睛瘙痒，总是忍不住去揉。今年秋天一定要试试这个办法。

20180725—0730

来青海西宁开会，没想到给安排了一个大会报告。因为正好是暑假，妻女也一块来了。会议期间同妻女去宾馆附近的人民公园走了走，湟水河傍公园而过，水浅流急，想起石可写过一首歌《湟水河》，歌词和旋律都忘了，好像是青海花儿。河岸绿草萋萋，但是并没有草木樨。

某晚去莫家街美食街溜达，吃到了著名小吃“狗浇尿”，做成粉肠的样子。知道里边添加了本地的香草胡卢巴，的确挺香，然而香味复杂，分辨不出香味来自油炸的效果还是里边添加的香料。

28 日报告结束，会议安排参观，我们包了辆车开始青海湖的环行，先去游览湟中的塔尔寺。司机小马领我们登观景台一睹山下塔尔寺全貌，发现前往观景台的小路旁尽是黄花招摇的草木樨，叶稀花密，花枝有一掌长，气味浓郁，叶子嚼来极苦，香豆素含量不低。连花带叶摘了两枝塞进女儿背包里。

参观完塔尔寺，出湟中城区不远，就看到公路边花开正盛的草木樨，有些草木樨有一人高，花穗极多，突然看见成片生长的草木樨，很像油菜花田的样子，有点炫目，我在奥森从未见过这样的草木樨花田。但是也疑心自己看到的就是油菜花田。当时应该叫司机小马停车，自己过去查看一下的。

在倒淌河吃的中饭，吃到了至今念念不忘的狗浇尿饼，饼很薄却很有韧劲，关键是很香。妻子有高原反应，没有胃口，女儿不爱吃，被我一个人全吃下去了，有点撑。

远望时青海湖好像浮出地平线的样子，真像一滴巨大的蓝色眼泪。可惜夜晚灯光还是很亮，看不到银河。第二天去了查卡盐湖，管理有些混乱，水没过腿肚，水深起浪，天空之境的效果没有出来。一路上的高山草甸，线条舒缓的山脉，不断变换方向，怎么看都不厌倦。当天夜里赶到祁连县城，入住国际青年旅社。

次日游览卓尔山，除了高山草原和花甸，还有雪山、河流和森林，风景极好，然而时间有限，只能留待下次再来。中午返回，在门源再一次欣赏油菜花田（青海湖边已经看过一次）。翻过达阪隧道，在黑泉水库附近下到宝库河时，公路两旁再次出现很多开着黄花的草木樨，忍不住叫司机停车，下去采了两株回来。

20180810

去国图翻看香料方面的书籍。9点开门，我9:10左右到的，北区各层的座位就快坐满了。不过似乎有一些人是专门来睡觉的，歪躺在沙发上，身边也没有书籍。许晖《香料在丝绸的路上浮香》一书文笔很好，古旧的装帧也漂亮，介绍了由丝绸之路流传到中国的十四种香料及其相关的故事。然而就我相对熟悉的一种香料来说，许晖的论断有问题。许晖说周人用来酿造郁鬯香酒的郁草不是郁金香，而是姜科的郁金（即姜黄）。前一个判断正确，后一个结论却是错误的。可能是为了避免与这个结论矛盾，许晖根本没有提及唐代之前诸多郁金香草为主题的诗赋。从这些诗赋可以一眼看出，制造郁鬯香酒所用的郁金香草应该开金黄色花，而绝不像姜科郁金的花那样白中带粉红。另外，用郁金香草制造郁鬯香酒时，所用部位是叶子。至于姜科郁金，众所周知它具有香辛作用的部位是块茎而非叶子。姜黄的块茎捣碎了应该可以用来和酒调香，它的叶子却是不可能具有如此功效的。由这两点就足以断定郁鬯所用的郁金绝非姜科植物郁金。

20180811

奥森的细齿草木樨全都开花了，湿地那片区域，可谓处处皆是。很奇怪以前那么多年居然从未注意到这种草，可见草木樨的花是多么不起眼，实在是太小了。最后折了两枝。

20180812

看到朋友圈有人发出一个小视频，小标题为“唐卡班日常——纯天然植物空气清新剂”，还配有一段文字说明：“这是一种叫 འཁན་པ། 的植物，山上随处可见，每当画室大扫除后就会用它来当空气清新剂用。用法是均匀地铺在地上，然后用脚踩出汁水，味道就像是混杂着青草土地还有少许藏香的味道。开始味道很浓，不适应会被呛到，但是马上就会慢慢变得柔和，味道也变得带点糖果的淡淡甜香。”

“带点糖果的淡淡甜香”这几个字让我产生了兴趣，点开视频看到几个藏族青年在地板上踩踏摩擦某种香草。香草看起来比较高大粗壮，应该不是草木樨。大概有人询问，后来这个朋友在朋友圈对香草做了一点说明：“野蒿。菊科药用植物名。味甘而苦，性凉，功能止血，熬水浸浴，能消肢节肿胀。”原来是蒿属植物，但还是想知道具体是什么植物。网上查 འཁན་པ།，没有出来什么有用信息，视频中香草的植株特征也很模糊，于是就跟这位朋友索要了植物的清晰照片，也知道地点是四川德格宗萨。有了照片就可以跟网上搜索来的蒿属植物对比。

因为香草可以产生“带点糖果的淡淡甜香”，我怀疑这种蒿属植物含有香豆素。《中国植物志》也的确说有少数蒿属植物含有香豆素，如白苞蒿、茵陈蒿和猪毛蒿等，但是这些蒿属植物的形态跟照片差得比较远。

在网上搜寻半天，最后才弄清楚香草是大籽蒿，或大子蒿，另有白蒿、大头蒿等别名，藏语名 འཁན་པ། 读为“肯甲”或“侃巴”。《中国植物志》称大籽蒿“广布于温带或亚热带高山地区……西南省区最高分布到海拔 4200 米地区……含挥发油，并含内醋类及薁类 (azulens) 物质”。再进一步查阅其他文献，可知大籽蒿的挥发油主要含桉叶油素、丁香烯和樟脑等，并不含有香豆素。大籽蒿的甜香气味和消散肢节肿胀的功效都跟香豆素无关，具体来自哪种化学成分我就不关心了。

20180819

收到网购的法国顿加豆一瓶，92 元 /50 克，快递费 8 元。加上前些天买到的俄罗斯草木樨蜂蜜、马达加斯加香草豆荚，改天找个朋友一起来品评这些香料的香气。

20180825

这两天忙着在网上查找西方药书里草木樨相关的材料。偶尔发现好些文章说公元前 1550 年的古埃及药书《埃伯斯莎草纸》某药方用了草木樨：“治疗肠病：草木樨 1 份，海枣 1 份，在油中煮，膏涂在病患处。”如此，古埃及人在 3500 多年以前就已经发现草木樨的止痛作用了。然而这些文章都没有给出引文出处。辛苦下载了《埃伯斯莎草纸》的古埃及文本和英译本，并没有找到草木樨相关的字眼，其他综述书籍或文章总结《埃伯斯莎草纸》中的数十种药用植物时也没有提到草木樨。

我并不相信有人故意编造那句话，写那些介绍古埃及医学文章的人不会这么无聊。没办法，只能改变各种关键词和组合来继续搜寻。功夫不负有心人，终于找到这句话的出处，原来是 1898 年 G. Maspero 撰写的法文书籍 *Etudes de mythologie et d'achéologie égyptiennes* 卷 3，专门介绍《埃伯斯莎草纸》一章中列举出的几个药方，其中就有草木樨这个。不过这段法文在草木樨一词后面还有一对括号，括号里是“awa?”，感觉是译者并不肯定自己的翻译。问在法国待过几年的朋友，似乎awa也不是现在的法语单词。根据此书所列文献，找到德国最早出版（1875年）的两卷本《埃伯斯莎草纸》，卷一有此方的手抄原文。Wreszinski（Leipzig, 1913年）对此手写文本进行古埃及文的释读，该方涉及的两味药分别是[illegible]和[illegible]。对这两个词的翻译，译者各有理解。

最终明确《埃伯斯莎草纸》中的[illegible]有多种理解，草木樨只是一种可能，并不是确凿无疑的结论。在《埃伯斯莎草纸》的药方中[illegible]出现了十余次，用来治疗肚子或泌尿系统疾病，驱除身体中的虫子，治疗恶心、麻风、肢体肿胀（和溃疡）、淋巴结核、眼病等。可以看到，除了麻风，其他治疗都与后来欧洲民间草木樨的用途相同，由此可见，把[illegible]释为草木樨也是有道理的。

另外，在收集《埃伯斯莎草纸》的各种译本中，比较苦恼的事情是很多国外网站，比如谷歌图书、Woldcat、Archive无法登录，上边很多免费文献无法阅览。

20180904

晚饭后去了一趟万圣书园，买了两本书，其中一本是谢泼德的《神经美食学》，主要想了解嗅觉工作原理——人类描述嗅觉时为何语言那么贫乏，往往只能用“像什么一样的味道”这种比喻来形容嗅觉。然后去华清嘉园的济安堂中药店，想买一些香药，结果看到那个地方正在装修，药店的牌子也不见，不知道药店是不是撤走了。

20180911

进入9月，过敏性鼻炎又开始犯了，鼻塞流涕眼睛痒，很是难受。今日想起草木樨籽治目的事，正好可以拿自己做做实验。用水泡了几十粒草木樨籽，过了十来分钟，用手指拈出几粒，往眼睛里放，不太顺利，远不如滴眼药水方便。好不容易放进一两粒，转眼珠时有异物感。可是闭目养神之时，能感到有细颗粒从眼睛坠落身上，然后落地时轻微一响。用手摸眼角，已然有排出来的草木樨籽。总之，草木樨籽在眼睛待不住一分钟的样子。看来还是需要有人帮忙往眼睛里放草木樨籽。

20180926

《中国蜂王》这本书讲述朱其琼的养蜂经历，非常有趣。其中说到朱其琼听说内蒙古“赤峰一带种植着一望无垠的苜蓿和草木樨，是北方夏季的上佳蜜源”。于是他们装了200多个蜂箱前往。最终他们在内蒙古元宝山火车站以北一个名叫哈拉道口的地方发现了成片的草木樨。“草木樨开花的时候，空气中弥漫着一种特异的香味，招惹得蜜蜂十分兴奋。它在六七月开花，流蜜期长达20天。”这是1967年左右的事情，不知道现在那边是否还有大片草木樨，很想去闻闻那特异的香味到底是怎样的。

有介绍说草木樨蜂蜜“口味清淡而带有强烈的肉桂味”，这是西方人的说法，因为他们经常接触肉桂。中国人用桂皮，只是在煮东西的时候会与其他香料一同加入汤水中调香。所以说，肉桂是什么气味，大概还是非常陌生的。

20180930

王春煦《蜜源信息预报》（2004年）一书有草木樨分布地区信息，虽然是十几年前的信息，但是也可以作为将来自己考察草木樨花田的出行参考。信息如下：

> 草木樨分布广泛，以东北、西北、华北地区为多。全国约有66.67万公顷。辽宁省约4万公顷，主要分布于建平、朝阳、北票、凌源、阜新、彰武、义县、绥中等地；吉林省约有1万公顷，主要分布于长岭、前郭、扶余、乾安、洮安、农安、双辽、怀德等地；黑龙江省约有4万公顷，主要分布在泰来、龙江、甘南、青冈、安达等县；内蒙古自治区约有13.33万公顷，主要分布于呼和浩特市、伊克昭盟、哲里木盟、赤峰市，其中以伊盟草原地带较多；陕西省约有20万公顷，主要分布于清涧、米脂、吴堡、绥德、佳县、靖边、定边、横山、志丹、吴旗、子长、延长、延安、富县等地；甘肃省约有4.67万公顷，主要分布于天水、礼县、甘谷、泰安、通渭、定西、会宁、灵台、华亭等地；宁夏回族自治区约有4万公顷，主要分布于西吉、海原、固原、盐池、同心等地；新疆维吾尔自治区约有3.33万公顷，主要分布于石河子、塔城和喀什地区；陕西约有6.67万公顷，主要分布于左云、右玉、平鲁、朔县、五寨、偏关、神池、保德、静乐、宁武等地；河北省约0.4万公顷，主要分布于赤城、崇礼、丰宁和围场等地。
>
> 河南的通许、尉氏、灵宝等地；安徽的亳州、涡阳等地；四川的马尔康、茂汶、汶川、金川等地；云南的蒙自草坝也有栽培。

山东的黄河三角洲和沿海地区有很多野生黄香草木樨。

20181010

中午去了一趟奥森，蓝天白云，阳光从云层钻出时，打在背上，非常舒服。几乎所有的杂草都被芟刈掉了，偶尔遗漏一两株草木樨，枝上总有一两穗黄花，花穗多半很小，显出营养不良的样子。

20181107

在百望山蕙枫桥看到一片碧绿的紫花香草（以为是罗勒，在手机里写下："大片碧绿罗勒仍开着紫花，从桥头滚下坡去"），揉碎闻，一种带有薄荷清凉感的香气，又怀疑是薄荷，但不确定。好奇什么香草在立冬之日还能茂盛且开花。后来沿东边的水泥马路下山，路边也很多这样的香草。

回来在网上查罗勒、薄荷、香薷等香草的资料和照片，都不太像。最后用手机 APP"形色"识别带回来的花枝，说是"六座大山荆芥"，其介绍如下：六座大山荆芥《中国植物名录》没有收录，名称采用北京中科院植物所植物园标牌。六座大山荆芥是常用花卉植物。香草，可供食用。全草入药。六座大山荆芥是属内杂交种，《中国植物志》没有收录，颇有一些神秘色彩。

六座大山荆芥实乃荆芥中的一种。荆芥也有薄荷之别名。又因为猫吃了这种植物，会兴奋如醉，还可以帮助猫吐出腹内毛球，所以也称"猫薄荷"。古人往往不能区分荆芥和薄荷，所以北宋文士陆佃有言："薄荷，猫之酒也；犬，虎之酒也；桑葚，鸠之酒也；莔草，鱼之酒也。"

看了这个来源不明的介绍，猜测这种荆芥会不会是科研人员鼓捣出来的一种抗寒新品种，所以 11 月了还绿油油的，并能开花。

20181125

收到淘宝来的电子熏香炉，急不可耐地试用。按照说明把温度设置成 220 摄氏度（其实稍高一点，因为担心温度不够），挖了两勺草木樨提取物放入香料盘，盖上炉盖，通电加热。很快就闻到了草木樨那种典型的甜香气息，并不觉得强烈，有时甚至需要凑近一点闻，才能验证闻到的气息印象。如果仔细观察，可以看到从熏炉孔隙中冒出的若有若无的袅袅青烟。感觉烟气微弱，可能是我香粉放得不够多，或者温度不够高。然而其间我出去了一下，再进屋时，这甜香气息却是非常明显，甚至有点过于女性气息了。

过了大概半小时，查看香粉，原本黄绿色的香粉已经变黄变棕甚至变成了黑色，觉得这碳化速度有点快了。用镊子拨弄，香粉中出现一些闪亮物质，并且有板结现象，似乎加热过程中香粉中出现了晶体和胶状物质。我用镊子将没有完全碳化的粉末分散开，温度调到比 220 摄氏度稍低，继续加热，直至大部分粉末碳化变成黑色，熏烧的时间大概一小时。

总的看来，电熏炉的效果还是不错的。也验证了草木樨香粉的香甜气息的确好闻，没有药味等难闻的气味。

20181127

昨晚继续草木樨粉的熏香试验，温度调节到 190 摄氏度左右，烟气不明显，香气还是挺浓郁。早上观察香粉熏烧情况，发现香粉颜色基本都变

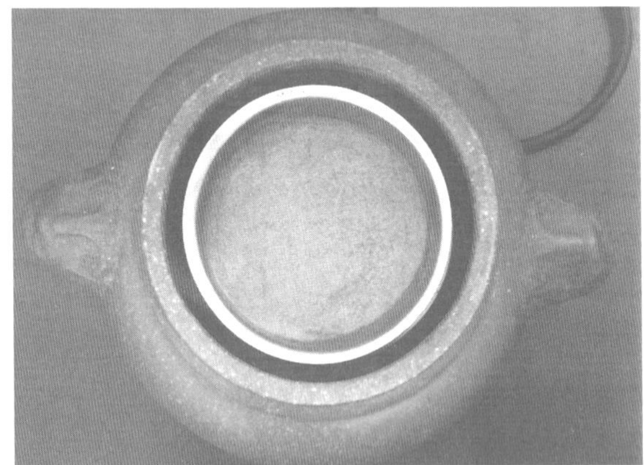

图 64　可定时、调温的电香炉（上），香料盘盛放粉状的草木樨提取物（中），熏烧后香粉碳化结成饼状（下）。

棕黑色了，厚处的香粉颜色稍浅一些。用镊子触碰，发现香粉已经板结在一起，而且可以整个地取出来，就像一块烘糊的饼干。香饼的底部那一面是全黑的，中心部分有白闪的物质，应该是析出的晶体，不知道是不是香豆素。

换成黄绿色的零陵香粉来熏烧，调成 200 摄氏度，不一会儿就能看见明显有烟气升起（说明香粉中纤维成分很多），气息是焦香味的，带有淡淡的药香和干草味，完全没有糖的感觉。大概一两小时后，气味减弱，香粉也基本碳化变黑。香粉没有板结现象。

20181128

熏烧佩兰粉，200 摄氏度。直接闻罐中香粉，香气中带有某种药味，并不特别令人亲近。熏烧出来的香气并没有多大不同，不过是加速香粉中香气物质往空气中散发而已，所以同样觉得这佩兰熏烧的香气也不怎么样。然而从室外进到室内，却能明显感觉到香气带有淡淡的糖的味道，算得上怡人了。可见人所感受的气息与香气浓郁程度也有莫大的关系。

20181201

继续熏烧佩兰粉，200 摄氏度。不知为何今日熏炉冒很大的烟，掀开炉盖看，圆锥形的佩兰香粉堆顶部已经烧黑了，底部反而没有变色，用镊子拨开黑顶，居然看到了几点火烬。火烬遇到新鲜空气，陡然变大，烟也变浓了。我担心触发烟雾报警器，赶紧用不透气的厚纸盖住熏炉，然后打开门窗散气。香粉平铺之时，与高温的香盘底部接触面积大而且近，反倒没有这种现象，这其中必有什么道理。

20181202

熏烧泽兰粉（泽兰学名地瓜儿苗），200 摄氏度。泽兰粉闻起来比佩兰粉差劲，佩兰粉是香气中带有淡淡的藿香药气，而泽兰粉的香气不清晰，苦味倒是明显得很。难怪古人不会在身上佩戴这样的香草。熏烧出来的香气好多了，一种干稻草的香气。从室外进屋，闻到的香气与熏烧佩兰也没有太大差别，都是一种甜糊糊的香气。

20181203

熏烧茅香粉，200 摄氏度。茅香粉闻起来有柠檬草的味道，我怀疑就是香茅粉，不是真正的茅香粉。烟气比较大，室外进来，就是香茅草的气味，没有明显的香甜气息。不过坐一会儿，香气的感受就弱了。所谓久居兰芝之室而不闻其香。

20181206

收到草木樨粉，淘宝上的，说是可以磨粉，就订购了 2 份。颜色暗绿，手感有点像面粉，觉得过于细腻了。没有明显香气，手指沾了一点品尝，也没有明显的苦味，反而一嘴的泥土。熏炉烧，还是 200 摄氏度，有柴火熏烧的香气，香粉颜色略变深，但是没有变黑，确信里边掺了不少泥土。与货主交涉，货主答应退款，对香粉的质量问题，推作不知。

20181216

熏烧胡卢巴粉，200 摄氏度。胡卢巴粉绿色带一点黄，香气带一点苦味，令人产生食欲。熏烧时，有油性的焦香气息，开人胃口，这是一种令人总是联想到油炸食物的香料，难怪西北人用来作食品调料。可令人垂涎，但绝无甜香气息，不适合用于容饰。

20181217

在淘宝买不到草木樨粉，一家寄来的是掺有泥粉的假草木樨粉，另一家说所在城市为了环保，所有药材打粉操作须关停一个月。几天前突然想到为何不买研磨机自己来打粉？在淘宝上一查，果真有售卖家用打粉机的，才一百三十八元，太便宜了，赶紧订货。今天到货，先用普通的干花草试试，果真可行。就是打粉过程中，声音很大，我都担心机器散架零件飞出来，也担心噪声影响到隔壁办公室的学生。好在就只要忍耐一分多钟。

图 65　陕南安康的香苜蓿（胡卢巴）干草及其打制的草粉（浅黄色）。

图 66　草木樨干草切片及其打制的草粉（灰绿色）。

20181219

这两天都在鼓捣草木樨粉。四川成都瑞丰成买来的草木樨干草切片，打开包装袋可以闻到淡淡的甜香味（类似某些香烟烟丝），打粉机打出的既有粉也有丝，还是同样的甜香味。200 摄氏度熏烧，气味则变得粗糙很多，有木头的焦香，有药香，那种温馨的甜香似乎被掩盖了。即便去楼梯口深呼吸一阵（相当于重新进行气味格式化，以避免测量误差），回来嗅闻，仍旧很难嗅出该有的甜香气息来。而且，这香气似乎很容易消散，不像佩兰熏烧出来的甜香，久久萦绕在房间里。

20181226

熏烧草木樨碎花。夏天在奥森采集了一些草木樨的花穗，在厨房阳台上晾了几个月，早已枯黄，嗅之无味，初采之时揉碎是有微弱香气的。用手轻轻一捏，既成碎末，于是干脆揉碎（仍是无味），香炉熏之。温度调到 220 摄氏度熏烧，不一会儿就有焦香之气逸出。甜味并不明显，却有一股火气从香气中刀剑般挥舞出来。过了十来分钟又仿佛闻到了一种甜香，不由得想起草木樨蜜。我望了一眼窗台上的来自俄罗斯的草木樨蜜，呃，已经有一阵没有舀蜜吃了。然而这种感觉倏忽即过，就像一阵风。

20181227

秋汉来办公室还车钥匙，我问他闻到什么味道没有，他说闻到了，像西餐用的那种香料味道。我虽然知道不少西方香料名字，但是吃西餐不多，不知道西餐用的香料有些什么样的香味。一直在想怎么描述草木樨干花熏烧的香气，刚才想到，可以用“烤豆子的焦香味”来描述。小时候过年时，家里会在铁锅里炒黄豆，炒得焦黄时就会有这种类似的香气，然后撒一把白糖进去，在豆子上蘸一层糖衣，这就是一种不错的零食了。

20181228

熏烧自打的草木樨粉。与熏烧草木樨干花相比，除了焦香，还多了一些木头熏烧的味道。毕竟香粉主要来自草木樨的根茎，木质成分比例很大。

20190109

熏烧草木樨籽。豆香和焦香气息中，还含有令人垂涎的油炸香气，让人想起胡卢巴粉熏烧的香气。

芸隐记暨跋

虽说芸草失传已久，但仍挡不住风雅之士在自己房前屋后种植他们心目中的芸草，然后顺理成章地以“芸”字自号或命名自己的书屋。明代著名教育家赵撝谦就记录过他的同乡好友张与权，喜欢种植芸香草，因此把自己的书室命名为“芸香室”。清乾隆陈树德《安亭志》记录有明代沈廷珪建造的芸轩：“芸轩，沈廷珪构。廷珪读书善声诗，藏《六经》、子史及传记于此，阶前后植芸，以辟蠹，名曰芸轩。”至于他们种的是什么芸草，就不得而知了。

在这些“芸”字自矜之词当中，我最喜欢“芸隐”。

南宋镇江府丹徒人施枢，字知言，自号芸隐，隐于书籍之义。这大概与他做过溧阳知县这种七品芝麻官，自感怀才不遇有关。宋寇准任巴东知县时，写过《春日登楼怀归》：“野水无人渡，孤舟尽日横。”舟本济人之用，而今横在野水中，寇准以此喻怀才不遇。施枢也是知县，故而在自己的诗集《芸隐横舟稿》自序中引寇准诗说：“先正诗云：‘野水无人渡，孤舟尽日横。’与枢官业偶同，遂命曰《横舟稿》。”诗集名《芸隐横舟稿》，意谓自己怀才不遇，只好沉隐于书籍之中。

清末藏书家丁丙有书斋，名为“芸隐斋”。丁丙字松生，号松存，钱塘(今杭州)人。他家族最为人称道的是“八千卷楼”，为清季全国四大藏书楼之一。另外，丁丙与兄丁申对西湖文澜阁《四库全书》的保护也有很大功劳。丁丙在《先人老屋记》记录了“芸隐斋”及其名字的由来：

> 芸隐斋在翠螺阁之东，小筑三椽。明窗几净，尘影炉香，饶有幽趣。阶下细草如茵，杂莳花木，蓊翳可爱。爰取宋施知言先生自号以颜吾斋，籍志景仰之意。仁和顾子谨、钱塘钟越生有记。

丁丙说“芸隐斋”之名来自施枢的自号，不过没有细说其中的道理。但是这段文字提到顾子谨（言）和钟越生（以敬）写过《芸隐斋记》，这两篇文章对“芸隐”取名缘由，特别是“芸隐”的含义倒是多有提及。

先看丁丙好友同时也是联姻亲家顾言的《芸隐斋记》。其实这篇文章主要就是顾言一问，丁丙一答，最后顾言一番感慨。顾言先问：“古人有隐于朝者矣，有隐于市者矣，有隐于山林者矣。芸为小草，昔人植于书窗之下，尝摘其叶以辟蠹。此非可隐者也，而子以‘芸隐’名，何故？”这也是我们看到丁丙“芸隐斋”或者施枢自号“芸隐”时自然就会想到的疑问。

丁丙的回答很长，先是回顾先祖、先父以及他和先兄的聚书藏书历史，又说自己藏书却不能逐一读之，辜负收藏之意，然后解说芸隐之义：“人唯有清洁之志、淡泊之心，则无论在朝、在市、在山林，皆可以隐名。今吾因防书之蠹而植芸于所居之处，取其叶以辟之，独不可以隐名乎哉？”言下之意，只要有淡泊清洁之心志，藏书也可隐名。丁丙接着说施枢以“芸隐”自号，“吾袭之以名吾斋，亦景仰高山之意也”。最后丁丙戏谑反问顾言：“吾子卜居南班，里中掌故亟宜详考。曷起先生与九泉之下，而与之论‘芸隐’名义乎？”为什么不把施枢先生从九泉之下请出来，跟他讨论“芸隐”的名义呢？

很显然，丁丙不愿继续讨论或者纠缠“芸隐”的含义，他只是想用“芸隐”二字来表明自己一则愿意归隐于藏书，二则向施枢致敬之意。不过，从丁丙的回答可以看到，他的居所的确种植有芸草，并且以之辟蠹，所以丁丙认定自己书斋取名“芸隐”是名副其实的。

那么丁丙种的芸草是什么植物呢？顾言好像对此并不关心。

但也有人的确好奇丁丙种植的芸草。不知道几年后，钟以敬、任芍卿和黄勤孙三人寄住丁丙家，在芸隐斋并坐聊天。他们看到了顾言写的《芸隐斋记》，了解到“芸隐斋”命名之义。任芍卿是个好奇的人，问钟以敬：“芸香能辟纸鱼蠹，见于《博物志》。故藏书台称‘芸台’。自春至秋清香不歇绝，可玩簪之，可以松发，置书帙中去蠹，见于《群芳谱》。唯芸草世已失传，殊不可考。征君（即丁丙）所植之草若何形状，曷勿请于主人而共赏之，以析疑乎？”大家都是读书人，都有藏书辟蠹的需求，既然这芸隐斋种有早已失传的芸草，为什么不请主人出来给大家指点迷津呢？这实在是一个再自然不过的请求了。我猜测这位好奇的任兄，早已在芸隐斋前后巡视所谓的芸草，无所得才有此一问。

钟以敬的回答则反映了中国文士尚理轻物的一种典型态度：“不然。古人因物以见志，不必泥于物也。征君能继先志而保守藏书，则虽无芸而无殊乎有芸。”从这个回答可以看出，钟以敬明白芸隐斋并没有所谓的芸草。但是他认为有无芸草并不重要，古人只是用具体事物来表现自己抽象的志向和旨趣，志趣是重点，具体的东西本身并不重要，不必拘泥。只要丁丙能够继承先人遗志而把藏书事业做好，即便没有芸草，跟种有芸草也没有什么不同。面对钟以敬的这番大道理，任芍卿也说不出什么反驳的话来。

然而在我看来，就是这种重名义不重名实的传统，严重阻碍了科学和科学精神在古代中国的发展，至今仍有流毒。就拿芸草来说，如果写《芸香赋》的魏晋文人，写芸香辟蠹的那么多唐代诗人，稍稍注重一下芸草的名实，对芸草的植物特征有那么一点具体描写，芸草也不至于失传了。

再回到《芸隐斋记》来，钟以敬抛开芸草的名实问题之后，引用了《月令》《诗经》和《尔雅翼》等典籍关于芸草的说法，从芸草辟蚤虱的角度出发，谈自己对"芸隐"一词的感想体会："予素畏蚤虱，毷氉之际恒苦辄夜不寐。若果如《尔雅翼》所云，取其叶以置席下，一枕黄粱如陈抟之隐居华阳、谢傅之高卧东山，谓之芸隐，适如所愿。"这是苦于虱蚤的不寐之人心中的"芸隐"。

钟以敬的"芸隐"之思一下子打开了众文士的话匣子。

黄勤孙先自谦"吾侪小人仅知谋食"，然后引用《说文》《夏小正》《急就篇》和《拾遗记》等有关芸和芸薇作为菜蔬的记载，进而抒发自己的"芸隐"理想："吾苟得五亩之居，则无论为芸蒿、为芸薇，均加培植，亲为灌溉。绿云满地，苍翠可爱，取之以供饔飧，以娱宾客，胜于首阳之薇蕨也。谓之'芸隐'，谁曰不宜？"看来黄君家贫，能有五亩之地种植芸蒿、芸薇之类菜蔬就很满意了，这是谋食者的"芸隐"。

不再好奇的任君也提出一个宏大的"芸隐"叙事："'芸'训作'多'。老子《道德经》云：'夫物芸芸，各复归其根。'归其根者，隐之意也。征君不求闻达，兴办乡里善举四十余年。生养死葬，各得其所，洵为'民胞物与'之怀。推己及人，使民物各归其根，'芸隐'之义大矣。吾辈日处尘俗之中，憧憧扰扰，安得如征君之独清独醒，退藏于密哉？"这是拍丁丙马屁的"芸隐"。

他们的议论被恰好路过的丁丙之子听到，他评论了三人的"芸隐"观：

“黄君之言守而约，任君之言大而远，钟君之言则和平而合乎时。因芸隐而推广其说，独善、兼善皆有取焉。”然后根据“除草曰芸”又给出一个“芸隐”说法：“然芸之为义尚不止此。丈人植其杖而芸，孔子称为隐者，自惭学植荒芜，不敢求用于世，唯愿世守田园，躬耕自给。若得如三君者时相过从，当杀鸡为黍、联床夜话，以叙隐居之乐事。”如此，像陶渊明一般不用于世，躬耕田园，也是“芸隐”了。

值得提醒的是，丁丙之子出来，也不见任君向前去问芸草“若何形状”，或者任君问了，但钟以敬没有记叙。无论实际情况是哪种，总之，比起众人对“芸隐”名义的热议，芸草为何物根本就不值一记。

我喜欢“芸隐”这个词，这两个字一暗一明，合在一起竟然可以意象万千。隐字含义清楚，就是退隐、归隐、藏身之义。然而芸是什么？可以是香草，是芸香辟蠹鱼引申而出的书籍，是芸蒿、芸薹之类的芳菜，是芸芸众生，是夫物芸芸，是除草曰芸，所有这些你都可以沉溺其中。隐于书籍，做一个不问世事的蠹鱼；隐于蔬菜与厨房，做一个热爱生活的美食家；隐于田园，歌颂锄头和天气；隐于市巷，混迹于芸芸众生而清醒不污；隐于香草，既可以做宽袍大袖的殢香人，也可以取香草美人的喻意像柳永那样吟咏花间。

芸即使只作芸草之义解，芸隐也能给人丰富的想象空间。芸隐可照字面意思直接理解成芸草隐匿。傅玄《芸香赋》序叹息芸草“始以微香进入，终于捐弃黄壤”的悲哀命运。然而这是人的看法，对于黄壤上的芸草来说，则是“久在樊笼里，复得返自然”。芸草归隐于自然，人类再也不识芸草真面目，这不就是现在芸草的真实情况吗？我们说芸草是草木樨，是蓝胡卢巴，或许不过是我们自欺欺人罢了。如此，芸隐还可以进一步引申为像芸草一样隐匿不出。至于是隐于朝，隐于市，还是隐于山林，都不重要，重要的是没有人知道他是失传的芸香。如此说来，芸隐岂不是比大隐、小隐和中隐更加意味深长？说不定这才是施枢自号芸隐的真正原因。

我蜗居在这座巨大都市里一栋普通楼房的五楼，没有可以种植的院子，狭小的书房也被小女霸占（过一两年她上大学了就可以收复），阳台上有几盆花草，其中有老友留下的两盆兰花，有从岳母家移植来的扶桑，有据说可以吸收甲醛的绿萝（书房里也摆了两盆），还有几个摞在一起的空花盆。

我曾经也想在空盆里种上草木樨，倒不是为了趋附风雅以“芸”自号，只是想进一步观察草木樨的生长，也从网上买来了草木樨种子，只等开春下种。后来发现奥林匹克森林公园有很多野生的草木樨，再加上找到不少介绍草木樨特性和种植的专门书籍，自己种植的意义一下子小了很多，也就偷懒放弃了。关于蓝胡卢巴的中外资料却是非常少，如果一定要种点什么来观察，这种植物倒是非常合适，也许可以观察到新鲜的东西，可惜没有这种植物的种子。在茅山拜访种植香草的老人时，老人曾经拿出一袋香草种子给我看，为了避嫌，我并没有索要或购买，现在想来，或许他希望我买，我当时应该问一下的。

但我不也在培育一种植物吗？芸香就像一粒存放了千年的种子，因为好奇心的浇灌，这粒种子发芽了，不断地吸收各种资料的养分，慢慢地长大，生出草木樨这一分枝，上面有苜蓿香、水木樨、辟汗草、香豆素等枝叶，然后主干上又长出蓝胡卢巴的分枝，分枝上又有零陵香、草零陵香、丹阳草、离乡草、茅山香草等枝叶，然后芸草主干上还有胡卢巴这个小一点的分枝，所有的分枝和枝叶又在时空中纠缠交叠在一起，笼罩在先秦的郁蕙迷雾之中。

寄身于这莫须有的芸草，嗅闻那若有若无的香气，不也是一种芸隐？